大学软件学院软件开发系列教材

PHP8 动态网站开发实用教程

(微课版)

马继梅　编著

清华大学出版社
北京

内 容 简 介

本书是针对零基础读者研发的PHP动态网站开发入门教材。本书侧重案例实训，书中配有丰富的微课，读者可以打开微课视频，更为直观地学习有关动态网站的热点案例。

本书分为18章，包括搭建PHP网站开发环境、基本语法、流程控制语句、字符串和正则表达式、精通函数、PHP数组、面向对象编程、PHP与Web页面交互、MySQL数据库的基本操作、PHP操作MySQL数据库、PDO数据库抽象层、日期和时间、Cookie和Session、图形图像处理技术、操作文件与目录、错误处理和异常处理、PHP加密技术等内容，最后通过开发热点综合项目——网上订餐系统，进一步巩固读者的项目开发经验。

通过书中提供的精选热点案例，可以让初学者快速掌握PHP动态网站开发技术。通过微信扫码观看视频，可以随时在移动端学习开发技能。通过各章最后精心准备的上机练练手可以检验读者的学习情况。

图书在版编目(CIP)数据

PHP8动态网站开发实用教程：微课版/马继梅编著. —北京：清华大学出版社，2022.8
大学软件学院软件开发系列教材
ISBN 978-7-302-61416-6

Ⅰ. ①P… Ⅱ. ①马… Ⅲ. ① PHP语言—程序设计—高等学校—教材 Ⅳ. ①TP312.8

中国版本图书馆CIP数据核字(2022)第136155号

责任编辑：张彦青
装帧设计：李　坤
责任校对：李玉萍
责任印制：杨　艳
出版发行：清华大学出版社
　　网　　址：http://www.tup.com.cn, http://www.wqbook.com
　　地　　址：北京清华大学学研大厦A座　　**邮　　编**：100084
　　社 总 机：010-83470000　　**邮　　购**：010-62786544
　　投稿与读者服务：010-62776969, c-service@tup.tsinghua.edu.cn
　　质量反馈：010-62772015, zhiliang@tup.tsinghua.edu.cn
印 装 者：三河市龙大印装有限公司
经　　销：全国新华书店
开　　本：185mm×260mm　　**印　张**：18　　**字　数**：435千字
版　　次：2022年8月第1版　　**印　次**：2022年8月第1次印刷
定　　价：68.00元

产品编号：093858-01

前　言

PHP 是目前世界上最为流行的 Web 开发语言之一。现在学习和关注 PHP 的人越来越多，由于 PHP8 版本对早期版本不再兼容，初学者都苦于找不到一本通俗易懂并且案例是采用 PHP 最新技术来编写的参考书。另外，PHP 和 MySQL 的版本升级速度很快，很多读者需要学习能够提供 PHP8 和 MySQL 新技术相结合应用的实战案例。本书正是为满足以上这些读者而精心创作的。通过本书的案例实训，大学生可以很快地上手流行的工具。

本书特色

■ 零基础、入门级的讲解

无论您是否从事计算机相关行业，无论您是否接触过 PHP 动态网站开发，都能从本书中找到最佳起点。

■ 实用、专业的范例和项目

本书在内容编排上紧密结合 PHP 动态网站开发的实际过程，从 PHP 的基本概念开始，逐步带领读者学习 PHP 动态网站开发的各种应用技巧，侧重实战技能，使用简单易懂的实际案例进行分析和操作指导，让读者学起来简单轻松，操作起来有章可循。

■ 随时随地学习

本书提供了微课视频，通过手机扫码即可观看，随时随地解决学习中的困惑。

本书微课视频涵盖书中所有知识点，详细介绍了每个实例与项目的创建过程及技术关键点。读者比看书能更轻松地掌握书中所有的网页制作和设计知识，而且扩展的讲解部分使读者能得到比书中更多的收获。

■ 超多容量王牌资源

八大王牌资源为读者的学习保驾护航，包括精美教学幻灯片、本书案例源代码、同步微课视频、教学大纲、上机练习和答案、60 套 PHP 经典案例、名企招聘考试题库、毕业求职面试资源库。

读者对象

这是一本完整介绍 PHP 动态网站开发技术的教程，内容丰富、条理清晰、实用性强，适合以下读者学习使用：

- 零基础的 PHP 动态网站自学者
- 希望快速、全面掌握 PHP 动态网站开发的人员
- 高等院校或培训机构的老师和学生
- 参加毕业设计的学生

如何获取本书配套资料和帮助

为帮助读者高效、快捷地学习本书知识点，我们不但为读者准备了与本书知识点有关的配套素材文件，而且还设计并制作了精品视频教学课程，同时还为教师准备了 PPT 课件资源。购买本书的读者，可以扫描下方的二维码获取相关的配套学习资源。读者在学习本书的过程中，使用 QQ 或者微信的扫一扫功能，扫描本书各标题右侧的二维码，在打开的视频播放页面中可以在线观看视频课程，也可以下载并保存到手机中离线观看。

附赠资源

创作团队

本书由马继梅编著，参加编写的人员还有刘春茂和李艳恩。在编写本书的过程中，笔者尽量争取使网站开发过程所涉及到的知识点以浅显易懂的方式呈现给读者，同时融入笔者多年应用开发的经验，但难免有疏漏和不妥之处，敬请读者不吝指正。

编　者

目　录

第1章

搭建 PHP 网站开发环境

PHP 是一种服务器端、跨平台、HTML 嵌入式的脚本语言。它具有强大的功能和易于入门的特点，已经成为全球最受欢迎的脚本语言。在学习 PHP 之前，读者需要了解 PHP 的基本概念，以及如何配置 PHP 服务器和使用开发工具等知识。

1.1 认识 PHP

PHP 语言与其他语言有什么不同？下面开始讲述 PHP 的相关基础知识。

1.1.1 PHP 是什么

PHP 全名为 Personal Home Page，是英文 Hypertext Preprocessor(超级文本预处理语言)的别名。PHP 作为在服务器端执行的嵌入 HTML 文档的脚本语言，被运用于开发动态网站。PHP 借鉴了 C 和 Java 等语言的部分语法，并有自己独特的特性，使 Web 开发者能够快速地编写动态页面的脚本。

对于初学者而言，PHP 的优势是可以快速入门。与其他编程语言相比，PHP 是将程序嵌入 HTML 文档中执行的，执行效率比完全生成 HTML 标记的方式要高许多。PHP 还可以执行编译后的代码，编译可以起到加密和优化代码运行的作用，使代码运行得更快。另外，PHP 具有非常强大的功能，能实现所有的 CGI 功能，而且支持几乎所有流行的数据库和操作系统。最重要的是，PHP 还可以用 C、C++进行程序的扩展。

1.1.2 PHP 语言的优势

PHP 能够迅速发展，并得到广大使用者的喜爱，主要原因是 PHP 不仅有一般脚本都具备的功能，而且还有自身的优势，具体特点如下。

(1) 源代码完全开放：所有的 PHP 源代码事实上都可以得到。读者可以通过 Internet 获得所需要的源代码，快速修改和利用。

(2) 完全免费：与其他技术相比，PHP 本身是免费的。使用 PHP 进行 Web 开发无须支付任何费用。

(3) 语法结构简单：PHP 结合了 C 语言和 Perl 语言的特色，编写简单，方便易懂，可以嵌入 HTML 语言中，相对于其他语言编辑简单，实用性强，更适合初学者学习。

(4) 跨平台性强：PHP 是服务器端脚本，可以运行于 Unix、Linux、Windows 环境。

(5) 效率高：PHP 消耗非常少的系统资源，并且程序开发和运行速度比较快。

(6) 强大的数据库支持：PHP 支持目前所有的主流和非主流数据库，使 PHP 的应用对象非常广泛。

(7) 面向对象：在 PHP 中，面向对象方面有了很大的改进，现在 PHP 完全可以用来开发大型商业程序。

1.1.3 PHP 的应用领域

初学者也许会有疑问，PHP 到底能干什么？下面介绍 PHP 的应用领域。

PHP 在 Web 开发方面的功能非常强大，可以完成一款服务器所能完成的一切工作。有了 PHP，用户可以轻松进行 Web 开发。

PHP 主要应用于以下 3 个领域。

1. 服务器端脚本

PHP 最主要的应用领域是服务器端脚本。服务器端脚本运行需要具备 3 项配置：PHP 解析器、Web 浏览器和 Web 服务器。在 Web 服务器运行时，安装并配置 PHP，然后用 Web 浏览器访问 PHP 程序的输出。在学习的过程中，读者只要在本机上配置 Web 服务器，即可浏览制作的 PHP 页面。

2. 命令行脚本

命令行脚本和服务器端脚本不同，编写的命令行脚本并不需要任何服务器或浏览器运行，在命令行脚本模式下，只需要 PHP 解析器执行即可。这些脚本被用在 Windows 和 Linux 平台下作为日常运行脚本使用，也可以用来处理简单的文本。

3. 编写桌面应用程序

PHP 在桌面应用程序的开发中并不常用，但是如果用户希望在客户端应用程序中使用 PHP 编写图形界面应用程序，可以使用 PHP-GTK。PHP-GTK 是 PHP 的扩展，并不包含在标准的开发包中，开发人员需要单独编译它。

1.1.4 PHP 的发展过程

在当今诸多 Web 开发语言中，PHP 是比较出众的一种。与其他脚本语言不同，PHP 是经过全世界免费代码开发者的共同努力，才发展到今天的规模的。要想了解 PHP，首先应该从它的发展历程谈起。

1994 年，Rasmus Lerdorf 首次开发了 PHP 程序设计语言。1995 年 6 月，Rasmus Lerdorf 在 Usenet 新闻组 comp.infosystems.www.authoring.cgi 上发布了 PHP 1.0 声明。这个早期版本提供了访客留言本、访客计数器等简单的功能。

1995 年，第 2 版的 PHP 问世，定名为 PHP/FI(Form Interpreter)。在这一版本中，加入了可以处理更复杂的嵌入式标记语言的解析程序，同时加入了对数据库 MySQL 的支持。自此，奠定了 PHP 在动态网页开发上的影响力。自从 PHP 加入这些强大的功能以后，它的使用量猛增。据初步统计，在 1996 年底，有 15000 个 Web 网站使用了 PHP/FI；而在 1997 年中期，这一数字超过了 50000。

PHP 前两个版本的成功，让其设计者和使用者对 PHP 的未来充满了信心。1997 年，Zeev Suraski 及 Andi GutmansPHP 加入了开发小组，他们自愿重新编写了底层的解析引擎，又有其他很多人也自愿加入了 PHP 的工作，使得 PHP 成为真正意义上的开源项目。

1998 年 6 月，发布了 PHP3 声明。在这一版本中，PHP 可以跟 Apache 服务器紧密地结合；再加上它不断地更新及加入新的功能，且支持几乎所有主流和非主流数据库，拥有非常高的执行效率，这些优势使得 1999 年使用 PHP 的网站超过了 150000 个。

PHP 经过 3 个版本的演化，已经变成一种非常强大的 Web 开发语言。这种语言非常容易使用，而且它拥有一个强大的类库，类库的命名规则也十分规范，新手就算对一些函数的功能不了解，也可以通过函数名猜测出来。这使得 PHP 十分容易学习，而且 PHP 程序可以直接使用 HTML 编辑器来处理，因此，PHP 变得非常流行，有很多大的门户网站都使用 PHP 作为自己的 Web 开发语言，例如新浪网等。

2000 年 5 月，推出了划时代的版本 PHP4。该版本使用了一种“编译—执行”模式，核心引擎更加优越，提供了更高的性能，而且还包含其他一些关键功能，比如支持更多的 Web 服务器、HTTP Sessions 和输出缓存，具有更安全地处理用户输入的方法和一些新的语言结构。

2004 年 7 月，PHP5 发布。该版本以 Zend 引擎Ⅱ为引擎，并且加入了新功能如 PHP Data Objects(PDO)。PHP5 版本强化了更多的功能。首先，完全实现面向对象，提供名为 PHP 兼容模式的功能。其次是 XML 功能，PHP5 版本支持直观地访问 XML 数据、名为 SimpleXML 的 XML 处理器界面。同时还强化了 XMLWeb 服务支持，而且支持 SOAP 扩展模块。

2015 年 6 月，第一版 PHP7 发布。这是十年来的首次大改版，最大的特色是在性能上的大突破，能比前一版 PHP 5 快一倍。

2020 年 11 月，第一版 PHP8 发布。它在 PHP7 的基础上做了改进，功能更强大，执行效率更高，性能更强悍。本书将基于 PHP8 版本来讲解 PHP 的实用技能。

1.2 搭建 PHP8 集成开发环境

刚开始学习 PHP 的程序员，往往对于配置环境不知所措。为此，这里介绍一款对新手非常实用的 PHP 集成开发环境。

XAMPP(Apache+MariaDB+PHP+PERL)是一个功能强大的建站集成软件包。它可以在 Windows、Linux、Solaris、Mac OS X 等多种操作系统下安装使用。目前最新的 XAMPP 已经支持 PHP8 版本。XAMPP 安装简单、速度较快、运行稳定，受到广大初学者的青睐。

到 XAMPP 官方网站(https://www.apachefriends.org/index.html)下载 XAMPP 的最新安装包 xampp-windows-x64-8.0.7-0-VS16-installer.exe，如图 1-1 所示。

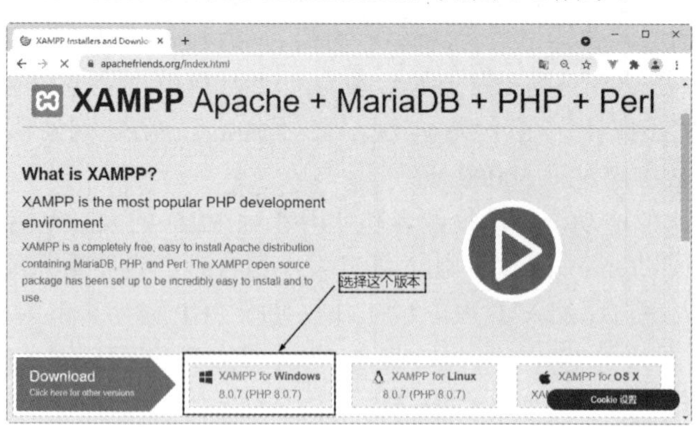

图 1-1　下载 XAMPP

安装 XAMPP 软件包的具体操作步骤如下。

01 直接双击安装文件，打开欢迎安装界面，如图 1-2 所示。

02 单击 Next 按钮，打开选择安装组件窗口，采用默认设置，如图 1-3 所示。

03 单击 Next 按钮，在弹出的窗口中设置安装路径，这里设置路径为“D:\xampp”，如图 1-4 所示。

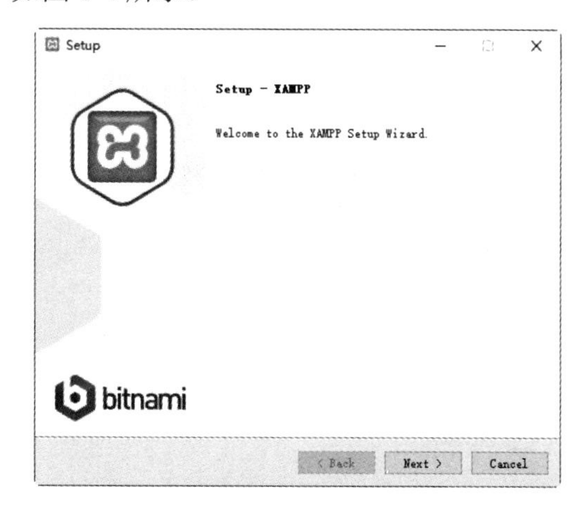

图 1-2 欢迎安装界面

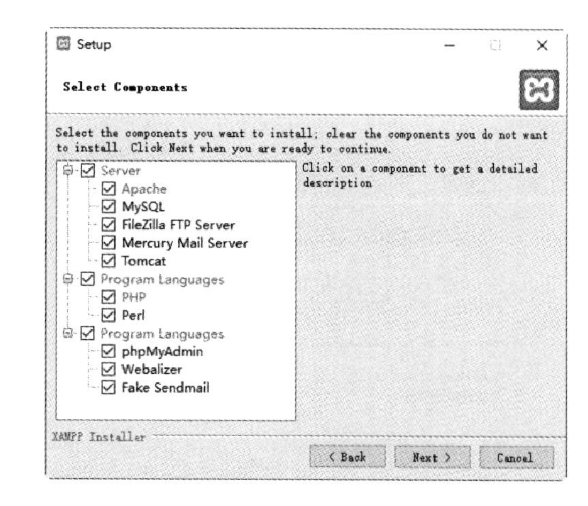

图 1-3 选择安装组件窗口

04 单击 Next 按钮，进入语言选择窗口，这里采用默认设置，如图 1-5 所示。

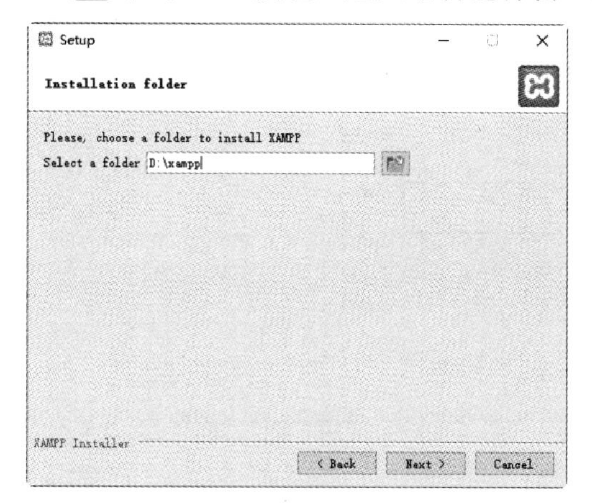

图 1-4 设置安装路径

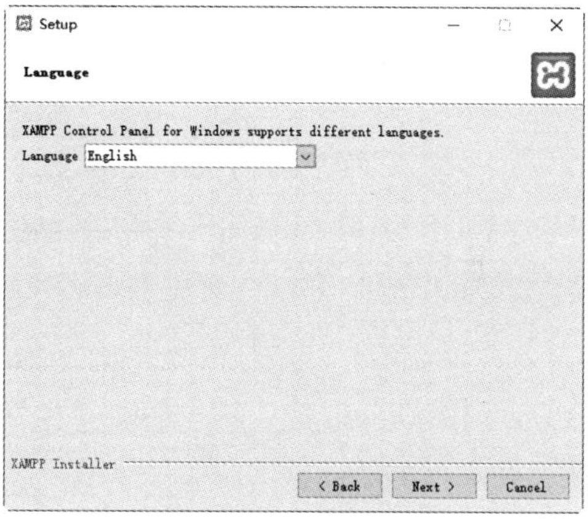

图 1-5 选择安装语言

05 单击 Next 按钮，弹出 Bitnami 介绍窗口，如图 1-6 所示。

06 单击 Next 按钮，弹出准备安装窗口，单击 Next 按钮，如图 1-7 所示。

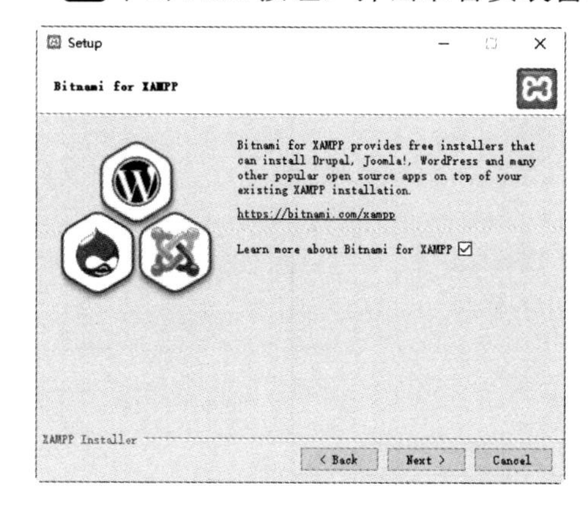

图 1-6 Bitnami 介绍窗口

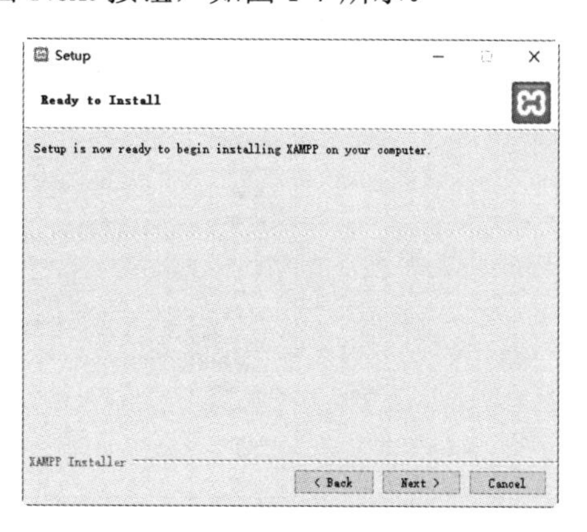

图 1-7 准备安装窗口

07 程序开始自动安装，并显示安装进度，如图 1-8 所示。

08 安装完成后，进入安装完成界面，单击 Finish 按钮，完成 XAMPP 的安装操作，如图 1-9 所示。

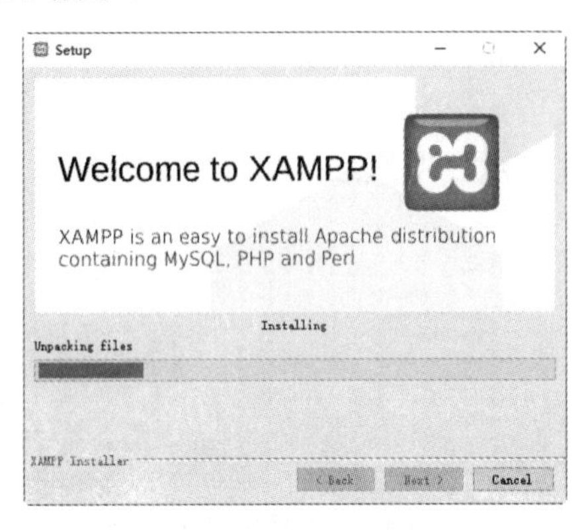

图 1-8　开始安装程序

图 1-9　完成安装界面

09 进入 XAMPP 控制面板窗口，单击 Start 按钮，即可启动 Apache 和 MySQL 服务器，此时 Start 将显示为 Stop，如图 1-10 所示。

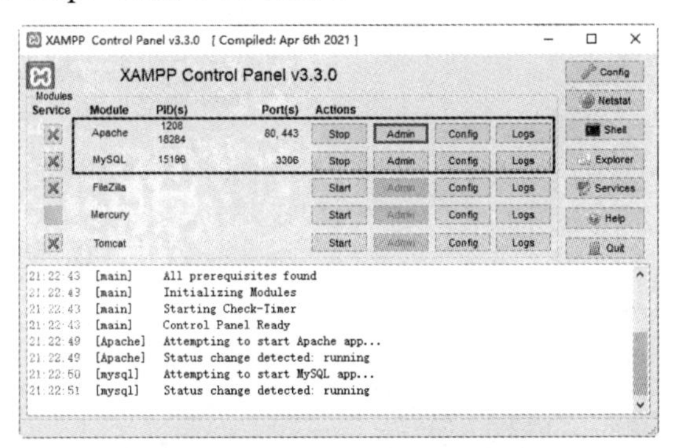

图 1-10　XAMPP 控制面板窗口

10 打开路径“D:\xampp\htdocs\”，该路径下就是存放 PHP 站点的位置，这里新建 code 文件夹作为保存网站的文件夹，如图 1-11 所示。

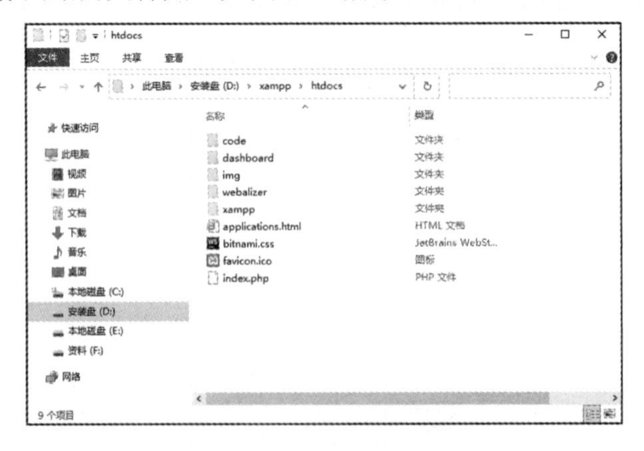

图 1-11　PHP 站点的位置

1.3　PHP 开发工具

可以编写 PHP 代码的工具有很多，每种开发工具都有各自的优势。一款合适的开发工具会让开发人员的编程过程更加有效和轻松。下面讲述两种常见的工具，记事本和 PhpStorm 的使用方法。

1.3.1　使用记事本

记事本是 Windows 系统自带的文本编辑工具，具备最基本的文本编辑功能，体积小巧、启动快、占用内存低、容易使用。记事本的主窗口如图 1-12 所示。

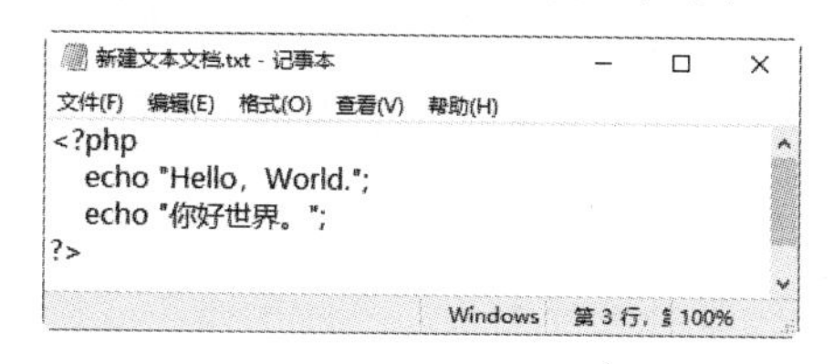

图 1-12　记事本的主窗口

在使用记事本程序编辑 PHP 文档的过程中，需要注意保存方法和技巧。在“另存为”对话框中输入文件名，文件后缀为.php，另外，将“保存类型”设置为“所有文件”，“编码”设置为 UTF-8 即可，如图 1-13 所示。

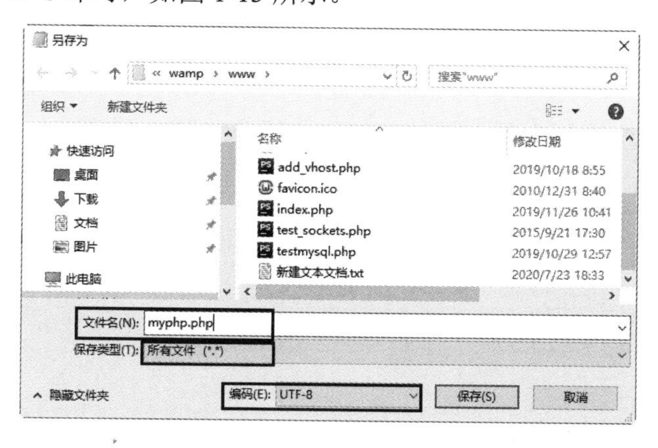

图 1-13　“另存为”对话框

1.3.2　使用 PhpStorm 开发工具

除了使用记事本以外，读者还可以使用专业的 PHP 开发工具。下面讲述使用 PhpStorm 开发工具开发 PHP 程序。PhpStorm 可以提高用户开发效率，提供智能代码补全、快速导航以及即时错误检查等功能。

PhpStorm 工具的官方下载地址是 https://www.jetbrains.com/phpstorm/，在该页面中单击 Download 按钮，即可下载 PhpStorm，如图 1-14 所示。

图 1-14　PhpStorm 工具的下载页面

1. 安装 PhpStorm 工具

PhpStorm 工具下载完成后即可进行安装，具体操作步骤如下。

01 双击 PhpStorm-2020.1.exe 安装文件，打开 PhpStorm 的安装欢迎界面，如图 1-15 所示。

02 单击 Next 按钮，打开 Choose Install Location 对话框，采用默认的安装路径，如图 1-16 所示。

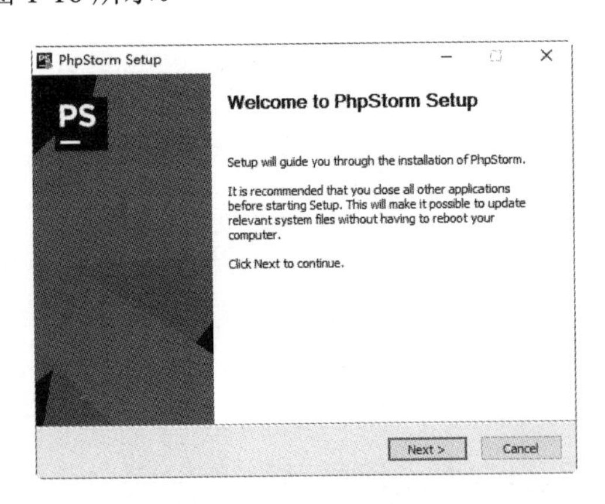

图 1-15　安装欢迎界面

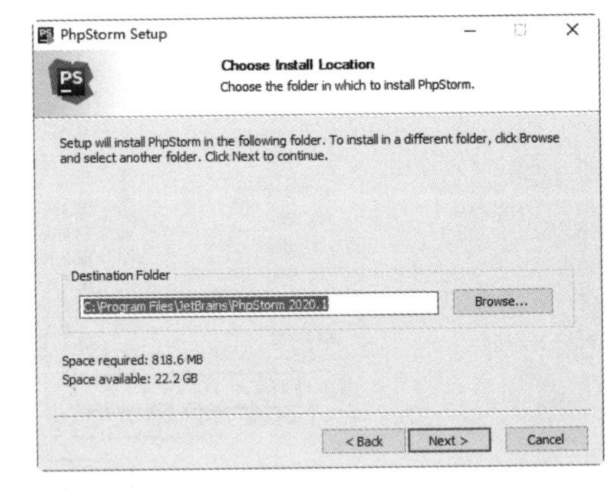

图 1-16　Choose Install Location 对话框

03 单击 Next 按钮，打开 Installation Options 对话框，选中.php 复选框，如图 1-17 所示。

04 单击 Next 按钮，打开 Choose Start Menu Folder 对话框，如图 1-18 所示。

05 单击 Install 按钮，程序开始自动安装并显示安装的进度，如图 1-19 所示。

06 安装完成后，选中 Run PhpStorm 复选框，单击 Finish 按钮，如图 1-20 所示。

07 首次运行 PhpStorm 软件，打开 PhpStorm User Agreement 对话框，选中 I confirm that I have read and accept the terms of this User Agreement 复选框，如图 1-21 所示。

08 单击 Continue 按钮，打开 Data Sharing 对话框，如图 1-22 所示。

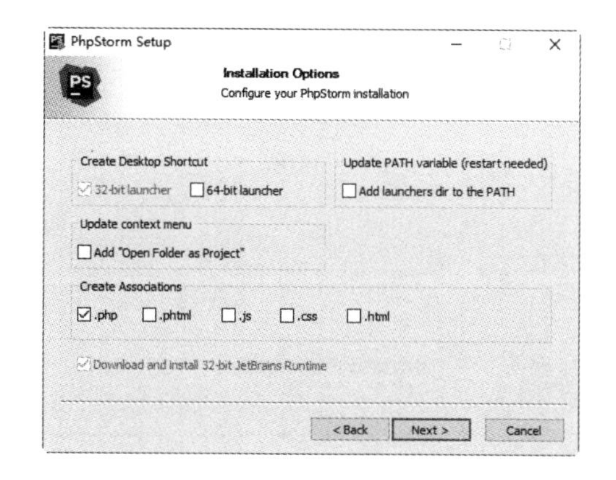

图 1-17 Installation Options 对话框

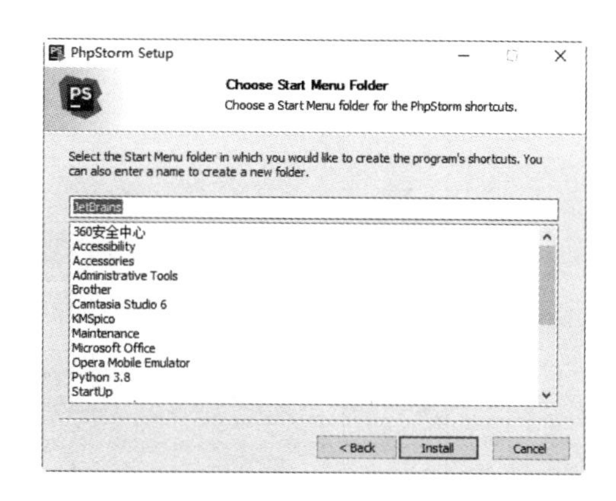

图 1-18 Choose Start Menu Folder 对话框

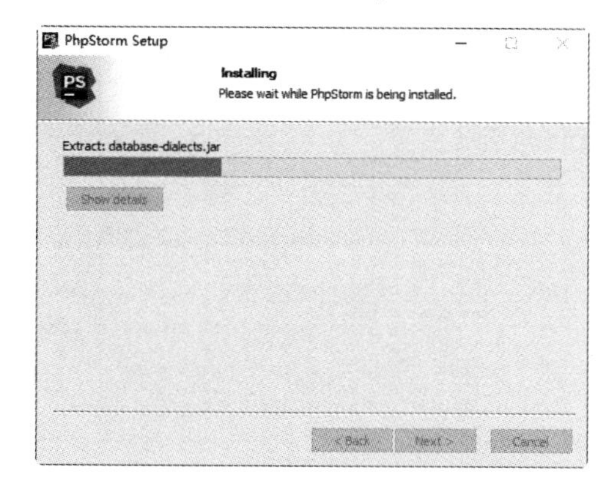

图 1-19 显示安装进度对话框

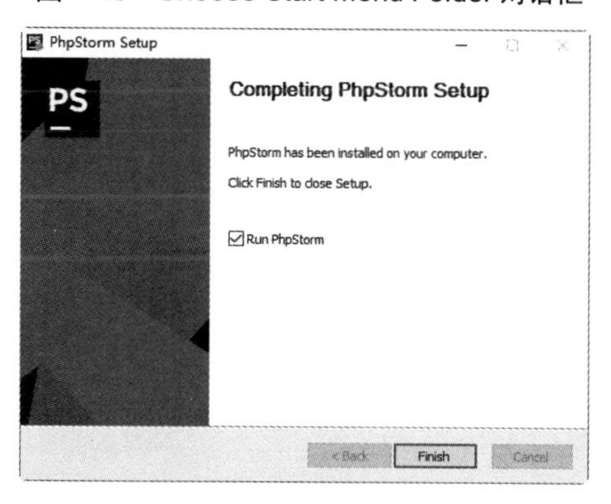

图 1-20 确认安装

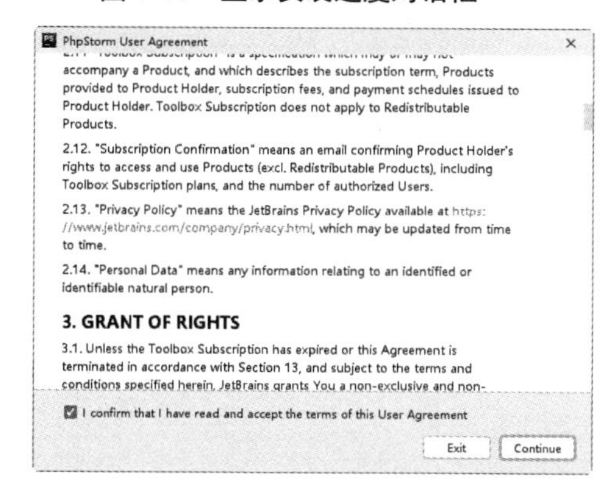

图 1-21 PhpStorm User Agreement 对话框

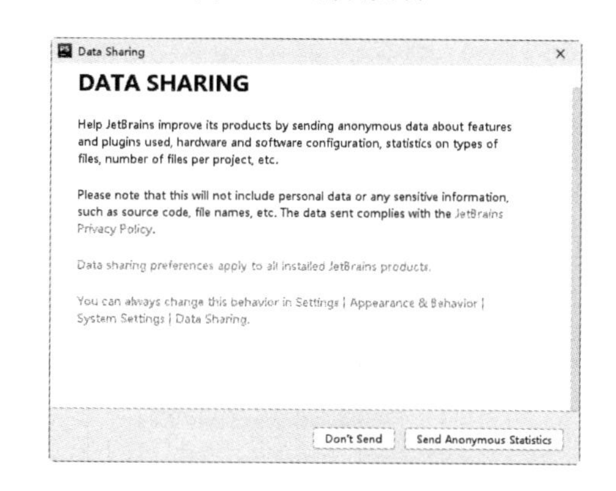

图 1-22 Data Sharing 对话框

09 单击 Don't Send 按钮，进入 Set UI theme 对话框，这里有两个界面样式可以选择，分别为 Darcula 和 Light，本书选择 Light 样式，如图 1-23 所示。

10 单击 Next：Featured plugins 按钮，打开 Download featured plugins 对话框，这里可以根据需要下载特色插件，如图 1-24 所示。

11 单击 Start using PhpStorm 按钮，打开 License Activation 对话框，选中 Evaluate for free 单选按钮，如图 1-25 所示。

12 单击 Evaluate 按钮，进入 PhpStorm 的欢迎界面，如图 1-26 所示。

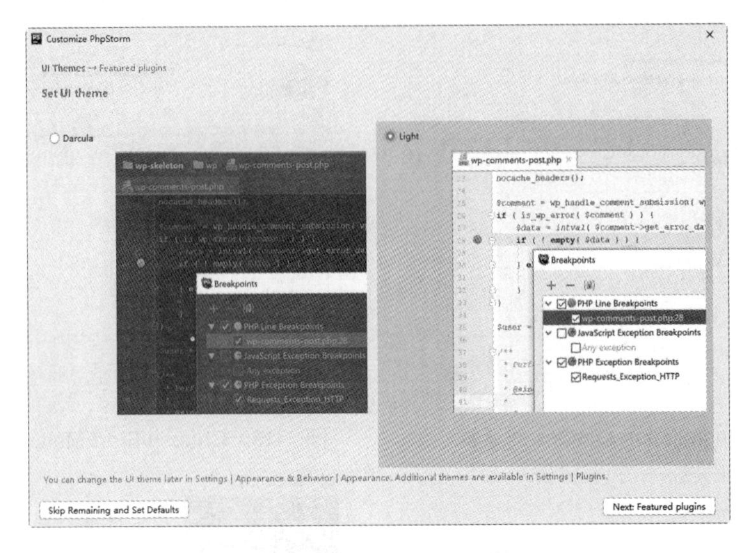

图 1-23　Set UI theme 对话框

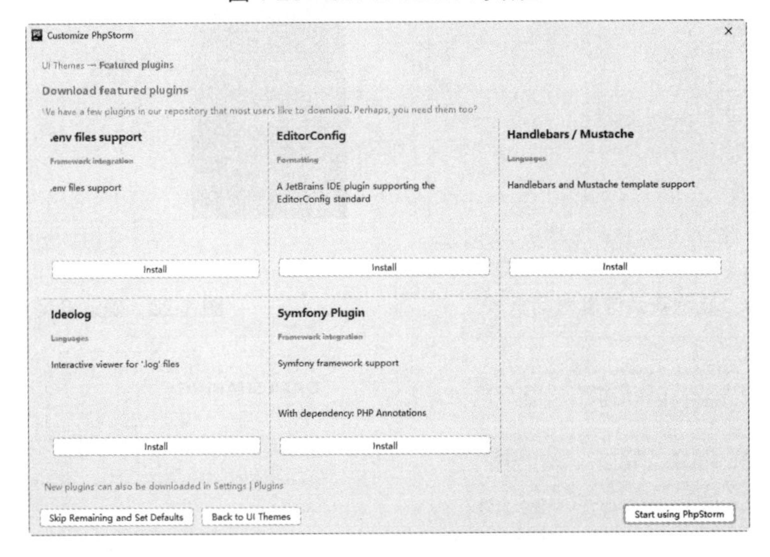

图 1-24　Download featured plugins 对话框

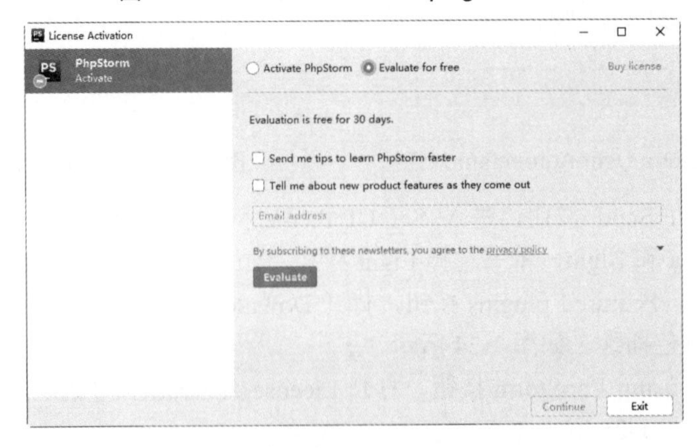

图 1-25　License Activation 对话框

PhpStorm 的欢迎界面中各个选项的含义如下。

(1) Create New Project：创建新项目。

(2) Open：打开已有项目。

(3) Create New Project from Existing Files：从现有文件创建新项目。

(4) Get from Version Control：从版本控制获取。

2. 创建 PHP 项目

PhpStorm 安装完成后，即可创建项目和文件。在如图 1-26 所示的欢迎界面中，单击 Create New Project 选项，打开 New Project 对话框，在 Location 文本框中选择项目的存放路径，这里选择“C:\wamp\www\phpProject”目录，如图 1-27 所示。

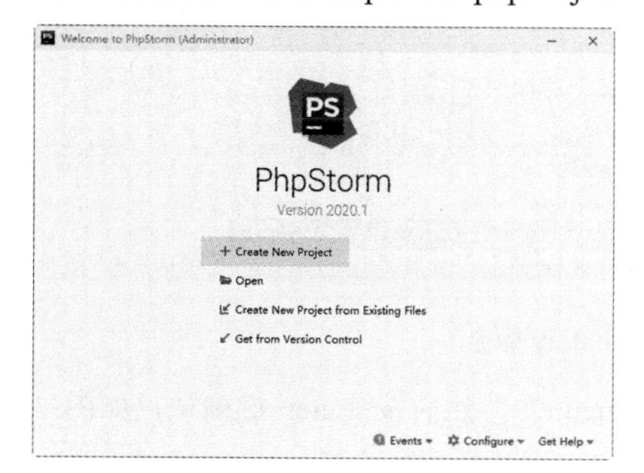

图 1-26　PhpStorm 的欢迎界面

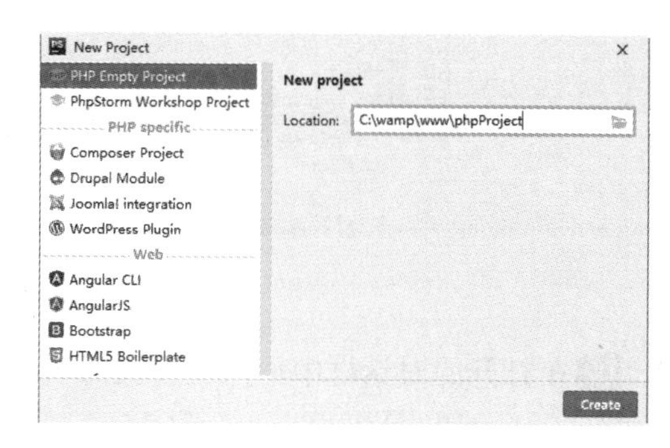

图 1-27　New Project 对话框

单击 Create 按钮，即可创建 phpProject 项目。在主界面的左侧显示新创建的项目和自动生成的文件，如图 1-28 所示。

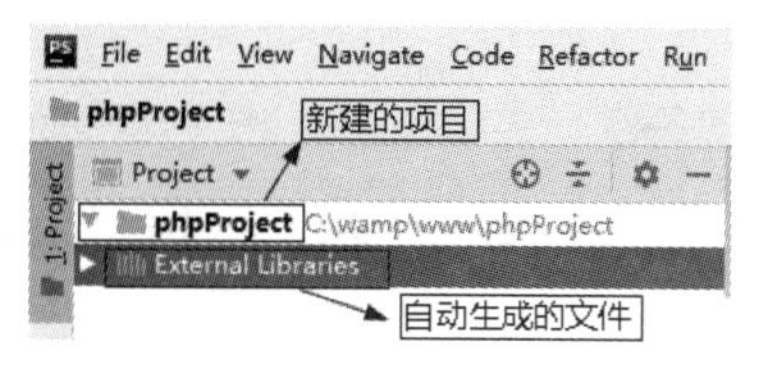

图 1-28　创建 phpProject 项目

如果在创建过程中提示如图 1-29 所示的信息，表示在该目录下已经存在同名的项目，此时单击 Yes 按钮将其替换即可。

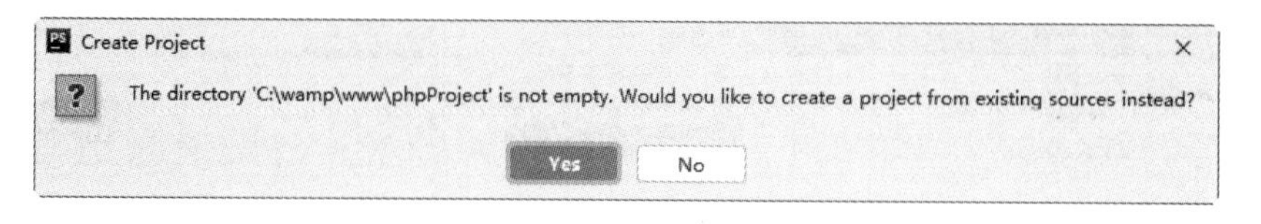

图 1-29　提示信息

如果已经创建过项目，则打开 PhpStorm 软件时会进入该软件的主界面，默认打开上一次创建过的项目。此时如果想创建新项目，可以选择 File 命令，在弹出的子菜单中选择 New Project 命令，然后参照上面的操作步骤创建新的 PHP 项目，如图 1-30 所示。

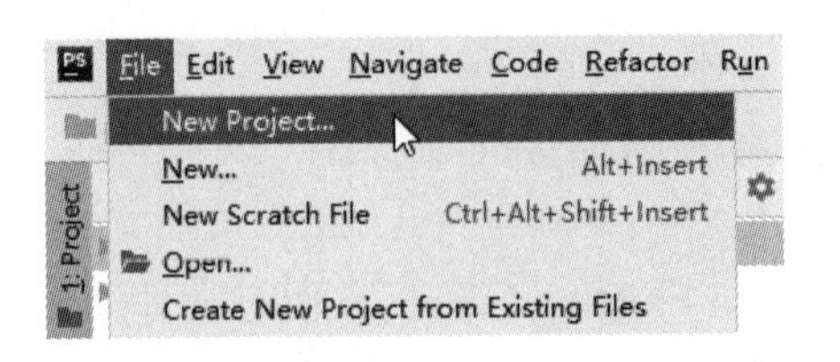

图 1-30　选择 New Project 命令

3. 创建项目文件夹和文件

项目创建完成后，即可在项目中创建需要的文件夹和文件。具体操作步骤如下。

01 在 PhpStorm 主界面的左侧选择 phpProject 项目，右击并在弹出的快捷菜单中选择 New 命令，在弹出的子菜单中选择 Directory 命令，如图 1-31 所示。

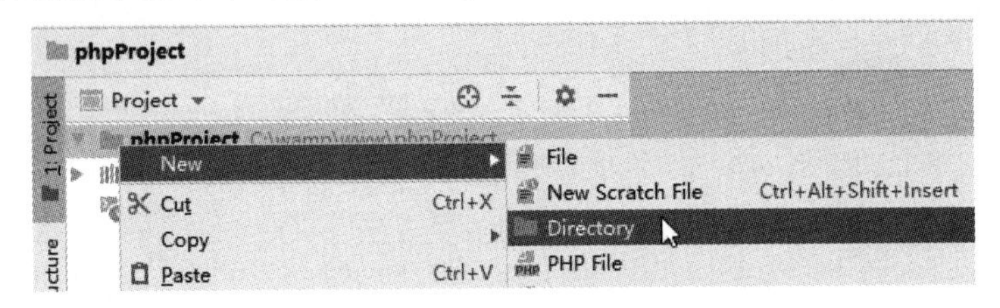

图 1-31　选择 Directory 命令

02 在打开的对话框中输入文件夹的名称“main”，然后按 Enter 键确认，如图 1-32 所示。

03 在主界面的左侧显示新创建的文件夹 main，如图 1-33 所示。

图 1-32　输入文件夹的名称

图 1-33　新创建的文件夹 main

04 选择 main 文件夹，右击并在弹出的菜单中选择 New 命令，在弹出的子菜单中选择 PHP File 命令，如图 1-34 所示。

05 打开 Create New PHP File 对话框，在 File name 文本框中输入 PHP 文件的名称“index”，如图 1-35 所示。

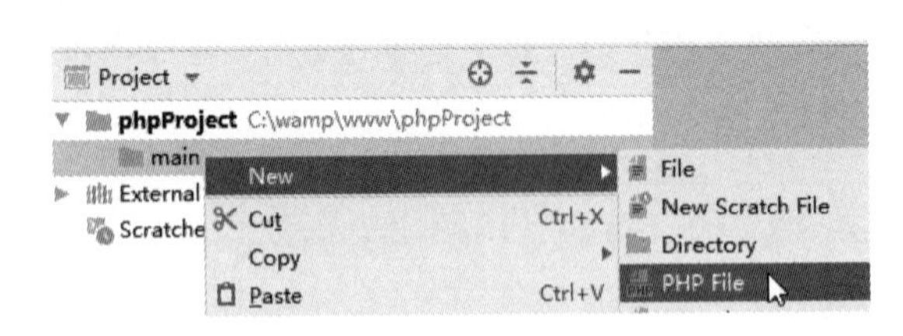

图 1-34　选择 PHP File 命令

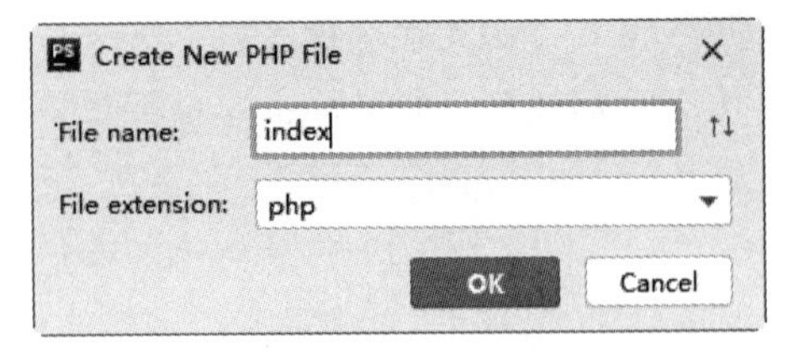

图 1-35　Create New PHP File 对话框

06 单击 OK 按钮，即可创建一个空白的 PHP 文件，在右侧的窗口中输入具体的文件代码即可，如图 1-36 所示。

07 在浏览器地址栏中输入“http://localhost/phpProject/main/index.php”后按 Enter 键确认，即可查看新建 PHP 文件的运行效果，如图 1-37 所示。

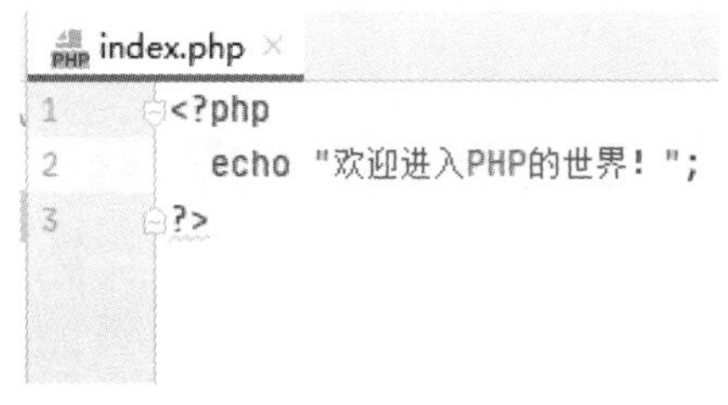

图 1-36　新建 PHP 文件

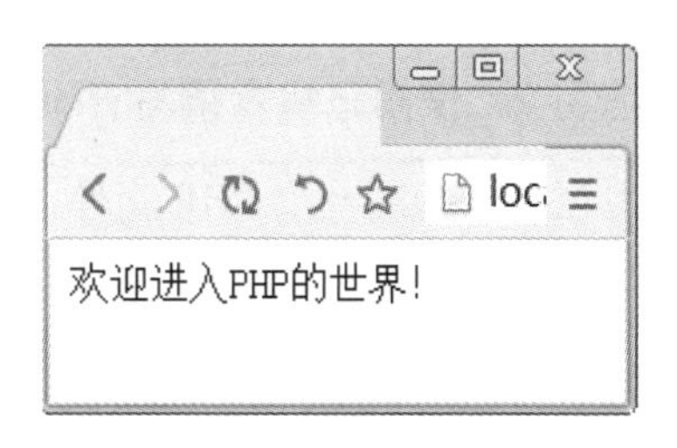

图 1-37　运行 PHP 文件

1.4　就业面试问题解答

问题 1：在 XAMPP 集成环境中启动 Apache 或 MySQL 报错怎么办？

在 XAMPP 集成环境中启动 Apache 或 MySQL 报错，大多数情况下是重复启动了 Apache 或 MySQL 的缘故，所以安装 XAMPP 组合包之前，需要确保系统中没有安装 Apache、PHP 和 MySQL，否则，需要先将这些软件卸载，然后才能安装 XAMPP 组合包。

另外，如果不想卸载 Apache 或 MySQL，则需要在系统服务中将其停止。

问题 2：遇到 PHP 网页乱码问题怎么办？

文件的编码是一个非常重要的问题，也是初学者非常容易犯错的地方。为了保证整个项目的编码格式为 UTF-8，在创建完项目后，默认的编码就是 UTF-8，如果将一个文件复制到项目中，该文件的编码格式为 GBK，则需要将其修改为 UTF-8。用 PhpStorm 更改编码的方式比较简单，打开该文件，在 PhpStorm 窗口的右下角单击文件编码 GBK，将弹出编码的列表，选择 UTF-8 选项，如图 1-38 所示。然后在弹出的提示信息对话框中单击 Convert 按钮即可确认编码的修改，如图 1-39 所示。

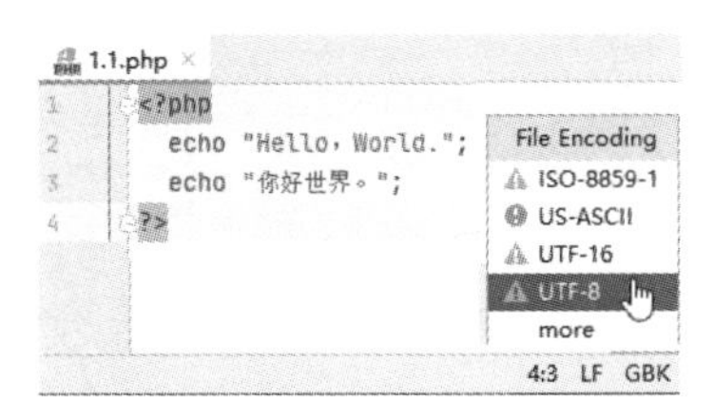

图 1-38　选择 UTF-8 选项

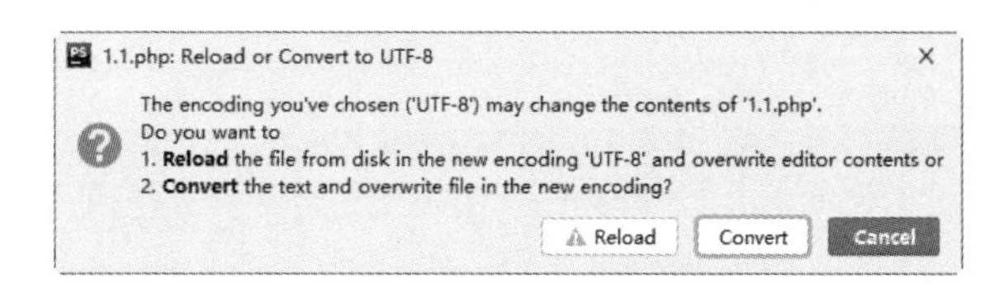

图 1-39　信息提示对话框

1.5　上机练练手

上机练习 1：练习使用 PhpStorm 开发工具。

使用 PhpStorm 开发工具创建一个项目，名称为 myDemo，然后在该项目中创建文件夹 CSS，接着创建 PHP 文件 index.php，最后运行该文件，查看最终的运行效果。

上机练习 2：使用记事本编写 PHP 文件。

请使用记事本编写一个 PHP 文件，然后运行该文件，输出一段古诗，如图 1-40 所示。

图 1-40　输出一段古诗的效果

第2章

基本语法

PHP 语言比较易学和易用，同时开发和运行的速度都比较快。不过要想精通 PHP 程序开发，还是需要深入掌握基础语法知识。本章将开始学习 PHP 的基本语法，主要包括编码规范、常量、变量、数据类型、运算符和表达式等。通过本章的学习，可以让读者在掌握基础知识的前提下体验 PHP 程序开发的乐趣。

2.1 编码规范

由于现在的 Web 开发往往是多人一起合作完成的，所以使用相同的编码规范显得非常重要，特别是有新的开发人员参与时，往往需要知道前面开发的代码中变量或函数的含义等，如果使用统一的编码规范，就容易多了。

2.1.1 什么是编码规范

编码规范规定了某种语言的一系列默认编程风格，用来增强这种语言的可读性、规范性和可维护性。编码规范主要包括开发语言中的文件组织、缩进、注释、声明、空格处理、命名规则等。

遵守 PHP 编码规范有下列好处。

(1) 编码规范是团队开发中对每个成员的基本要求。对编码规范遵循得好坏是一个程序员成熟程度的表现。

(2) 能够提高程序的可读性，有利于开发人员互相交流。

(3) 良好一致的编程风格在团队开发中可以达到事半功倍的效果。

(4) 有助于程序的维护，可以降低软件成本。

2.1.2 PHP 语言标识

作为嵌入式脚本语言，PHP 是以<?php ?>标识符为开始和结束标记的。当服务器解析一个 PHP 文件时，通过寻找开始标记和结束标记，告诉 PHP 开始和停止解析其中的代码，凡是标记语言以外的内容都会被 PHP 解释器忽略。

PHP 标记风格如下：

```
<?php
    echo "这是 PHP 的标记风格。";
?>
```

2.1.3 PHP 的一些编码规范

PHP 作为高级语言的一种，十分强调编码规范。以下是 PHP 的一些编码规范。

1. 表述

在 PHP 的正常表述中，每一条 PHP 语句都是以“;”结尾的，这个规范就是告诉 PHP 要执行此语句。例如：

```
<?php
    echo "PHP 以分号表示语句的结束和执行。";
?>
```

2. 注释

在 PHP 语言中，常见的注释包括以下几种风格。

(1) 单行注释。

这是一种来源于 C++语言语法的注释模式，注释可以写在 PHP 语句的上方，也可以写在 PHP 语句的右侧。例如：

```
<?php
    //这是写在 PHP 语句上方的单行注释
    echo "这是单行注释的效果！";
    echo "这是单行注释的效果！";//这是写在 PHP 语句右侧的单行注释
?>
```

(2) 多行注释。

这是一种来源于 C 语言语法的注释模式。例如：

```
<?php
    /*这是
    C 语言风格
    的注释内容
    */
    //这是写在 PHP 语句上方的多行注释
    echo "这是多行注释的效果！";
?>
```

注释不能嵌套，因为 PHP 不进行块注释的嵌套检查，所以以下写法是错误的：

```
/*这是
    echo "这里开始嵌套注释";/*嵌套注释时 PHP 会报错*/
*/
```

(3) #号风格的注释。

这种方法只能一句注释占用一行。使用时可单独占一行，也可以放在 PHP 语句之后的同一行。例如：

```
<?php
    echo "这是#号风格注释的效果！";  #这是写在 PHP 语句右侧的单行注释
?>
```

需要特别注意的是，在单行注释中不要出现“?>”内容，否则解释器会认为是 PHP 脚本结束，而不会执行“?>”后面的代码。

3. 空白

PHP 对空格、回车造成的新行或者 Tab 留下的空白的处理也遵循编码规范。PHP 对它们都进行忽略。这跟浏览器对 HTML 语言中的空白的处理是一样的。

合理地运用空白行，可以增强代码的清晰性和可读性。

(1) 下列情况应该总是使用两个空白行。

① 两个类的声明之间。

② 一个源文件的两个代码片段之间。

(2) 下列情况应该总是使用一个空白行。

① 两个函数声明之间。

② 函数内的局部变量和函数的第一个语句之间。

③ 块注释或单行注释之间。

④ 一个函数内的两个逻辑代码段之间。

(3) 合理利用空格缩进可以提高代码的可读性。

① 空格通常用于关键字与括号之间，但是，函数名称与左括号之间不用空格分开。

② 函数参数列表中的逗号后面通常会插入空格。

③ for 语句的表达式应该用逗号分开，后面添加空格。

4. 指令分隔符

在 PHP 代码中，每个语句都需要用分号结束命令。一段 PHP 代码中的结束标记隐含表示一个分号，所以在 PHP 代码段中的最后一行可以不用分号结束。例如：

```
<?php
    echo "这是第一个语句";        //每个语句都加入分号
    echo "这是第二个语句";
    //结束标记隐含了分号，下面的语句可以省略分号
    echo "这是最后一个语句"
    ?>
```

5. 与 HTML 语言混合搭配

可以将 PHP 嵌入 HTML 文档中。例如：

```
<HTML>
<HEAD>
<TITLE>PHP 与 HTML 混合搭配</TITLE>
</HEAD>
<BODY>
<?php
    echo "嵌入的 PHP 代码";
?>
</BODY>
<HTML>
```

2.2 PHP 的数据类型

从 PHP 4 开始，PHP 中的变量不需要事先声明，赋值即声明。声明和使用这些数据类型前，读者需要了解它们的含义和特性。

2.2.1 数据类型简介

不同的数据类型其实就是所储存数据的不同种类。PHP 一共支持 8 种数据类型，包括

整型、浮点型、字符串型、布尔型、数组、对象、资源和空类型。

(1) 整型(integer)：用来储存整数。

(2) 浮点型(float)：用来储存实数。和整数不同的是，它有小数位。

(3) 字符串型(string)：用来储存字符串。

(4) 布尔型(boolean)：用来储存真(true)或假(false)。

(5) 数组(array)：用来储存一组数据。

(6) 对象(object)：用来储存一个类的实例。

(7) 资源(resource)：资源是一种特殊的变量类型，保存了到外部资源的一个引用。

(8) 空类型(null)：没有被赋值、已经被重置或者被赋值为特殊值 null 的变量。

作为弱类型语言，PHP 也被称为动态类型语言。在强类型语言中(例如 C 语言)，一个变量只能储存一种类型的数据，并且这个变量在使用前必须声明变量类型。而在 PHP 中，给变量赋什么类型的值，这个变量就是什么类型的。例如以下几个变量：

```
<?php
    //由于'秦时明月汉时关'是字符串，则变量$a 的数据类型就为字符串类型
    $a = '秦时明月汉时关';
    //由于 9988 为整型，所以$b 也就为整型
    $b = 9988;
    //由于 99.88 为浮点型，所以$c 就是浮点型
    $c = 99.88;
?>
```

由此可见，对于变量而言，变量的类型是由所赋值的类型决定的。

实例 1　输出商品信息(案例文件：ch02\2.1.php)

本实例通过 echo 语句输出商品信息，包括名称、产地、价格和库存，代码如下：

```
<?php
    $name = "风韵牌洗衣机";
    $place = "上海";
    $price = 3998.88;
    $amount = 2000;
    echo "名称：".$name ."<br />";
    echo "产地：".$place."<br />";
    echo "价格：".$price ."元<br />";
    echo "库存：".$amount ."台";
?>
```

上述代码中，包含整型、浮点型和字符串型。“.”是字符串连接符，“<br />”是换行标记。程序运行结果如图 2-1 所示。

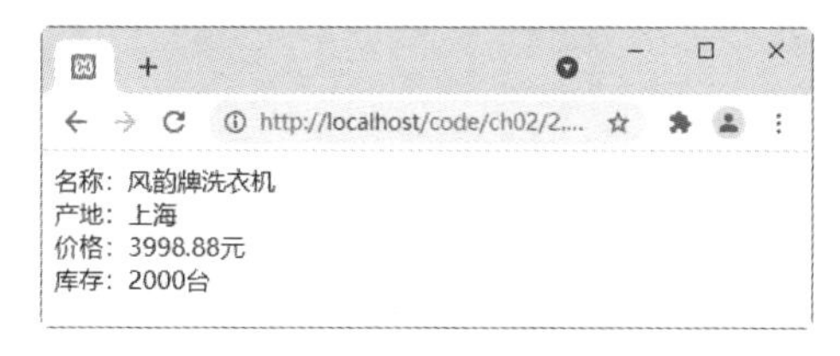

图 2-1　输出商品信息

2.2.2 数据类型之间的相互转换

数据从一个类型转换为另外一个类型，就是数据类型转换。在 PHP 语言中，有两种常见的转换方式：自动数据类型转换和强制数据类型转换。

1. 自动数据类型转换

这种转换方法最为常用。直接输入数据的转换类型即可。

例如，float 型转换为整数 int 型，小数点后面的数将被舍弃。如果 float 数超过了整数的取值范围，则结果可能是非常大的数。

实例 2 自动数据类型转换(案例文件：ch02\2.2.php)

```
<?php
    $fa=99.88;                           //定义 float 类型
    echo (int)$fa."<br/>";               //转换为整数类型输出
    $fb=4E32;                            //超过整数取值范围
    echo(int)$fb;
?>
```

程序运行结果如图 2-2 所示。

图 2-2 自动数据类型转换

2. 强制数据类型转换

在 PHP 中，可以使用 setType 函数强制转换数据类型。基本语法如下：

```
Bool setType(var, string type)
```

type 的可能值不能包含资源类型数据。

实例 3 强制数据类型转换(案例文件：ch02\2.3.php)

```
<?php
    $fa = 99.88;
    echo setType($fa, "int")."<br/>";
    echo $fa;
?>
```

程序运行结果如图 2-3 所示。转型成功，则返回 1，否则返回 0。变量 fa 转为整型后为 99。

图 2-3　强制数据类型转换

2.2.3　检测数据类型

通过 PHP 内置的函数可以检测数据类型。针对不同类型的数据进行检测，判断其是否属于某个类型，如果符合则返回 true，否则返回 false。

检测数据类型的函数和含义如下。

(1) is_bool()：检测变量是否为布尔类型。

(2) is_string()：检测变量是否为字符串类型。

(3) is_float()和 is_double()：检测变量是否为浮点类型。

(4) is_int()：检测变量是否为整型。

(5) is_null()：检测变量是否为 null。

(6) is_array()：检测变量是否为数组类型。

(7) is_object()：检测变量是否是一个对象类型。

(8) is_numeric()：检测变量是否为数字或由数字组成的字符串。

实例 4　检测数据类型(案例文件：ch02\2.4.php)

```
<?php
   $fa = 99.88;                    //定义 float 类型
//检测变量 fa 是否为浮点型变量
   if(is_float($fa)){
       echo "变量 fa 是浮点型变量";
   }else{
       echo "变量 fa 不是浮点型变量";
   }
   echo "<br />";
//检测变量 fa 是否为空
   if(is_null($fa)){
       echo "变量 fa 是 null";
   }else{
       echo "变量 fa 不是 null";
   }
?>
```

程序运行结果如图 2-4 所示。

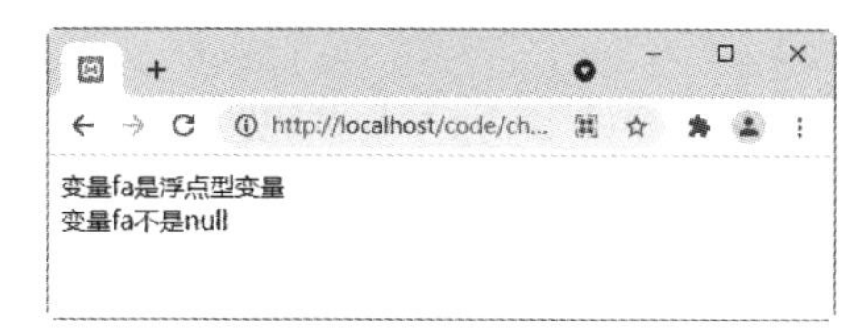

图 2-4　检测数据类型

2.3 常　　量

常量和变量是构成 PHP 程序的基础。本节来讲述如何声明和使用常量。

2.3.1 声明和使用常量

在 PHP 中，常量是一旦声明就无法改变的值。PHP 通过 define()命令来声明常量。格式如下：

```
define("常量名", 常量值);
```

常量名是一个字符串，往往在 PHP 编码规范的指导下使用大写的英文字符来表示。例如 CLASS_NAME、MYAGE 等；常量值也可为表达式。

常量值可以是多种 PHP 数据类型，可以是数组，可以是对象，当然也可以是字符和数字。常量就像变量一样储存数值，但是，与变量不同的是，常量的值只能设定一次，并且无论在代码的任何位置，它都不能被改动。

常量声明后具有全局性，函数内外都可以访问。

实例 5　声明并输出常量(案例文件：ch02\2.5.php)

```
<?php
    define("CL","烟外驿楼红隐隐，渚边云树暗苍苍。");//定义常量 CL
    echo CL; //输出常量 CL
?>
```

程序的运行结果如图 2-5 所示。

图 2-5　声明并输出常量

2.3.2 使用系统预定义常量

PHP 的系统预定义常量是指 PHP 在语言内部预先定义好的一些量。PHP 中预定义了很多系统内置常量，这些常量可以被随时调用。例如，下面是一些常见的内置常量。

1. __FILE__

这个默认常量是 PHP 程序文件名。若引用文件(include 或 require)，则在引用文件内的该常量为被引用文件名，而不是引用它的文件名。

2. __LINE__

这个默认常量是 PHP 程序行数。若引用文件(include 或 require)，则在引用文件内的该常量为被引用文件的行数，而不是引用它的文件的行数。

3. PHP_VERSION

这个常量是 PHP 程序的版本，如'3.0.8-dev'。

4. PHP_OS

这个常量指执行 PHP 代码的操作系统名称，如'Linux'。

5. TRUE

这个常量就是真值(true)。

6. FALSE

这个常量就是伪值(false)。

7. E_ERROR

这个常量指最近的错误。

8. E_WARNING

这个常量指最近的警告。

9. E_PARSE

这个常量是指语法解析时的错误。

10. E_NOTICE

这个常量为发生的异常(但不一定是错误)。例如存取一个不存在的变量。

实例 6　输出系统预定义常量(案例文件：ch02\2.6.php)

```
<?php
   echo "当前文件的路径是：".__FILE__;             //输出文件的路径和文件名
   echo "<br />";                                  //输出换行
   echo "当前行数是：".__LINE__;                   //输出语句所在的行数
   echo "<br />";                                  //输出换行
   echo "当前 PHP 的版本是：".PHP_VERSION;          //输出 PHP 的版本
   echo "<br />";                                  //输出换行
   echo "当前操作系统是：". (PHP_OS);               //输出操作系统名称
?>
```

程序的运行结果如图 2-6 所示。

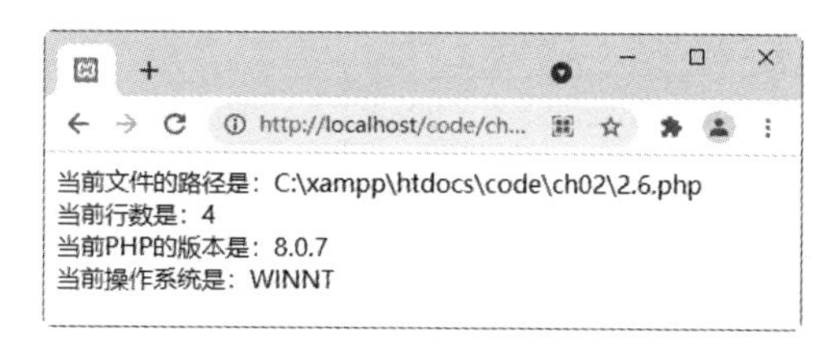

图 2-6　输出系统预定义常量

2.4 变 量

变量就像一个贴有名字标记的空盒子。不同的变量类型对应不同种类的数据，就像不同种类的东西要放入不同种类的盒子一样。

2.4.1 PHP 中的变量声明

与 C 或 Java 语言不同的是，PHP 中的变量是弱类型的。在 C 或 Java 中，需要为每一个变量声明类型，而在 PHP 中不需要这样做。这是极其方便的。

PHP 中的变量一般以“$”作为前缀，然后以大小写字母 a～z 或者下划线(_)开头，这是变量的一般表示。

合法的变量名可以是：

```
$hello
$Aform1
$_formhandler
```

非法的变量名如：

```
$168
$!like
```

PHP 中不需要显式地声明变量，但是定义变量前进行声明并添加注释，是一名优秀的程序员应该养成的习惯。PHP 的赋值有两种，包括传值和引用，它们的区别如下。

(1) 传值赋值：使用“=”直接将赋值表达式的值赋给另一个变量。

(2) 引用赋值：将赋值表达式的内存空间的引用赋给另一个变量。需要在“=”右侧的变量前面加上一个“&”符号。在使用引用赋值的时候，两个变量将会指向内存中的同一个存储空间，所以任意一个变量的变化都会引起另外一个变量的变化。

实例 7　使用两种方式赋值变量(案例文件：ch02\2.7.php)

```
<?php
    echo "使用传值方式赋值：<br/>";                //输出使用传值方式赋值：
    $a = "稻云不雨不多黄";
    $b = $a;            //将变量$a 的值赋给$b，两个变量指向不同的内存空间
    echo "变量 a 的值为：".$a."<br/>";             //输出变量 a 的值
    echo "变量 b 的值为：".$b."<br/>";             //输出变量 b 的值
    $a = "荞麦空花早着霜";      //改变变量 a 的值，变量 b 的值不受影响
    echo "变量 a 的值为：".$a."<br/>";             //输出变量 a 的值
    echo "变量 b 的值为：".$b."<p>";               //输出变量 b 的值
    echo "使用引用方式赋值：<br/>";                //输出使用引用方式赋值
    $a = "已分忍饥度残岁";
    $b = &$a;               //将变量$a 的引用赋给$b，两个变量指向同一个内存空间
    echo "变量 a 的值为：".$a."<br/>";             //输出变量 a 的值
    echo "变量 b 的值为：".$b."<br/>";             //输出变量 b 的值
    $a = "更堪岁里闰添长";
```

```
    /*
    改变变量 a 在内存空间中存储的内容，变量 b 也指向该空间，b 的值也发生变化
    */
    echo "变量 a 的值为：".$a."<br/>";           //输出变量 a 的值
    echo "变量 b 的值为：".$b." <br/>";          //输出变量 b 的值
?>
```

程序运行结果如图 2-7 所示。

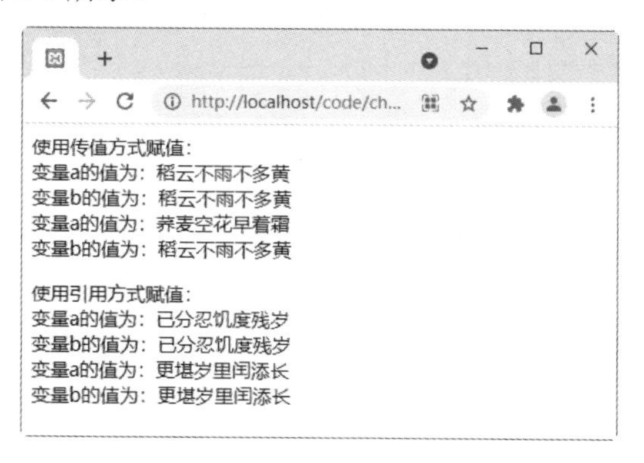

图 2-7　使用两种方式赋值变量

2.4.2　可变变量和变量的引用

一般的变量很容易理解，但是有两种变量的概念比较难理解，这就是可变变量和变量的引用。下面通过例子对它们进行学习。

实例 8　可变变量和变量的引用(案例文件：ch02\2.8.php)

```
<?php
   $value0 = "guest";              //定义变量$value0 并赋值
   $$value0 = "customer";          //再次给变量赋值
   echo $guest."<br/>";            //输出变量
   $guest = "张飞";                //定义变量$guest 并赋值
   echo $guest."\t".$$value0."<br/>";
   $value1 = "王小明";             //定义变量$value1
   $value2 = &$value1;             //引用变量并传递变量
   echo $value1."\t".$value2."<br/>";
   $value2 = "李丽";
   echo $value1."\t".$value2;
?>
```

上述代码的详细分析如下。

(1) 在代码的第一部分中，$value0 被赋值为 guest。而$value0 相当于 guest，则$$value0 相当于$guest。所以当$$value0 被赋值为 customer 时，打印$guest 就得到 customer。反之，当$guest 变量被赋值为“张飞”时，打印$$value0 同样得到“张飞”。这就是可变变量。

(2) 在代码的第二部分中，$value1 被赋值为“王小明”，然后通过“&”引用变量$value1 并赋值给$value2。而这一步的实质是，给变量$value1 添加了一个别名$value2。所

以打印时，都得出原始赋值“王小明”。由于$value2 是别名，与$value1 指的是同一个变量，所以$value2 被赋值为“李丽”后，$value1 和$value2 都得到新值“李丽”。

(3) 可变变量其实是允许改变一个变量的变量名。允许使用一个变量的值作为另外一个变量的名。

(4) 变量引用相当于给变量添加了一个别名。用“&”来引用变量。其实两个变量名指的都是同一个变量。就像是给同一个盒子贴了两个名字标记，两个名字标记指的都是同一个盒子。

程序运行结果如图 2-8 所示。

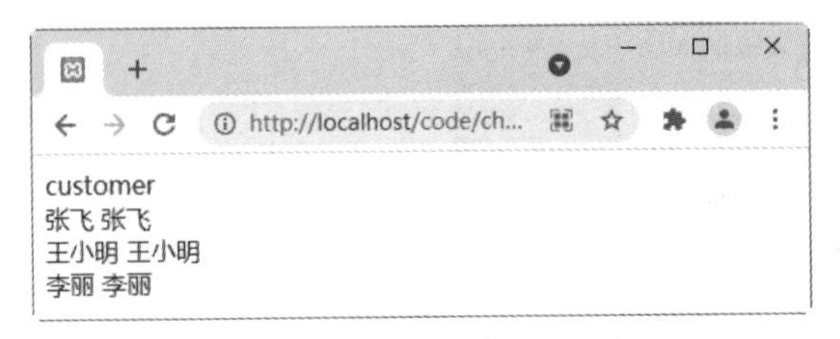

图 2-8　使用可变变量和变量的引用

2.5　PHP 运算符

PHP 包含三种类型的运算符：一元运算符、二元运算符和三元运算符。一元运算符用在一个操作数之前，二元运算符用在两个操作数之间，三元运算符用在三个操作数之间。

2.5.1　算术运算符

算术运算符是最简单，也是最常用的运算符。常用的算术运算符如表 2-1 所示。

表 2-1　常用算术运算符

运 算 符	名　称
+	加法运算
-	减法运算
*	乘法运算
/	除法运算
%	取余运算
++	累加运算
--	累减运算

实例 9　计算部门的销售业绩差距和平均值(案例文件：ch02\2.9.php)

这里首先定义两个变量，用于存储各部门的销售额，然后使用减法计算销售业绩差距，最后应用加法和除法计算平均值。

```
<?php
    $branch1=760009;                          //部门 branch1 的销售额
    $branch2=540000;                          //部门 branch2 的销售额
    $sub= $branch1- $branch2;                 //销售业绩差距
    $avg= ($branch1+$branch2)/2;              //计算平均值
    $savg=(int)$avg;                          //销售额的平均值取整
    echo "部门 1 和部门 2 的销售业绩差距是：".$sub;
    echo "<br />";                            // 输出换行
    echo "两个部门销售业绩的平均值是：".$savg;
?>
```

程序运行结果如图 2-9 所示。

图 2-9　使用算术运算符

2.5.2　字符串连接符

字符运算符“.”把两个字符串连接起来，变成一个字符串。如果变量是整型或浮点型，PHP 也会自动地把它们转换为字符串输出。

例如下面的代码：

```
<?php
    $a = "馒头";
    $b = 2;
    echo "我今天吃了".$b."个".$a;
?>
```

输出的结果如下：

```
我今天吃了 2 个馒头
```

新手需要特别注意的是，对于字符串型数据，既可以使用单引号，也可以使用双引号，但是使用单引号和双引号输出同一个变量，结果却完全不同。单引号输出的是字符串，双引号输出的是变量的值。

实例 10　区分单引号和双引号在输出时的不同之处(案例文件：ch02\2.10.php)

```
<?php
    $a = "秦时明月汉时关";             //定义一个字符串变量
    echo "$a";                         //使用双引号输出
    echo "<br />";                     //输出换行
    echo '$a';                         //使用单引号输出
?>
```

程序运行结果如图 2-10 所示。

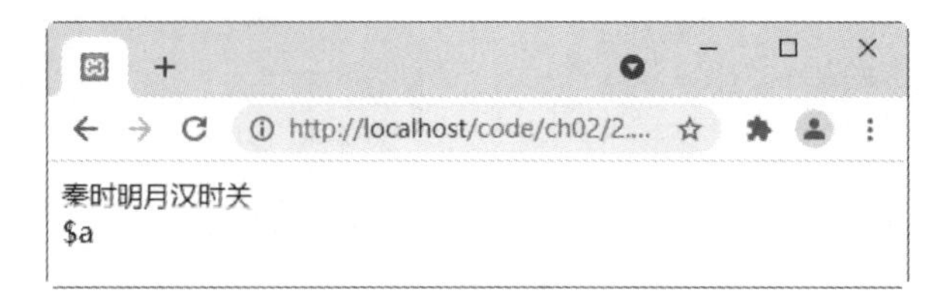

图 2-10　区分单引号和双引号的不同

2.5.3　赋值运算符

赋值运算符的作用是把一定的数值加载给特定的变量。

赋值运算符的具体含义如表 2-2 所示。

表 2-2　赋值运算符

运 算 符	名　称
=	将右边的值赋值给左边的变量
+=	将左边的值加上右边的值，赋给左边的变量
-=	将左边的值减去右边的值，赋给左边的变量
*=	将左边的值乘以右边的值，赋给左边的变量
/=	将左边的值除以右边的值，赋给左边的变量
.=	将左边的字符串连接到右边
%=	将左边的值对右边的值取余数，赋给左边的变量

例如，$a-=$b 等价于$a=$a-$b，其他赋值运算符与之类似。从表 2-2 可以看出，赋值运算符可以使程序更加简练，从而提高执行效率。

2.5.4　比较运算符

比较运算符用来比较其两端数值的大小。比较运算符的具体含义如表 2-3 所示。

表 2-3　比较运算符

运 算 符	名　称
= =	相等
!=	不相等
>	大于
<	小于
>=	大于等于
<=	小于等于
= = =	精确等于(类型)
!= =	不精确等于

其中，===和!==需要特别注意。$b===$c 表示$b 和$c 不只是数值上相等，而且两者的类型也一样；$b!==$c 表示$b 和$c 有可能是数值不等，也可能是类型不同。

实例 11　比较两个部门的销售业绩(案例文件：ch02\2.11.php)

```
<?php
    $branch1=760009;          #定义变量，存储部门 1 的销售额
    $branch2=540000;          #定义变量，存储部门 2 的销售额
    echo "部门 1 的销售业绩是：".$branch1."，部门 2 的销售业绩是：".$branch2."<br />";
    var_dump($branch1==$branch2);          //等于操作
    var_dump($branch1>$branch2);           //大于操作
    var_dump($branch1<$branch2);           //小于操作
?>
```

上述代码中，var_dump()函数用于输出变量的相关信息，包括表达式的类型与值。程序运行结果如图 2-11 所示。

图 2-11　使用比较运算符

2.5.5　逻辑运算符

一个编程语言最重要的功能之一就是进行逻辑判断和运算，比如逻辑和、逻辑或、逻辑非。逻辑运算符的含义如表 2-4 所示。

表 2-4　逻辑运算符

运 算 符	名　称
&&、AND	逻辑和
‖、OR	逻辑或
!、NOT	逻辑非
XOR	逻辑异或

2.5.6　按位运算符

按位运算符是把整数以“位”为单位进行处理。按位运算符的含义如表 2-5 所示。

表 2-5　按位运算符

运 算 符	名　称
&	按位和
|	按位或
^	按位异或

2.5.7 否定控制运算符

否定控制运算符用在操作数之前，用于对操作数真假的判断。否定控制运算符的含义如表 2-6 所示。

表 2-6 否定控制运算符

运 算 符	名 称
!	逻辑非
～	按位非

2.5.8 错误控制运算符

错误控制运算符是用“@”来表示的，在一个操作数之前使用，该运算符用来屏蔽错误信息的生成。

2.5.9 三元运算符

三元运算符“? :”是作用在三个操作数之间的。语法格式如下：

```
(expr1) ? (expr2) : (expr3)
```

如果表达式 expr1 为真，则返回 expr2 的值；如果表达式 expr1 为假，则返回 expr3 的值。从 PHP 5.3 开始，可以省略 expr2，表达式为(expr1) ?: (expr3)。如果表达式 expr1 为真，则返回 expr1 的值；如果表达式 expr1 为假，则返回 expr3 的值。

实例 12 使用三元运算符(案例文件：ch02\2.12.php)

```
<?php
    $a = 100>99;
    $b = $a ?: '100 不大于 99';
    $c = $a ? '100 大于 99': '100 不大于 99';
    echo $b;
    echo "<br />";              //输出换行
    echo $c;
?>
```

程序运行结果如图 2-12 所示。

图 2-12 三元运算符

2.5.10　合并运算符

合并运算符(??)用于判断变量是否存在且值不为 NULL，如果是，它就会返回自身的值，否则返回它的第二个操作数。

语法格式如下：

```
(expr1) ? ? (expr2)
```

如果表达式 expr1 为真，则返回 expr1 的值；如果表达式 expr1 为假，则返回 expr2 的值。

实例 13　使用合并运算符(案例文件：ch02\2.13.php)

```
<?php
    $a = 100>99;
    $b = 10>99;
    $c = $a ?? $b;
    echo $c;
?>
```

程序运行结果如图 2-13 所示。

图 2-13　合并运算符

2.5.11　组合运算符

组合运算符“<=>”用于比较两个表达式 $a 和 $b，$a 小于、等于或大于 $b 时，分别返回-1、0 或 1。

实例 14　使用组合运算符(案例文件：ch02\2.14.php)

```
<?php
    //整型比较
    echo( 100 <=> 100);echo "<br />";
    echo( 100 <=> 99);echo "<br />";
    echo( 100 <=> 120);echo "<br />";

    //浮点型比较
    echo( 99.99 <=> 99.99);echo "<br />";
    echo( 88.88 <=> 99.99);echo "<br />";
    echo( 99.99 <=> 88.88);echo "<br />";
    echo(PHP_EOL);

    //字符串比较
    echo( "a" <=> "a");echo "<br />";
    echo( "a" <=> "b");echo "<br />";
```

```
    echo( "b" <=> "a");echo "<br />";
?>
```

程序运行结果如图 2-14 所示。

图 2-14　组合运算符

2.5.12　运算符的优先级和结合规则

运算符的优先级和结合规则其实与正常的数学运算符的规则十分相似：

- 加减乘除的先后顺序与数学运算中的完全一致。
- 对于括号，则先运行括号内，再运行括号外。
- 对于赋值，则由右向左运行，也就是依次从右边向左边的变量进行赋值。

2.6　PHP 中的表达式

表达式是表达一个特定操作或动作的语句。表达式由“操作数”和“操作符”组成。

操作数可以是变量，也可以是常量。

操作符则体现了要表达的各个行为，如逻辑判断、赋值、运算等。

例如，$a=5 就是表达式，而$a=5;则为语句。另外，表达式也有值，例如，表达式$a=1 的值为 1。

在 PHP 代码中，使用“;”号来区分表达式和语句，即一个表达式和一个分号组成一条 PHP 语句。在编写代码程序时，应该特别注意表达式后面的“;”，不要漏写或写错，否则会提示语法错误。

2.7　就业面试问题解答

问题 1：如何快速区分常量和变量？

常量和变量的明显区别如下。

(1) 常量前面没有美元符号($)。

(2) 常量只能用 define()函数定义，而不能通过赋值语句定义。

(3) 常量可以不用理会变量范围的规则，可以在任何地方定义和访问。

(4) 常量一旦定义就不能被重新定义或者取消定义。

(5) 常量的值只能是标量。

问题 2：PHP 中常见的输出方式有几种？

在 PHP 中，常见的输出语句如下。

(1) echo 语句：可以一次输出多个值，多个值之间用逗号分隔。这是 PHP 中最常用的输出语句。

(2) print 语句：只允许输出一个字符串。例如以下代码：

```
print "Hello world!";
```

(3) print_r()函数：可以输出字符串和数组。可以把字符串和数字简单地打印出来，而数组则以括起来的键和值的列表形式显示，并以 Array 开头。但 print_r()输出布尔值和 NULL 的结果没有意义，因为都是打印"\n"。

(4) var_dump()函数：判断一个变量的类型与长度，并输出变量的数值。如果变量有值则输出变量的值并返回数据类型。此函数可以用于输出一个或多个表达式的结构信息，包括表达式的数据类型与值。

2.8　上机练练手

上机练习 1：输出商品信息。

使用 echo 语句输出商品信息，包括编号、名称、产地、价格和销售量，程序运行结果如图 2-15 所示。

上机练习 2：计算飞机从北京到上海所需的时间。

本实例将编写一个程序，计算飞机以 800 千米每小时的速度从北京到上海飞行 1400 千米所需时间，答案以“*小时*分”的格式输出。运行结果如图 2-16 所示。

图 2-15　输出商品的信息

图 2-16　输出所需的时间

第3章

流程控制语句

在做任何事之前，往往需要遵循一定的原则。例如，坐飞机之前，就需要购票、验票和登机，缺少其中任何一个环节都不行。程序设计也是如此。在 PHP 中，程序能够按照人们的意愿执行，主要是依靠程序的流程控制语句。不管多么复杂的程序，都是由这些基本的语句组成的。本章主要介绍 PHP 语言结构的使用方法和技巧。

3.1 程序结构

语句是构造程序的基本单位，程序运行的过程就是执行程序语句的过程。程序语句执行的次序称为流程控制(控制流程)。流程控制的结构有顺序结构、选择结构和循环结构 3 种。顺序结构是 PHP 程序中基本的结构，它按照语句出现的先后顺序依次执行，如图 3-1 所示。选择结构按照给定的逻辑条件来决定执行顺序，如图 3-2 所示。

循环结构即根据代码的逻辑条件来判断是否重复执行某一段程序，若逻辑条件为 true，则进入循环重复执行，否则结束循环。循环结构可分为条件循环和计数循环，如图 3-3 所示。

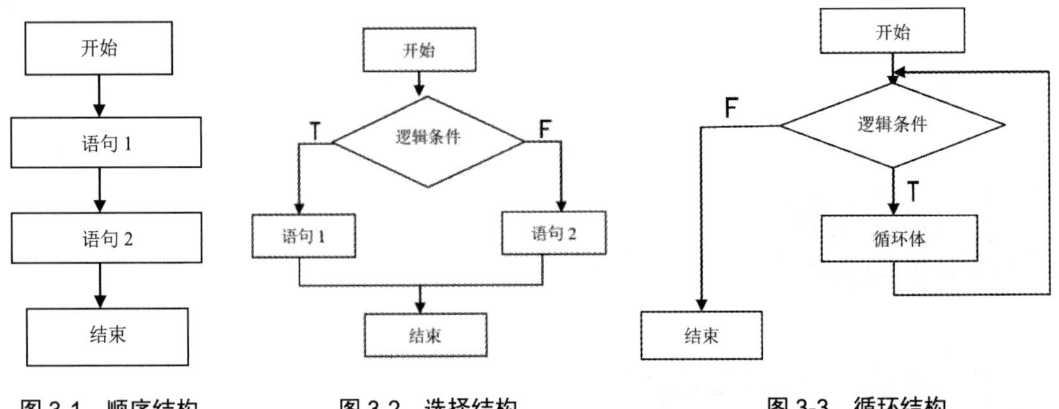

图 3-1 顺序结构　　图 3-2 选择结构　　图 3-3 循环结构

顺序结构非常容易理解。例如定义 2 个变量，然后输出变量的值，代码如下：

```
a="建设新农村";
b="为人民服务！";
echo a;
echo b;
```

选择结构和循环结构的应用非常广泛。例如求 1～100 之间，能被 2 整除，又能被 3 整除的数。要解决这道题，需要以下两个要素：

(1) 首先需要满足的条件是，不仅可以整除 2，还必须能整除 3。这就是条件判断，需要通过选择结构来实现。

(2) 依此尝试 1～100 之间的数，这就需要循环执行，这里就要用到循环语句。

3.2 条件控制语句

条件控制语句就是对语句中不同条件的值进行判断，进而根据不同的条件执行不同的语句。

3.2.1 if 语句

if 语句是最为常见的条件控制语句。它的格式为：

```
if(条件判断语句){
    执行语句;
}
```

这种形式只是对一个条件进行判断。如果条件成立，则执行命令语句，否则不执行。if 语句的控制流程如图 3-4 所示。

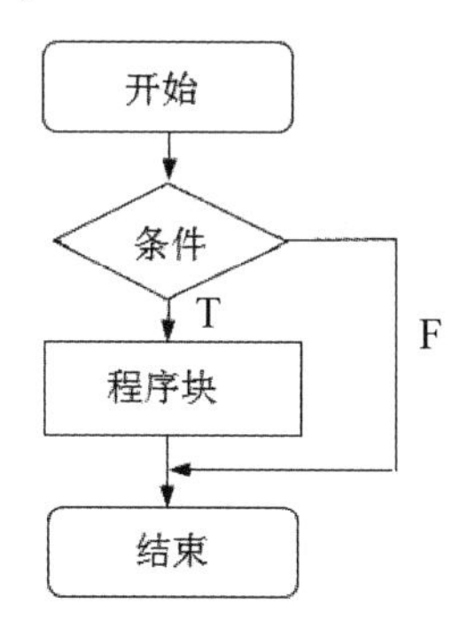

图 3-4　if 语句的控制流程

实例 1　验证随机数是否既可以整除 2 又能整除 3 (案例文件：ch03\3.1.php)

本实例使用 rand()函数生成一个 1～100 的随机数，然后判断这个随机数是否既可以整除 2 又能整除 3。

```
<?php
    $num = rand(1,100);                         //使用 rand()函数生成一个随机数
    echo "随机数是：".$num ."<br />";           //输出随机数
    if($num % 2 ==0 and $num % 3 ==0 ){
        echo "随机数".$num."既能整除 2 又能整除 3";
    }
?>
```

上述代码中的 rand()函数的作用是随机产生一个整数，每次刷新页面，会产生一个新的随机数。运行结果如图 3-5 所示。

图 3-5　判断随机数是否既能整除 2 又能整除 3

3.2.2　if...else 语句

如果是非此即彼的条件判断，可以使用 if...else 语句。它的格式为：

```
if(条件判断语句){
    执行语句 A;
}else{
    执行语句 B;
}
```

这种结构形式首先判断条件是否为真，如果为真，则执行语句 A，否则执行语句 B。if...else 语句的控制流程如图 3-6 所示。

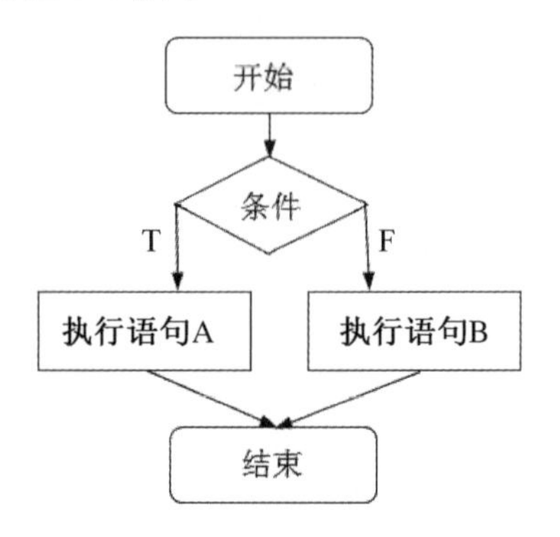

图 3-6　if...else 的控制流程

实例 2　计算 2 个随机数的差值 (案例文件：ch03\3.2.php)

本实例使用 rand()函数生成 2 个 1～100 的随机数，然后判断这两个随机数的大小关系，最后计算它们的差值。

```
<?php
    $num1 = rand(1,100);                    //使用 rand()函数生成一个随机数 num1
    $num2 = rand(1,100);                    //使用 rand()函数生成一个随机数 num2
    echo "第一个随机数是: ".$num1."<br />";          //输出随机数 num1
    echo "第二个随机数是: ".$num2."<br />";          //输出随机数 num2
    if($num1>=$num2){
        echo "它们的差值是: ".($num1-$num2);
    }else{
        echo "它们的差值是: ".($num2-$num1);
    }
?>
```

运行结果如图 3-7 所示。

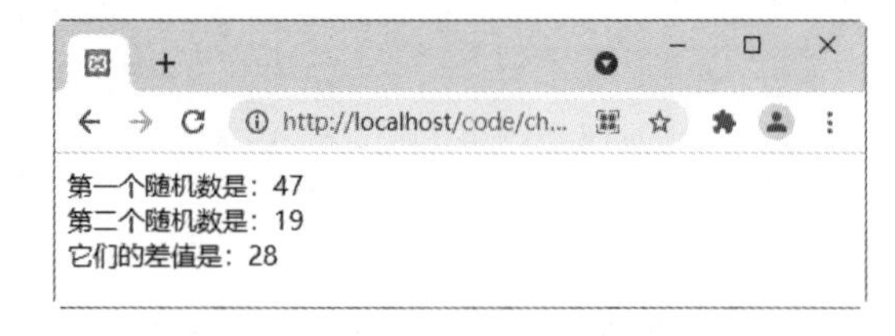

图 3-7　计算两个随机数的差值

3.2.3　elseif 语句

在条件控制结构中，有时会出现多于两种的选择，此时可以使用 elseif 语句。它的语法格式为：

```
if(条件判断语句){
    命令执行语句;
}elseif(条件判断语句){
```

```
    命令执行语句;
}
...
else{
    命令执行语句;
}
...
```

elseif 语句的控制流程如图 3-8 所示。

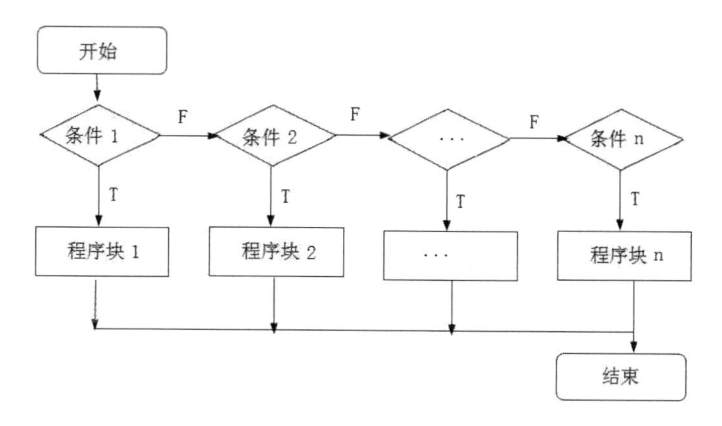

图 3-8　elseif 语句的控制流程

实例 3　判断高考成绩是否过了本科线(案例文件：ch03\3.3.php)

本实例使用 elseif 语句判断高考成绩是否过了本科线。

```
<?php
echo "欢迎进入高考分数线查询系统"."<br />";
    $num = 560;
    echo "恭喜！您的高考分数是 560 分"."<br />";
if($num<440){
        echo "很遗憾，您没有过本科线！";
    }elseif(440<=$num and $num<550){
        echo "恭喜！您已经过本科二批分数线！";
    }
    else{
        echo "恭喜！您已经过本科一批分数线！";
    }
?>
```

运行结果如图 3-9 所示。

图 3-9　判断高考成绩是否过了本科线

3.2.4　switch 语句

switch 语句的结构给出了不同情况下可能执行的程序块，条件满足哪个程序块，就执行哪个。它的语法格式为：

```
switch(条件判断语句){
    case 判断结果为 a:
        执行语句 1;
        break;
    case 判断结果为 b:
        执行语句 2;
        break;
    ...
    default:
        执行语句 n;
}
```

“条件判断语句”的结果符合哪个可能的“判断结果”，就执行其对应的“执行语句”。如果都不符合，则执行 default 对应的默认“执行语句 n”。

switch 语句的控制流程如图 3-10 所示。

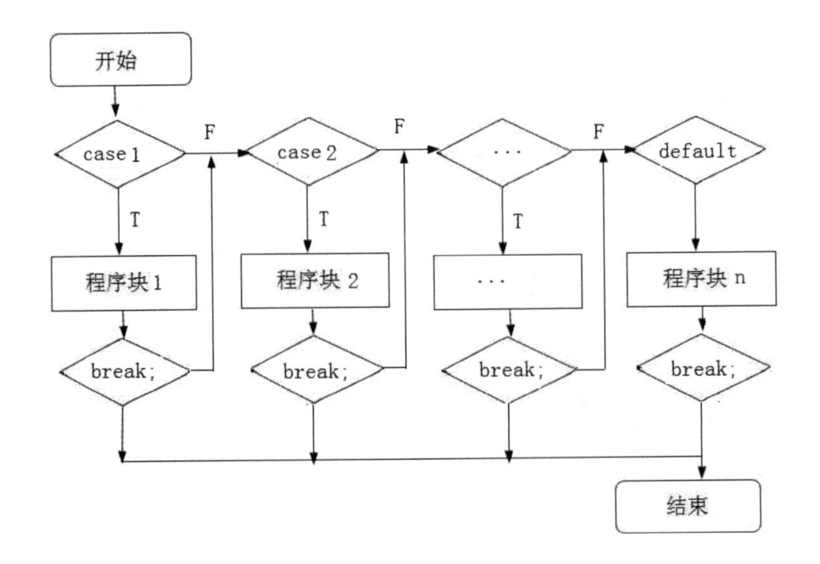

图 3-10　switch 语句的控制流程

实例 4　使用 switch 语句设计猜水果游戏(案例文件：ch03\3.4.php)

本实例使用 switch 语句判断猜的水果是苹果、香蕉、橘子、橙子还是其他水果，然后输出不同的结果。

```
<?php
    echo "欢迎进入猜水果游戏"."<br />";
    $a = "苹果";
    switch ($a)
    {
        case "苹果":
```

```
            echo "您猜的水果是苹果，恭喜您猜对了！";
            break;
        case "香蕉":
            echo "您猜的水果是香蕉，很遗憾您猜错了！";
            break;
        case "橘子":
            echo "您猜的水果是橘子，很遗憾您猜错了！";
            break;
        case "橙子":
            echo "您猜的水果是橙子，很遗憾您猜错了！";
            break;
        default:
            echo "您猜的水果不是苹果、香蕉、橘子和橙子，很遗憾您猜错了！";
}
?>
```

上述代码中的 switch 语句在执行时，即使遇到符合要求的 case 语句，也会继续执行下去，直到 switch 语句结束。为了解决这种浪费资源和时间的问题，本案例在每个 case 语句段后加入 break 语句，主要作用是跳出当前的 case 语句。

运行结果如图 3-11 所示。

图 3-11　设计猜水果游戏

3.3　循环控制语句

循环控制语句中主要包括 3 个语句，即 for 循环、while 循环和 do…while 循环。

3.3.1　for 循环语句

for 循环的结构如下：

```
for(expr1; expr2; expr3)
{
    命令语句;
}
```

其中，expr1 为条件的初始值，expr2 为判断的最终值，通常都是用比较表达式或逻辑表达式充当判断的条件，执行完命令语句后，再执行 expr3。

for 循环语句的控制流程如图 3-12 所示。

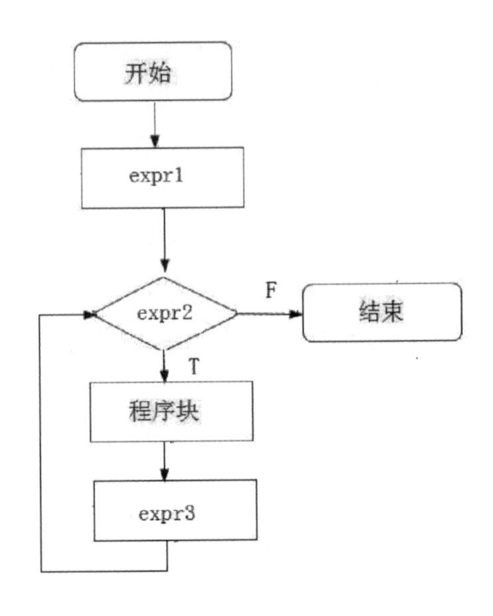

图 3-12　for 循环语句的控制流程

实例 5　计算 1+2+3+…+100 的和(案例文件：ch03\3.5.php)

本实例使用 for 语句计算 1+2+3+…+100 的和，然后输出结果。

```
<?php
    $sum = 0;                          //声明整型变量$sum 并赋值为 0
    for ($i=1;$i<=100;$i++){
        $sum=$sum+$i;                  //$i 小于或等于 100 时，执行求和运算
    }
    echo "1+2+3+…+100 的和:".$sum;
?>
```

上述代码中，首先执行 for 循环的初始表达式，将$i 赋值为 1。然后判断表达式$i<=100 是否成立，如果成立则执行$sum=$sum+$i，最后执行$i++，进入下一个循环。如果表达式$i<=100 不成立，则跳出循环，循环结束。

运行结果如图 3-13 所示。

图 3-13　计算 1+2+3+…+100 的和

3.3.2　while 循环语句

while 循环的结构为：

```
while (条件判断语句){
    执行语句;
}
```

其中，当“条件判断语句”为 true 时，执行后面的“执行语句”，然后返回到条件表

达式继续进行判断，直到表达式的值为假，才能跳出循环，执行后面的语句。

while 循环语句的控制流程如图 3-14 所示。

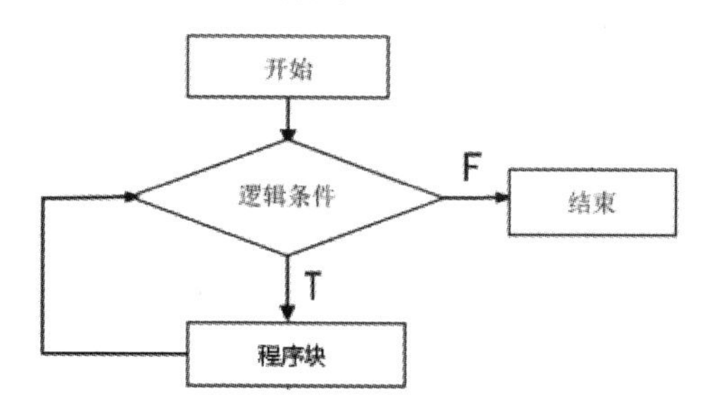

图 3-14　while 语句的控制流程

while 循环在代码运行的开始检查条件的真假；而 do…while 循环则是在代码运行的末尾检查条件的真假，所以 do…while 循环至少要运行一遍。

实例 6　使用 while 循环输出 50 以内的奇数(案例文件：ch03\3.6.php)

本实例使用 if 语句判断 1～50 以内的数是否为奇数，如果是，则使用 while 循环输出，否则将进入下一个循环。

```
<?php
    $sum = 1;                        //定义一个整型变量$sum
    $str = "50 以内的奇数包括：";       //定义一个字符串变量$str
    while($sum<=50){                 //判断$sum 是否小于或等于 50
        if($sum%2!=0){               //如果求余不等于 0，则判断$sum 是奇数
            $str = $str.$sum." ";    //$sum 是奇数，则添加到字符串变量$str 的后面
        }
        $sum++;                      //变量$sum 加 1
    }
    echo $str;                       //循环结束后，输出字符串变量$str
?>
```

运行结果如图 3-15 所示。

图 3-15　输出 50 以内的奇数

3.3.3　do...while 循环语句

do…while 循环的结构为：

```
do{
    执行语句;
}while(条件判断语句)
```

首先执行 do 后面的“执行语句”，其中的变量会随着命令的执行发生变化。当此变

量通过 while 后的“条件判断语句”判断为 false 时，将停止循环执行“执行语句”。

do…while 循环语句的控制流程如图 3-16 所示。

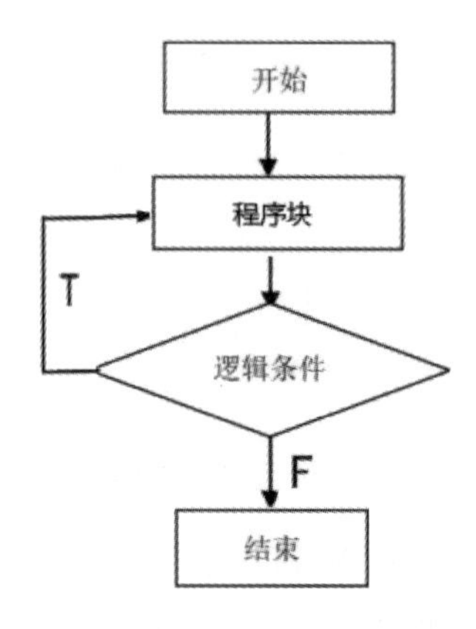

图 3-16　do...while 循环语句的控制流程

实例 7　区分 while 语句和 do...while 语句(案例文件：ch03\3.7.php)

```
<?php
    $num = 100;                                          //声明一个整数变量$num
    while($num != 100){                                  //使用 while 循环输出
        echo "看不到我哦！";                              //这句不会被输出
    }
    do{                                                  //使用 do...while 循环输出
        echo "会看到我哦！";                              //这句会被输出
    }while($num != 100);
?>
```

运行结果如图 3-17 所示。

图 3-17　区分 while 语句和 do...while 语句

3.3.4　流程控制的另一种书写格式

在一个含有多条件、多循环的语句中，包含多个{}，查看起来比较烦琐。流程控制语句的另外一种书写方式是以“:”来代替左边的大括号，使用 endif、endwhile、endfor、endreach 和 endswitch 来代替右边的大括号，这种描述程序结构的可读性比较强。

例如常见的格式如下。

(1) if 语句：

```
if(条件判断语句):
    执行语句 1;
elseif(条件判断语句):
    执行语句 2;
```

```
elseif(条件判断语句):
    执行语句 3;
...
else:
    执行语句 n;
endif;
```

(2) switch 语句：

```
switch(条件判断语句):
    case  判断结果 a:
        执行语句 1;
    case  判断结果 b:
        执行语句 2;
    ...
    default:
        执行语句 n;
endswitch;
```

(3) while 循环：

```
while(条件判断语句):
    执行语句;
endwhile;
```

(4) do…while 循环：

```
do
    命令执行语句;
while(条件判断语句);
```

(5) for 循环：

```
for(初始化语句;条件终止语句; 增幅语句):
    执行语句;
endfor;
```

实例 8　输出杨辉三角(案例文件：ch03\3.8.php)

```
<?php
    $mixnum = 1;
    $maxnum = 10;
    $tmparr[][] = array();
    $tmparr[0][0] = 1;
    for($i = 1; $i < $maxnum; $i++):
        for($j = 0; $j <= $i; $j++):
            if($j == 0 or $j == $i):
                $tmparr[$i][$j] = 1;
                else:
                $tmparr[$i][$j] = $tmparr[$i - 1][$j - 1] + $tmparr[$i -
1][$j];
            endif;
        endfor;
    endfor;
    foreach($tmparr as $value):
        foreach($value as $vl)
```

```
            echo $vl.' ';
        echo '<p>';
    endforeach;
?>
```

运行结果如图 3-18 所示。从中可以看出，该代码使用新的书写格式实现了杨辉三角的排列输出。

图 3-18　输出杨辉三角的效果

3.4　跳 转 语 句

如果循环条件满足，则程序会一直执行下去。如果需要强制跳出循环，则需要使用跳转语句来完成。常见的跳转语句包括 break 语句和 continue 语句。

3.4.1　break 语句

break 语句的作用是完全终止循环，包括 while、do...while、for 和 switch 在内的所有控制语句。

实例 9　设计报数游戏(案例文件：ch03\3.9.php)

本实例将设计一个报数游戏，如果报的数是 5 的倍数，则结束游戏，否则一直报下去。

```
<?php
    echo "下面进入报数游戏！<br/>";
    while(true){
        $num = rand(1,100);     //声明一个随机变量$num
        echo "报数: ".$num."<br/>";
        if($num%5==0){
            echo "游戏结束！";
            break;
        }
    }
?>
```

运行结果如图 3-19 所示。

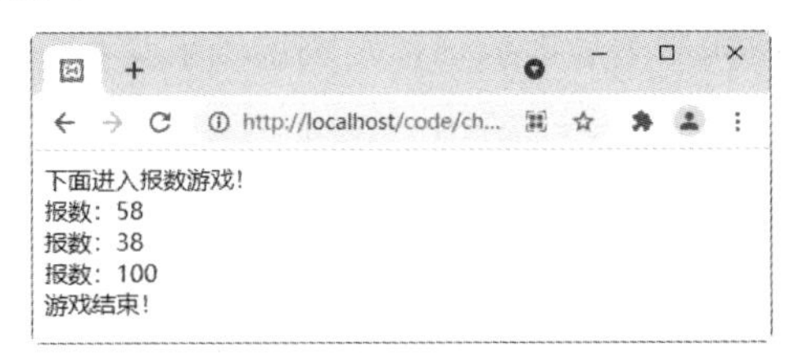

图 3-19　报数游戏

3.4.2　continue 语句

continue 语句的作用是跳出当前循环，进入下一个循环。

实例 10　输出 1～20 之中的所有偶数(案例文件：ch03\3.10.php)

```
<?php
    for ($i = 1;$i <= 20;$i++){
        if($i%2!=0){
            continue;
        }
        echo $i." ";
    }
?>
```

运行结果如图 3-20 所示。

图 3-20　输出 1～20 之中的所有偶数

3.5　就业面试问题解答

问题 1：PHP 中跳出循环的方法有几种?

PHP 中的循环结构大致有 for 循环、while 循环、do…while 循环以及 foreach 循环几种，不管哪种循环，在 PHP 中跳出循环大致有以下几种方式。

1. continue

continue 用在循环结构中，控制程序放弃本次循环，转而进行下一次循环。continue 本身并不跳出循环结构，只是放弃这一次循环。如果在非循环结构中(例如 if 语句或 switch 语句中)使用 continue，程序将会出错。

2. break

break 用于各种循环结构和 switch 语句中。它的作用是跳出当前的语法结构，执行下面的语句。break 语句可以带一个参数 n，表示跳出循环的层数，如果要跳出多重循环，可以用 n 来表示跳出的层数，如果不带参数默认是跳出当前循环。

3. exit

exit 用来结束程序执行。它可以用在任何地方，本身没有跳出循环的含义。exit 可以带一个参数，如果参数是字符串，PHP 将会直接把字符串输出，如果参数是整型(范围是0～254)，则被定义为退出程序的状态号，但是不会被输出。

4. return

return 语句用来结束一段代码，并返回一个参数。它可以在一个函数里调用，也可以在一个 include()或者 require()语句包含的文件里调用，还可以是在主程序里调用。如果是在函数里调用，程序将会马上结束运行并返回参数；如果是在 include()或者 require()语句包含的文件中调用 return 语句，程序将会返回到调用该文件的主程序；如果是在主程序中调用，那么主程序将会马上停止执行。

问题 2：循环体内使用的变量，定义在哪个位置好？

在 PHP 语言中，如果变量要多次使用，而且变量的值不改变，建议在循环体外定义该变量。否则的话，在循环体内定义该变量比较好。

3.6　上机练练手

上机练习 1：设计一个公司年会抽奖游戏。

公司年会抽奖，中奖号码和奖品设置如下。

(1) 1 号代表一等奖，奖品是洗衣机。

(2) 2 号代表二等奖，奖品是电视机。

(3) 3 号代表三等奖，奖品是空调。

(4) 4 号代表四等奖，奖品是热水器。

使用 rand()函数生成 1～4 中的随机数，根据随机的中奖号码，输出与该号码对应的奖品。运行结果如图 3-21 所示。

上机练习 2：用 for 语句计算 20 的阶乘。

使用 for 语句计算 1×2×3×…×20 的乘积，也就是 20 的阶乘，运行结果如图 3-22 所示。

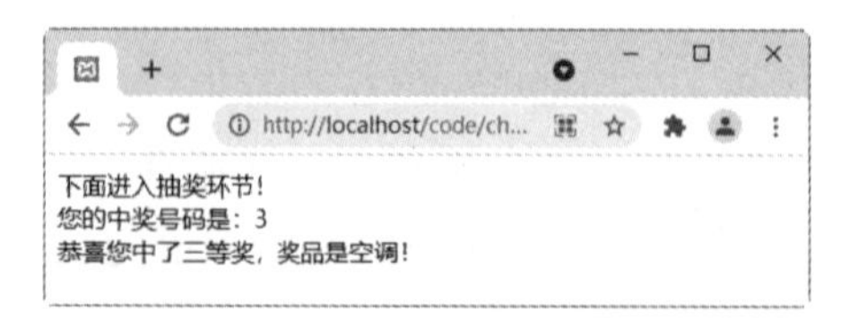

图 3-21　公司年会抽奖游戏

图 3-22　计算 20 的阶乘

第 4 章

字符串和正则表达式

字符串在 Web 编程中应用比较广泛，所以生成、使用和处理字符串的技能，对于一个 PHP 程序员是非常重要的。特别是配合正则表达式，可以满足用户对字符串进行复杂处理的需求。本章将重点学习字符串的基本操作方法和正则表达式的使用方法。

4.1 定义字符串的方法

不仅可以使用英文单引号或双引号定义字符串，还可以使用定界符定义字符串。本节分别介绍这两种方法。

4.1.1 使用单引号或双引号定义字符串

字符串是指一连串不中断的字符。这里的字符主要包括以下几种类型。

(1) 字母类型：例如常见的 a、b、c 等。

(2) 数字类型：例如常见的 1、2、3、4 等。

(3) 特殊字符类型：例如常见的#、%、^、$等。

(4) 不可见字符类型：例如回车符、Tab 字符和换行符等。

下面分别使用单引号和双引号来定义一个普通的字符串。

```
<?php
   $m1 = '这里使用单引号定义字符串。<br />';
   $m2 = "这里使用双引号定义字符串。";
   echo $m1;
   echo $m2;
?>
```

运行结果如下：

```
这里使用单引号定义字符串。
这里使用双引号定义字符串。
```

使用单引号或双引号定义字符串，表面看起来没有什么区别，但是，对存在于字符串中的变量来说，二者是不一样的。双引号中的变量会输出变量的值，而单引号中的变量则直接显示变量名称。

实例 1　单引号和双引号在定义字符串中的区别(案例文件：ch04\4.1.php)

```
<?php
   $a = "洗衣机";
   $b = '本次采购的商品是$a <br />';
   $c = "本次采购的商品是$a";
   echo $b;
   echo $c;
?>
```

程序运行结果如图 4-1 所示。从结果可以看出，双引号中的内容都是经过 PHP 的语法分析器解析过的，任何变量在双引号中都会被转换为它的值进行输出显示；而单引号中的变量只能当作普通字符串原封不动地输出。

图 4-1　单引号和双引号在定义字符串时的区别

4.1.2　使用定界符定义字符串

定界符(<<<)用于定义格式化的大文本，这里的格式化是指文本中的格式被保留，所以文本中不需要使用转义字符。使用定界符的语法格式如下：

```
$string = <<< str
        字符串的具体内容
str;
```

这里的 str 为指定的标识符，标识符可以自己设定，记得要前后保持一致。使用定界符和双引号一样，包含的变量也会被替换成实际的数值。

实例 2　使用定界符定义字符串(案例文件：ch04\4.2.php)

```
<?php
    $a = "空调";
    $b =  "本次采购的商品是$a<br />";
    $c = <<< str
        本次采购的商品是$a
    str;
    echo $b;
    echo $c;
?>
```

程序运行结果如图 4-2 所示。注意这里的符号 str 必须另起一行，而且不允许有空格，还要加上分号结束符。

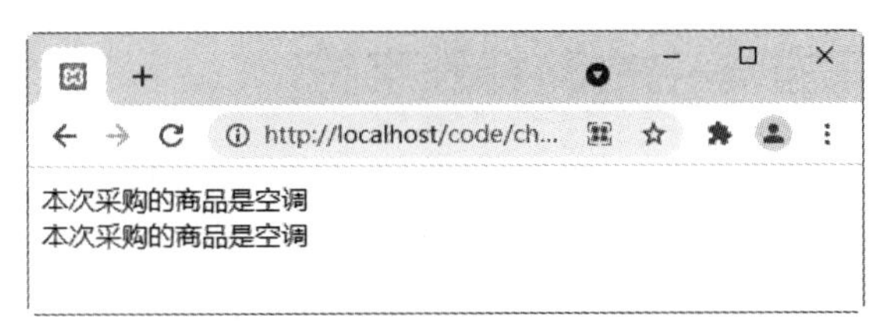

图 4-2　使用定界符定义字符串

4.1.3　字符串的连接符

字符串连接符的使用十分频繁，这个连接符就是“.”(点)。它可以直接连接两个字符串或者两个字符串变量，也可以连接字符串和字符串变量。

另外，读者还可以使用{}方法来连接字符串。

实例 3 连接字符串(案例文件：ch04\4.3.php)

```
<?php
    //定义字符串
    $a = "我与使君皆白首，";
    $b = "休夸少年风流。";
    //被连接的上面两个字符串中间用逗号分隔
    $c = $a.$b;     //输出连接后的字符串
    echo $c."<br />";
    //定义需要插入的字符串
    $d = "佳人";
    $e = "水光";
    $f = "山色";
    //生成新的字符串
    $h = "{$d}斜倚合江楼，{$e}都眼净，{$f}总眉愁。";     //输出连接后的字符串
    echo $h;
?>
```

程序运行结果如图 4-3 所示。

图 4-3 连接字符串

4.2 字符串操作

Web 编程中需要处理输入和输出的字符串，例如获取字符串长度、截取字符串、替换字符串等。本节将重点学习字符串的基本操作方法和技巧。

4.2.1 去除字符串首尾空格和特殊字符

空格在很多情况下是不必要的，所以清除字符串中的空格显得十分重要。例如，在判断输入是否正确的程序中，若出现不必要的空格，会增大程序出现错误的概率。

清除空格和特殊字符要用到 trim()、rtrim()和 ltrim()函数。

1. trim()函数

trim()是从字符串两边同时去除空格和特殊字符。语法格式如下：

```
trim(string,charlist)
```

其中，string 为需要检查的字符串；charlist 为可选参数，用于设置需要被去除的字符。如果不设置该参数，则以下字符将会被删除。

(1) "\0"：NULL 或空值。

(2) "\t" ：制表符。
(3) "\n"：换行符。
(4) "\x0B"：垂直制表符。
(5) "\r"：回车符。
(6) " "：空格。

实例 4　处理商品名称首尾的星号*(案例文件：ch04\4.4.php)

本案例模拟商品采购中，用户输入商品名称时，忽略商品名称首尾的星号*。

```
<?php
    $name = "***洗衣机***";
    echo "本次采购的商品是：".$name."<br />";
    $name = trim($name,"***");
    echo "处理后新的商品名称是：".$name;
?>
```

程序运行结果如图 4-4 所示。

图 4-4　处理商品名称首尾的星号*

2. ltrim()函数

ltrim()函数从左侧清除字符串的空格和特殊字符。语法格式如下：

```
ltrim(string,charlist)
```

实例 5　去除字符串左侧的特殊字符(案例文件：ch04\4.5.php)

```
<?php
    $str = "      ****空调****     ";
    echo ltrim($str);                    //去除字符串左侧的空格
    echo "<br />";
    echo ltrim($str,"     ****");      //去除字符串左侧的空格和特殊符号****
?>
```

程序运行结果如图 4-5 所示。

图 4-5　去除字符串左侧的空格和特殊字符

3. rtrim()函数

rtrim()函数是从右侧清除字符串的空格和特殊字符。语法格式如下：

```
rtrim(string,charlist)
```

实例 6 去除字符串右侧的空格和特殊字符(案例文件：ch04\4.6.php)

```
<?php
   $str = "%%%%电视机%%%%      ";
   echo rtrim($str);                  //去除字符串右侧的空格
   echo "<br />";
   echo rtrim($str,"%%%%      ");     //去除字符串右侧的空格和特殊符号%%%%
?>
```

程序运行结果如图 4-6 所示。

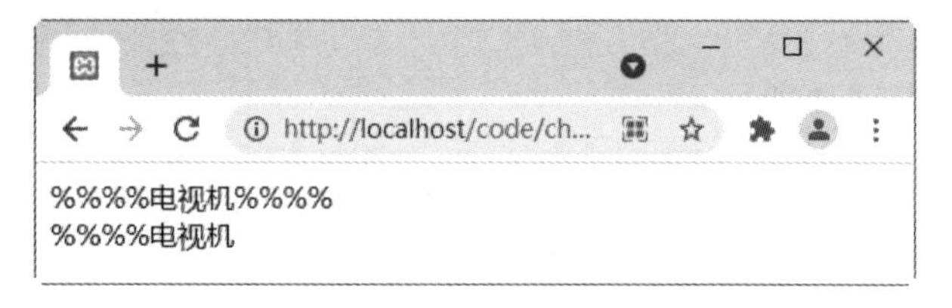

图 4-6　去除字符串右侧的空格和特殊字符

4.2.2　获取字符串的长度

计算字符串的长度在很多应用中都经常出现，比如统计输入框输入文字的多少等。在 PHP 中，计算字符串长度的常见函数是 strlen()。

当字符串中出现中文时，往往所求的长度会有变化，主要原因是在不同的编码中，中文占的长度是不一样的。例如，在 UTF-8 编码中，一个汉字占用 3 个字节，而在 GBK 编码中，一个汉字占用 2 个字节。本书统一采用 UTF-8 编码，所以一个汉字占 3 个字节。

实例 7 使用 strlen()函数计算字符串的长度(案例文件：ch04\4.7.php)

```
<?php
   $str = "我学习的第一个英文单词是 apple";
   echo  "字符串的长度是：".strlen($str);
?>
```

程序运行结果如图 4-7 所示。由于"我学习的第一个英文单词是"为中文字符，每个占 3 个字节，共占用 36 个字节，"apple"由英文字符组成，每个字符占一个字节，共占用 5 个字节，所以整个字符串的长度是 41。

图 4-7　使用 strlen()函数计算字符串的长度

4.2.3　截取字符串

在一个字符串中截取一个子串，就是字符串截取。完成这个操作需要用到 substr()函数。这个函数有 3 个参数，分别规定了目标字符串、起始位置和截取长度。它的语法格式如下：

```
substr(目标字符串, 起始位置, 截取长度)
```

使用 substr()函数需要注意以下几个事项。

(1) 目标字符串是某个字符串变量的变量名，起始位置和截取长度都是整数。

(2) 如果都是正数，起始位置的整数必须小于截取长度的整数，否则函数返回值为假。

(3) 如果截取长度为负数，则意味着是从起始位置开始往后，截取从目标字符串结尾算起的长度数的字符以外的所有字符。

(4) 字符串的起始位置是从 0 开始计算的，也就是字符串中第一个字符的位置表示为 0。

实例 8　使用 substr()函数截取字符串(案例文件：ch04\4.8.php)

```
<?php
    $a = "The way we travel in the best of spirits to visit, when sunset, was unable to part from";
    $b = "我们一路上兴致勃勃地旅行参观，当夕阳西下时，才恋恋不舍地离开";
    echo substr($a,0,10)."<br/>";
    echo substr($a,1,8)."<br/>";
    echo substr($a,0,-2)."<br/>";
    echo substr($b,0,9)."<br/>";
    echo substr($b,0,30)."<br/>";
    echo substr($b,0,11);
?>
```

运行结果如图 4-8 所示。由于一个汉字占用 3 个字节，所以可能会出现截取汉字不完整的情况，此时会显示乱码。

图 4-8　使用 substr()函数截取字符串

4.2.4　检索字符串

在一个字符串中查找另外一个字符串，就像在文本编辑器中的查找一样。实现这个操作需要使用 strstr()或 stristr()函数。strstr()函数的格式为：

```
strstr(目标字符串, 需查找的字符串)
```

当函数找到需要查找的字符或字符串时，则返回从第一个查找到的字符串的位置往后所有的字符串内容。

stristr()函数为不敏感查找，也就是对字符的大小写不敏感，用法与 strstr()相同。

实例 9　使用 strstr()和 stristr()函数检索字符串(案例文件：ch04\4.9.php)

```
<?php
   $a = "The moon, the gentle footsteps, the man dancing, the night's fragrance";
   $b = "月，轻柔的脚步，曼舞起，夜的芬芳。";
   echo strstr($a,"man")."<br/>";
   echo stristr($a,"Man")."<br/>";
   echo strstr($b,"轻柔")."<br/>";
   echo stristr($b,"夜");
?>
```

运行结果如图 4-9 所示。

图 4-9　使用 strstr()和 stristr()函数检索字符串

4.2.5　替换字符串

替换字符串中的某个部分是重要的应用需求，就像使用文本编辑器中的替换功能一样。

完成这个操作需要使用 substr_replace()函数。它的语法格式为：

```
substr_replace(目标字符串，替换字符串，起始位置，替换长度)
```

实例 10　使用 substr_replace()函数隐藏商品编号信息(案例文件：ch04\4.10.php)

```
<?php
   $id1 = "100011081101";
   $id2 = "100011081102";
   echo "洗衣机的编号：". substr_replace($id1,"&&&&&&&&",0,8)."<br />";
   echo "电视机的编号：". substr_replace($id2,"&&&&&&&&",0,8)."<br />";
   echo substr_replace($id1," 洗衣机编号的尾号为",0,8)."<br />";
   echo substr_replace($id3," 电视机编号的尾号为",0,8);
?>
```

运行结果如图 4-10 所示。

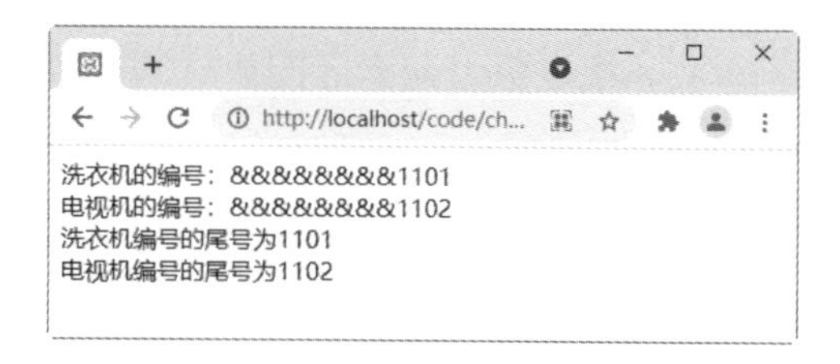

图 4-10　使用 substr_replace ()函数隐藏商品编号信息

4.2.6　分割和合成字符串

使用 explode()函数可以分割字符串。分割的反向操作为合成，可使用 implode()函数完成。explode()把字符串切分成不同部分后，存入一个数组。implode()函数则是把数组中的元素按照一定的间隔标准组合成一个字符串。这两个函数都与数组有关。数组就是一组数据的集合，关于数组的详细知识将在第 6 章讲解。

1. explode()

explode() 函数使用一个字符串分割另一个字符串，并返回由字符串组成的数组。语法格式如下：

```
explode(separator,string,limit)
```

其中，separator 用于指定在哪里分割字符串；string 为需要分割的字符串；limit 为可选参数，规定所返回的数组元素的数目。

实例 11　分别输出被@分割的商品名称(案例文件：ch04\4.11.php)

```
<?php
    $names = "@洗衣机 @冰箱 @空调 @电视机";
    $name = explode(" ",$names);     //根据空格拆分字符串
    //利用 for 循环遍历数组
    for($i=0;$i<4;$i++){
        echo trim($name[$i],"@")."<br />";
    }
?>
```

运行结果如图 4-11 所示。

图 4-11　分别输出被@分割的商品名称

2. implode()函数

implode() 函数返回一个由数组元素组合成的字符串。语法格式如下：

```
implode(separator,array)
```

其中，separator 为可选参数，规定数组元素之间放置的内容，默认是空字符串。array 为必选参数，指定要组合为字符串的数组。

实例 12 将商品名称以不同的符号组合后输出(案例文件：ch04\4.12.php)

```
<?php
   $names = array("洗衣机","冰箱","空调","电视机");//定义数组元素
   echo implode("*",$names)."<br />";
   echo implode("@",$names)."<br />";
   echo implode("#",$names)."<br />";
   echo implode($names)."<br />";
?>
```

运行结果如图 4-12 所示。

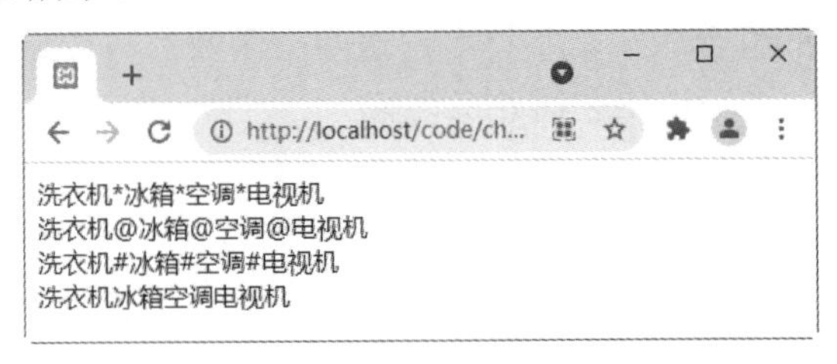

图 4-12　将商品名称以不同的符号组合后输出

4.2.7　统计字符串中单词的个数

有的时候，统计字符串的单词个数有更大的意义。使用 str_word_count() 函数可以计算字符串中的单词数。但该函数只对基于 ASCII 码的英文单词起作用，并不对 UTF-8 编码的中文字符起作用。

实例 13 统计字符串中单词的个数(案例文件：ch04\4.13.php)

```
<?php
   $a = "You are not brave, no one for you to be strong!";
   $b = "你不勇敢，没人替你坚强！";
   echo "字符串 a 中单词的个数为：".str_word_count($a)."<br/>";
   echo "字符串 b 中汉字的个数为：".str_word_count($b);
?>
```

运行结果如图 4-13 所示。可见 str_word_count()函数无法计算中文字符，查询结果为 0。

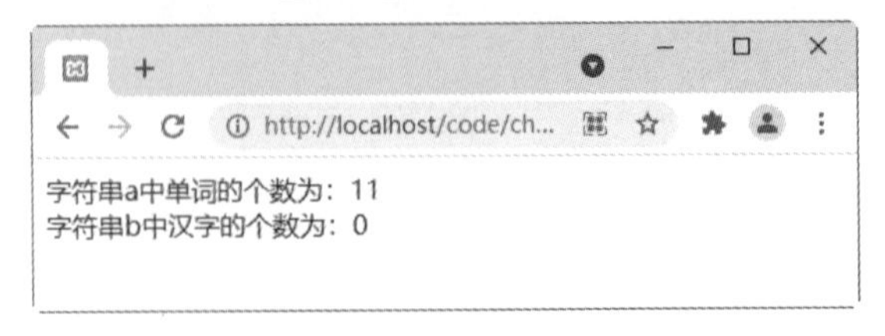

图 4-13　统计字符串中单词的个数

4.3　正则表达式

在 Web 编程中，经常会有查找符合某些复杂规则的字符串的需求，正则表达式就是描述这些规则的工具。

4.3.1　正则表达式概述

正则表达式是把文本或字符串按照一定的规范或模型表示的方法，经常用于文本的匹配操作。

例如，验证用户在线输入的邮件地址的格式是否正确时，常常使用正则表达式技术来匹配。若匹配，则用户所填写的表单信息将会被正常处理；反之，如果用户输入的邮件地址与正则表达的模式不匹配，将会弹出提示信息，要求用户重新输入正确的邮件地址。可见正则表达式在 Web 应用的逻辑判断中具有举足轻重的作用。

一般情况下，正则表达式由两部分组成，分别是元字符和文本字符。元字符就是具有特殊含义的字符，例如“?”和“*”等，文本字符就是普通的文本，例如字母和数字等。

4.3.2　行定位符

行定位符用来确定匹配字符串所要出现的位置。如果是在目标字符串开头出现，则使用符号“^”；如果是在目标字符串结尾出现，则使用符号“$”。

例如：

```
^sex
```

该表达式表示要匹配的字符串开头是 sex。如 sex hello world 就可以匹配，而 hello sex world 则不匹配。

例如：

```
sex$
```

该表达式表示要匹配的字符串结尾是 sex。如 hello world sex 就可以匹配，而 sex hello world 则不匹配。

如果要匹配的字符串出现在字符串中的任意位置，可以直接写成：

```
sex
```

有一个特殊表示，即同时使用“^”和“$”两个符号，就是“^[a-z]$”，表示目标字符串只包含从 a 到 z 的单个字符。

4.3.3　元字符

除了“^”和“$”以外，正则表达式中有不少很有用的元字符，常见的元字符如下。

(1) \w：匹配字母、数字、下划线或汉字。

(2) .：点号字符在正则表达式中是一个通配符。它代表除换行符以外的所有字符和数字。例如，“.er”表示所有以 er 结尾的三个字符的字符串，可以是 per、ser、ter、@er、&er 等。

(3) \s：匹配任意的空白符。

(4) \d：匹配数字。

(5) \b：匹配单词的开头或结尾。

例如：

```
\bhe\w*\b
```

匹配以字母“he”开头的单词，接着是任意数量的字母或数字(\w*)，最后是单词结尾(\b)。该表达式可以匹配“he12345678”“hello12”“heday”“hebooks”等。

4.3.4 限定符

上一节中使用“\w*”匹配任意数量的字母或数字。如果想要匹配特定数量的数字，就需要使用限定符，也就是限制数量的字符。

常见的限定符的含义如下。

(1) 加号“+”表示其前面的字符至少有一个。例如“a+”表示目标字符串至少包含一个 a。

(2) 星号“*”表示其前面的字符有不止一个或零个。例如“y*”表示目标字符串包含 0 个或者不止一个 y。

(3) 问号“?”表示其前面的字符有一个或零个。例如“y?”表示目标字符串包含 0 个或者一个 y。

(4) 大括号“{n,m}”表示其前面的字符有 n 或 m 个。例如“a{3,5}”表示目标字符串包含 3 个或者 5 个 a，而“a{3}”表示目标字符串包含 3 个 a，“a{3,}”表示目标字符串至少包含 3 个 a。

(5) 点号和星号一起使用，表示广义匹配。即“.*”表示匹配任意字符。

4.3.5 方括号([ ])

方括号内的一串字符是将要用来进行匹配的字符。

例如，正则表达式在方括号内的[name]是指在目标字符串中寻找字母 n、a、m、e。[jk]表示在目标字符串中寻找字母 j 和 k。

前面介绍的“^”元字符表示字符串开头，如果放到方括号中，表示排除的意思。

例如，[^a-z]表示匹配不以小写字母开头的字符串。

4.3.6 连字符(-)

很多情况下，不可能逐个列出所有的字符。比如，若需要匹配所有英文字符，则把 26 个英文字母全部输入，这会十分困难。这样，就有了如下表示。

[a-z]：表示匹配英文小写字母从 a 到 z 的任意字符。

[A-Z]：表示匹配英文大写字母从 A 到 Z 的任意字符。

[A-Za-z]：表示匹配英文从大写字母 A 到小写字母 z 的任意字符。

[0-9]：表示匹配从 0 到 9 的任意十进制数。

由于字母和数字的区间固定，所以根据这样的表示方法[开始-结束]，程序员可以重新定义区间大小，如[2-7]、[c-f]等。

4.3.7　选择字符

选择字符(|)表示“或”。例如，“com|cn|com.cn|net”表示目标字符串包含 com 或 cn 或 com.cn 或 net。

选择字符在现实生活中有很普遍的应用。例如匹配身份证号。首先需要了解身份证号码的规则，目前二代身份证号为 18 位，前 17 位为数字，最后一位为校验码，可能为数字或字符 X。

经过分析可知，二代身份证号有两种可能，就需要使用选择字符(|)来实现。匹配身份证的表达式如下：

```
(^\d{18}$)|(^\d{17}(\d|X|x)$)
```

该表达式匹配 18 位数字或者 17 位数字和最后一位，最后一位可以是数字或者 X 或者 x。

4.3.8　转义字符

由于“\”在正则表达式中属于特殊字符，所以，如果单独使用此字符，将直接表示作为特殊字符的转义字符。如果要表示反斜杠字符本身，则应在此字符的前面添加转义字符“\”，即为“\\”。

例如，要匹配 IP 地址中类似 192.168.0.1 这样的格式，如果直接使用下面的正则表达式：

```
[0-9]{1,3}(.[0-9]{1,3}){3}
```

则结果是不对的。因为“.”可以匹配任意字符，所以类似这样的字符串 192#168#0#1 也会被匹配出来。要想只匹配“.”，就需要使用转义字符(\)。正则表达式修改如下：

```
[0-9]{1,3}(\.[0-9]{1,3}){3}
```

4.3.9　分组

小括号字符的作用就是进行分组，也就是子表达式，例如上一节中的(\.[0-9]{1,3}){3}就是对小括号中的(\.[0-9]{1,3})重复操作 3 次。

小括号还可以改变限定符的作用范围，如“*”“^”“|”等。例如：

```
he(ad|ap|art)
```

该正则表达式匹配单词 head、heap 或 heart。

4.3.10 认证 E-mail 的正则表达式

在处理表单数据的时候，经常要对用户的 E-mail 进行认证。如何判断用户输入的是一个 E-mail 地址呢？就是用正则表达式来匹配。其格式如下：

```
^[A-Za-z0-9_.]+@[A-Za-z0-9_]+\.[A-Za-z0-9.]+$
```

其中，^[A-Za-z0-9_.]+表示至少有一个英文大小写字符、数字、下划线、点号，或者这些字符的组合。@表示 E-mail 中的“@”。[A-Za-z0-9_]+表示至少包含一个英文大小写字符、数字、下划线，或者这些字符的组合。\.表示 E-mail 中“.com”之类的点。这里的点号只是点本身，所以用反斜杠对它进行转义。[A-Za-z0-9.]+$表示至少有一个英文大小写字符、数字、点号，或者这些字符的组合，并且直到这个字符串的末尾。

4.4 Perl 兼容正则表达式函数

在 PHP 中有两类正则表达式函数，一类是 Perl 兼容正则表达式函数，另一类是 POSIX 扩展正则表达式函数。二者差别不大，推荐使用 Perl 兼容正则表达式函数，因此下面都是以 Perl 兼容正则表达式函数为例来说明。

4.4.1 使用正则表达式对字符串进行匹配

用正则表达式对目标字符串进行匹配是正则表达式的主要功能。

完成这个操作需要用到 preg_match()函数。这个函数是在目标字符串中寻找符合特定正则表达规范的字符串的子串。根据指定的模式来匹配文件名或字符串。它的语法格式如下：

```
preg_match(正则表达式, 目标字符串,[ 数组])
```

其中，数组为可选参数，是用于存储匹配结果的数组。

实例 14 利用 preg_match()函数匹配字符串(案例文件：ch04\4.14.php)

```
<?php
    $aa = "Try your best when you are young.Never regret";
    $bb = "趁年轻，努力吧，别让自己太后悔";
    $re =  "/try/";                          //区分大小写
    $re2 =  "/try/i";                        //不区分大小写
    $re3 =  "/努力/";
    if(preg_match($re, $aa, $a)){            //第 1 次匹配时区分大小写

        print_r($a);
        echo "<br/>";
    }
    if(preg_match($re2, $aa, $b)){           //第 2 次匹配时不区分大小写
        echo "第 2 次匹配结果为：";
        print_r($b);
```

```
        echo "<br/>";
    }
    if(preg_match($re3, $bb, $c)){    //第 3 次匹配中文
        echo "第 3 次匹配结果为：";
        print_r($c);
    }
?>
```

上述代码分析如下。

(1) $aa 就是一个完整的字符串，用$re 这个正则规范，由于区分大小写，所以第 1 次匹配没结果。

(2) 第 2 次匹配不再区分大小写，将匹配的子串储存在名为$a 的数组中。print_r($a)打印数组，得到第一行数组的输出。

(3) 第 3 次匹配为中文匹配，结果匹配成功，得到相应的输出。

运行结果如图 4-14 所示。

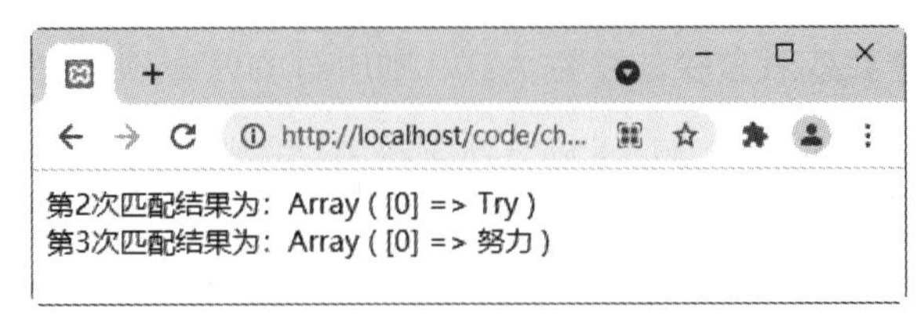

图 4-14　利用 preg_match()函数匹配字符串

preg_match()第 1 次匹配成功后就会停止匹配，如果要实现全部结果的匹配，即搜索到字符串结尾处，则需使用 preg_match_all()函数。

实例 15　利用 preg_match_all()函数匹配字符串(案例文件：ch04\4.15.php)

```
<?php
    $aa = "Try your best when you are young.Never regret";
    $bb = "趁年轻，努力吧，别让自己太后悔";
    $re =  "/try/";                           //区分大小写
    $re2 =  "/try/i";                         //不区分大小写
    $re3 =  "/努力/";
    if(preg_match_all ($re, $aa, $a)){        //第 1 次匹配时区分大小写
       echo "第 1 次匹配结果为：";
       print_r($a);
       echo "<br/>";
    }
    if(preg_match_all ($re2, $aa, $b)){       //第 2 次匹配时不区分大小写
       echo "第 2 次匹配结果为：";
       print_r($b);
       echo "<br/>";
    }
    if(preg_match_all ($re3, $bb, $c)){       //第 3 次匹配中文
       echo "第 3 次匹配结果为：";
       print_r($c);
    }
?>
```

运行结果如图 4-15 所示。从结果可以看出，preg_match_all() 函数匹配了所有的结果。

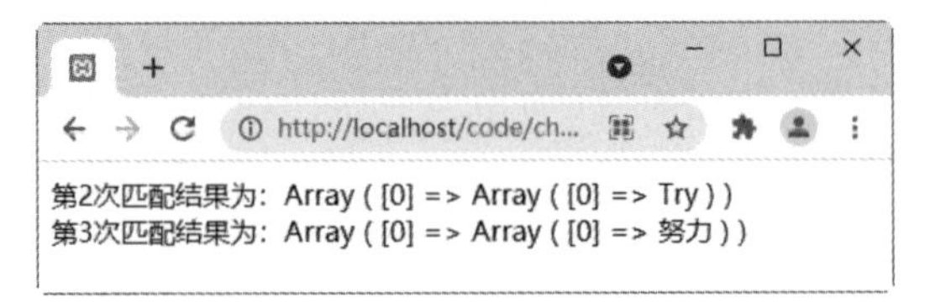

图 4-15　利用 preg_match_all() 函数匹配字符串

4.4.2　使用正则表达式替换字符串的子串

如果需要对字符串的子串进行替换，可以使用 preg_replace()函数来完成。语法格式为：

```
preg_replace(正则表达规范, 欲取代字符串的子串, 目标字符串,[替换的个数])
```

如果省略替换的个数或者替换的个数为-1，则所有的匹配项都会被替换。

实例 16　利用 preg_replace () 函数替换字符串(案例文件：ch04\4.16.php)

```
<?php
    $a = "There is only one me in this world";
    $a= preg_replace('/\s/','**',$a);
    echo "替换结果为：". "<br/>";
    echo $a."<br/>";
?>
```

运行结果如图 4-16 所示。本例是将空格替换为'**'，然后将替换后的结果输出。

图 4-16　使用正则表达式替换字符串的子串

4.4.3　使用正则表达式切分字符串

使用正则表达式可以把目标字符串按照一定的正则规范切分成不同的子串。完成此操作需要用到 strtok()函数。它的语法格式为：

```
strtok(正则表达式规范, 目标字符串)
```

这个函数是指以正则规范内出现的字符为准，把目标字符串切分成若干个子串，并且存入数组。

实例 17　利用 strtok()函数切分字符串(案例文件：ch04\4.17.php)

```
<?php
    $string = "When it has is lost, brave to give up.";
    $token = strtok($string, " ");
```

```
    while ($token !== false)
    {
        echo "$token<br />";
        $token = strtok(" ");
    }
?>
```

运行结果如图 4-17 所示。$string 为包含多种字符的字符串。strtok($string, " ")对其进行切分，并将结果存入数组$token。其正则规范为" "，是指按空格将字符串切分。

图 4-17　利用正则表达式切分字符串

4.5　正则表达式在 PHP 中的应用案例

在网购时经常会使用信用卡付款，所以需要先对信用卡号进行检查。现在大部分信用卡使用 LUHN 算法检查信用卡号的合法性，这里不会检查信用卡的其他信息，包括是否过期。检查的方法如下。

(1) 检查信用卡号是否为 16 位。

(2) 将信用卡号切割成单个的数字。

(3) 将上面切割得到的所有数字，由左至右，每逢单数将其数值乘 2。

(4) 将处理后的所有结果都切割成单个数字再相加。

(5) 将上面求得的总数求出 10 的余数，如果余数是 0 表示信用卡号正确，否则便是错误的。

本案例通过对信用卡号的验证，达到了练习正则表达式和数据校验的目的。在客户端页面输入信息后，服务器端页面对提交数据进行判断，并根据结果输出信息。具体步骤如下。

01 创建文件 4.18.html，通过表单实现信用卡号信息的输入。代码如下：

```
<!DOCTYPE html>
<html>
<head></head>
<body>
    <h2 align="center">验证信用卡号</h2>
    <form action="4.19.php" method="post">
        信用卡号：<input type=text name=name1><br>
<input type=submit value="验证">
```

```
</form>
</body>
</html>
```

02 创建文件 4.19.php，处理信用卡号并验证其是否正确。代码如下：

```
<?php
//实现信用卡号验证函数
function luhn_checker($card_num){
    //将非数字的字符串移除
    $card_num = preg_replace("/\D|\s/", "", $card_num);
    $sum = 0;
    for($i=0; $i<strlen($card_num); $i++){
        $digit = substr($card_num, $i, 1);
        if(($i % 2) == 0){
            //将单数位置的数乘 2
            $digit = $digit * 2;
        }
        if ($digit > 9)  $digit = $digit - 9;
        $sum += $digit;
    }
    if(($sum % 10) == 0 && strlen($card_num) == 16){
        return TRUE;
    }else{
        return FALSE;
    }
}
//获取客户端数据并进行简单校验
$str=$_POST['name1'];
if(strlen(trim($str))==0 or(!is_numeric($str)))
 {
echo "<span style='font-size:15;color:red'>请输入信用卡号</span>";
exit;
}
//调用 luhn_checker()函数进行卡号验证
if(luhn_checker($str)){
    echo "<span style='font-size:20;'>信用卡号正确</span>";
    }else{
    echo "<span style='font-size:20;'>信用卡号错误</span>";
  }
?>
```

03 运行 4.18.html，结果如图 4-18 所示。按页面信息填写表单内容。

04 单击“验证”按钮，浏览器会自动跳转至 4.19.php 页面，结果如图 4-19 所示。

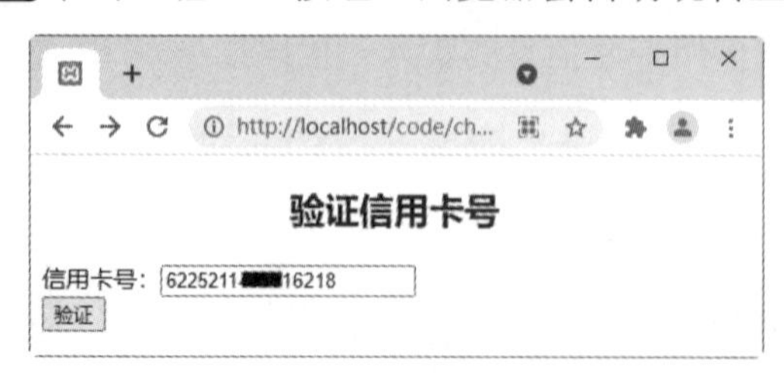

图 4-18　输入信用卡号

图 4-19　提交后的显示结果

4.6　就业面试问题解答

问题 1：如何保留字符串的格式？

在输出字符串的过程中，保留字符串格式的操作非常常见。例如，要输出一封电子邮件到 Web 页面中，就要保留其换行的格式。实现的方法有两个。

(1) 使用<pre>标记围住需要保留格式的文本。

(2) 使用 nl2br()函数将换行字符转换为
。

问题 2：如何安全地输出字符串？

输出字符串是最常见的操作。无论字符串输出到浏览器还是数据库，在编码字符串时都要非常小心，因为有些字符串具有特殊意义，错误的输出会让人难以理解，输出错误的字符串数据可能会导致安全攻击。

在安全地输出字符串时，要考虑以下几个方面的因素。

(1) 是否正在输出一个包含在<a>标记中的 URL。

(2) 是否正在输出 HTML 表单元素。

(3) 是否希望展示或删除一些 HTML 标记。

(4) 是否需要保留原来的格式。

4.7　上机练练手

上机练习 1：使用 preg_match()函数检查手机号码格式。

注册网站经常需要输入用户手机号，本案例主要检测手机号码的格式是否正确。运行结果如图 4-20 所示。

上机练习 2：使用 preg_match ()函数测试密码是否符合要求。

本案例将使用 preg_match()函数测试密码是否符合要求。这里要求密码必须由数字、字母或特殊字符中的任意两种或两种以上组合而成，并且不少于 8 位。运行结果如图 4-21 所示。

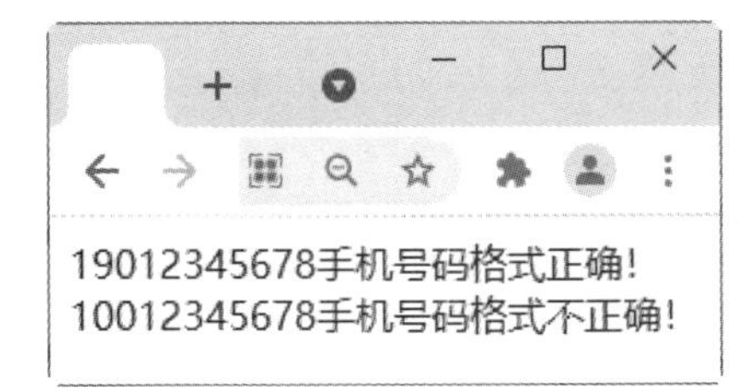

图 4-20　检查手机号码的格式

图 4-21　测试密码是否符合要求

第5章

精通函数

在实际的开发过程中，有些代码块可能会被重复使用，如果每次使用时都要复制，势必影响开发效率。为此，可以将这些代码块设计成函数，下次使用时直接调用即可。另外，PHP还内置了一些函数，这些函数在任何需要的时候都可以被调用，从而提高了开发软件的效率，也提高了程序的重用性和可靠性，使软件维护起来更加方便。本章将重点学习自定义函数、内置函数和包含文件等知识。

5.1 认 识 函 数

函数的英文为 function，这个词也有功能的意思。顾名思义，使用函数就是要在编程过程中实现一定的功能，也就是通过一段代码来实现一定的功能。比如记录下酒店客人的个人信息，每到他生日的时候自动给他发送祝贺 E-mail，并且这个发信“功能”可以重用，将来在这个客户的结婚纪念日也可以使用这个功能给他发送祝福 E-mail。可见，函数就是实现一定功能的一段特定的代码。

实际上，前面我们早已使用过函数了。例如，用 define()函数定义一个常量。如果现在再写一个程序，则同样可以调用 define()函数。

5.2 自定义函数

根据实际工作的需求，用户可以自己创建和调用函数，从而提高工作效率。

5.2.1 定义和调用函数

在更多的情况下，程序员面对的是自定义函数。其结构如下：

```
function 函数名称(参数1,参数2, ...){
    函数的具体内容;
}
```

函数定义完成后，即可调用这个函数。调用函数的操作比较简单，直接引用函数名并赋予正确的参数，即可完成函数的调用。

实例 1 定义和调用函数(案例文件：ch05\5.1.php)

```
<?php
//定义函数myfun
    function myfun($x,$y){                              //自定义函数myfun
        return $x*$y;
    }
//调用函数myfun
    echo "求积运算的结果是：".myfun (100,200);          //调用函数myfun
?>
```

程序运行结果如图 5-1 所示。

图 5-1 定义和调用函数

5.2.2　函数中的变量作用域

所谓变量作用域(Scope)，是指特定变量在代码中可以被访问到的位置。在 PHP 中，有 6 种基本的变量作用域法则。

(1) 内置超全局变量：在代码中的任意位置都可以访问。

(2) 常数：一旦声明，它就是全局性的，可以在函数内外使用。

(3) 全局变量：在代码中声明，可在代码中访问，但是不能在函数内访问。

(4) 在函数中声明为全局变量的变量：就是同名的全局变量。

(5) 在函数中创建和声明为静态变量的变量：在函数外是无法访问的，但是这个静态变量的值是可以保留的。

(6) 在函数中创建和声明的局部变量：在函数外是无法访问的，并且在本函数终止时终止并退出。

1. 超全局变量

超全局变量的英文是 Superglobal 或者 Autoglobal(自动全局变量)。这种变量的特性是，不管在程序的任何地方都可以访问，也不管是函数内或是函数外，都可以访问。而这些“超全局变量”就是由 PHP 预先定义好，以方便使用的。

这些“超全局变量”或“自动全局变量”如下所示。

(1) $GLOBALS：包含全局变量的数组。

(2) $_GET：包含所有通过 GET 方法传递给代码的变量的数组。

(3) $_POST：包含所有通过 POST 方法传递给代码的变量的数组。

(4) $_FILES：包含文件上传变量的数组。

(5) $_COOKIE：包含 cookie 变量的数组。

(6) $_SERVER：包含服务器环境变量的数组。

(7) $_ENV：包含环境变量的数组。

(8) $_REQUEST：包含用户所有输入内容的数组(包括$_GET、$_POST 和 $_COOKIE)。

(9) $_SESSION：包含会话变量的数组。

2. 全局变量

全局变量其实就是在函数外声明的变量，在代码中都可以访问，但是在函数内是不能访问的。这是因为函数默认就不能访问其外部的全局变量。

实例 2　函数内访问全局变量(案例文件：ch05\5.2.php)

```
<?php
   $name = "电视机";                              //定义全局变量
   function showname(){
      echo "今日采购商品是：".$name;              //函数内调用全局变量
   }
   showname();                                    //运行函数
?>
```

运行结果如图 5-2 所示。

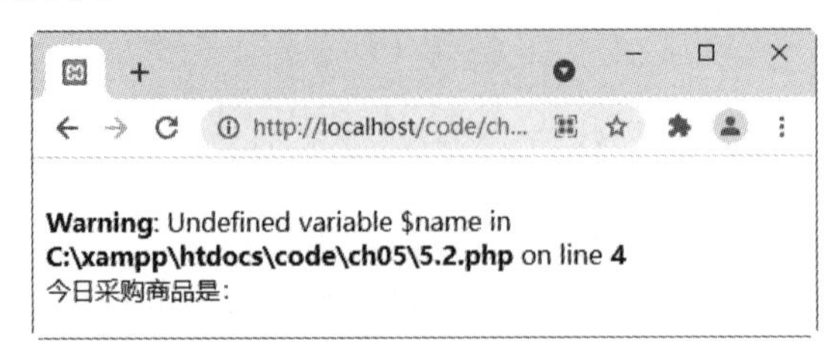

图 5-2　异常信息

如果想让函数访问某个全局变量，可以在函数中通过 global 关键字来声明。就是说，要告诉函数，它要调用的变量是一个已经存在或者即将创建的同名全局变量，而不是默认的本地变量。

实例 3　使用 global 关键词访问全局变量(案例文件：ch05\5.3.php)

```
<?php
    $name = "电视机";                            //定义全局变量
    function showname(){
        global $name;                            //函数内声明全局变量
        echo "今日采购商品是：".$name;           //函数内调用全局变量
    }
    showname();                                  //运行函数
?>
```

运行结果如图 5-3 所示。

图 5-3　使用 global 关键字示例

另外，读者还可以通过“超全局变量”中的$GLOBALS 数组进行访问。

实例 4　使用$GLOBALS 数组访问全局变量(案例文件：ch05\5.4.php)

```
<?php
    $price = "6800 元";                      //定义全局变量
    function showprice(){
        $p = $GLOBALS["price"];              //通过$GLOBALS 数组访问全局变量
        echo "洗衣机的价格是：".$p;
    }
    showprice();
?>
```

运行结果如图 5-4 所示。

图 5-4　使用$GLOBALS 数组示例

3. 静态变量

静态变量只在函数内存在，函数外无法访问。但是执行后，其值保留。也就是说，这一次执行完毕后，这个静态变量的值保留，下一次再执行此函数，这个值还可以调用。

实例 5　使用静态变量(案例文件：ch05\5.5.php)

```
<?php
    $price = 10000;
    function showprice(){
        static $price = 9800;          //初始化静态变量
        $price = $price-900;
        echo '商品降价后的价格是：'.$price.'<br/>';
    }
    showprice();
    echo $price.'<br />';
    showprice();
?>
```

上述代码分析如下。

(1) 函数外的 echo 语句无法调用函数内的 static $price，它调用的是$price = 10000。

(2) showprice()函数被执行了两次，这个过程中，static $price 的运算值得以保留，并且通过$price = $price-900 进行了减法运算。

运行结果如图 5-5 所示。

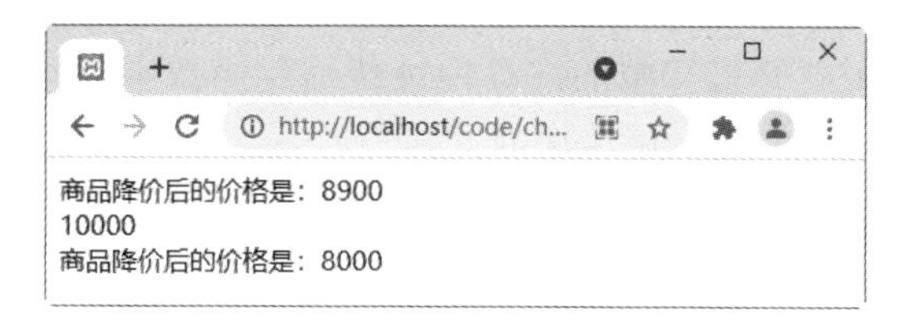

图 5-5　使用静态变量

5.3　参数传递和返回值

本节重点学习参数传递和返回值的知识。

5.3.1　向函数传递参数值

由于函数是一段封闭的程序，很多时候，程序员都需要向函数传递一些数据来进行操作。

可以接受传入参数的函数定义形式如下：

```
function 函数名称(参数 1, 参数 2){
    算法描述，其中使用参数 1 和参数 2;
}
```

实例 6 向函数传递参数值(案例文件：ch05\5.6.php)

```
<?php
    function myfun($a,$b){                    //定义函数
        $c= $a+$b;
        echo "计算结果为：".$c;
    }
    $a = 1000;                                //定义全局变量$a
    $b = 2000;                                //定义全局变量$b
    myfun($a,$b);                             //通过变量向函数传递参数值
    echo "<br />";
    myfun(1000,2000);                         //直接传递参数值
?>
```

运行结果如图 5-6 所示。从结果可以看出，不管是通过变量$a 和$b 向函数传递参数值，还是像 myfun(1000,2000)这样直接传递参数值，效果都是一样的。

图 5-6 向函数传递参数值

5.3.2 向函数传递参数引用

向函数传递参数引用就是将参数的内存地址传递到函数中。此时，函数内部的所有操作都会影响调用参数的值。使用引用传递方式传值时只需要在原基础上加“&”即可。

实例 7 向函数传递参数引用(案例文件：ch05\5.7.php)

```
<?php
    $a = 100;
    $b = 200;
    function sum(&$a, $b){
        $a = $a * $b;
        echo "求积运算的结果为:$a";
    }
    sum($a, $b);
    echo "<br />";
    sum($a, $b);
?>
```

变量$a 是以参数引用的方式进入函数的。当函数的运行结果改变了变量$a 引用的时候，在函数外的变量$a 的值也发生了改变，也就是函数改变了外部变量$a 的值。

运行结果如图 5-7 所示。

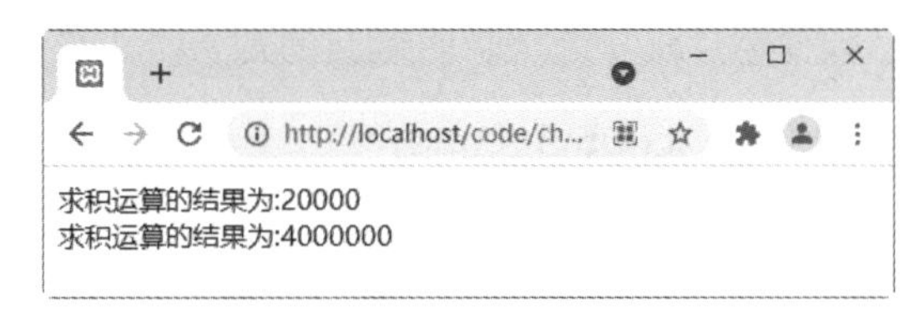

图 5-7　向函数传递参数引用

5.3.3　函数的返回值

以上的一些例子中，都是把函数运算完成的值直接打印出来。但是，很多情况下，程序并不需要直接把结果打印出来，而是仅仅给出结果，并且把结果传递给调用这个函数的程序，为其所用。这里需要用到 return 关键字设置函数的返回值。

实例 8　设置函数的返回值(案例文件：ch05\5.8.php)

```
<?php
    function sum($a,$b){                  //创建函数
        return $a*$b;                     //设置函数的返回值
    }
    echo "求积运算的结果为:".sum(6,8);
?>
```

运行结果如图 5-8 所示。

图 5-8　设置函数的返回值

5.4　函数的引用和取消

本节重点学习函数的引用和取消的方法。

5.4.1　引用函数

不管是 PHP 中的内置函数，还是程序员在程序中自定义的函数，都可以直接简单地通过函数名调用。但是在操作过程中也有些不同，大致分为以下 3 种情况。

(1) 如果是 PHP 的内置函数，如 date()，可以直接调用。

(2) 如果是 PHP 的某个库文件中的函数，则需要用 include()或 require()命令把此库文件加载，然后才能使用。

(3) 如果是自定义函数，若与引用程序在同一个文件中，则可直接引用；若此函数不在当前文件内，则需要用 include()或 require()命令加载。

对函数的引用，实质上是对函数返回值的引用。与参数传递不同，使用函数引用时，定义函数和引用函数都必须使用“&”符，表明返回的是一个引用。

实例 9 引用函数(案例文件：ch05\5.9.php)

```
<?php
    function &myfun($a){                         //定义一个函数，加上“&”符
        return $a;                               //返回参数$a 的值
    }
    $c = &myfun(600);                            //声明一个函数的引用$c;
    echo $c;
?>
```

运行结果如图 5-9 所示。

图 5-9 引用函数

5.4.2 取消函数引用

对于不需要引用的函数，可以做取消操作。取消函数引用使用 unset()函数来完成，目的是断开变量名和变量内容之间的绑定，此时并没有销毁变量内容。

实例 10 取消函数引用(案例文件：ch05\5.10.php)

```
<?php
    function &myfun($a){                         //定义一个函数，加上“&”符
        return $a;                               //返回参数$a 的值
    }
    $b = &myfun(880);                            //声明一个函数的引用$b;
    echo $b;
    unset($b);
    echo $b;
?>
```

运行结果如图 5-10 所示。取消引用后，再次调用引用$b，将会提示警告信息。

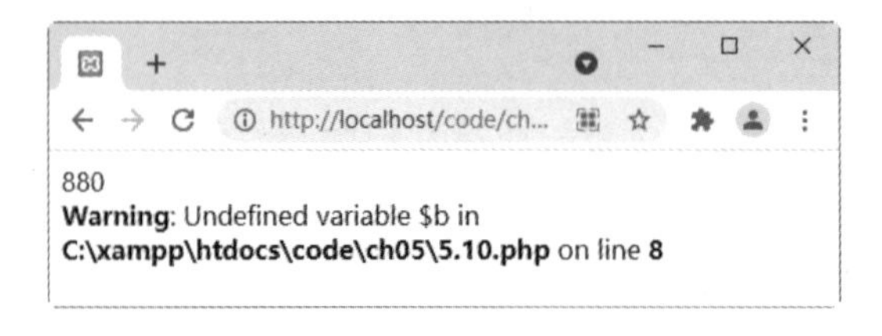

图 5-10 取消函数引用

5.5　函数的高级应用技能

函数除了上述基本操作外，还有一些高级应用技能，下面分别进行讲解。

5.5.1　变量函数

所谓变量函数，是指通过变量来访问的函数。当变量后有圆括号时，PHP 将自动寻找与变量的值同名的函数，然后执行该函数。

实例 11　变量函数引用(案例文件：ch05\5.11.php)

```
<?php
    function fun1()  {                      //创建 fun1()函数
        echo "今日的特价商品是洗衣机。<br />";
    }
    function fun2($s)         {             //创建 fun2()函数
        echo $s;
    }
    $v1 = "fun1";                           //将 fun1 函数名赋值给变量
    $v1 ();                                 //调用该变量值同名函数并执行，调用 fun1()函数
    $v1 = "fun2";                           //重新赋值
    $v1 ("今日的特价商品是空调。");         //调用该变量值同名函数并执行，调用 fun2()函数
?>
```

运行结果如图 5-11 所示。

图 5-11　变量函数

5.5.2　销毁函数中的变量

当用户创建一个变量时，相应地在内存中有一个空间专门用于存储该变量，该空间引用计数加 1。当变量与该空间的联系被断开时，则空间引用计数减 1，直到引用计数为 0，则称为垃圾。

PHP 有自动回收垃圾的机制，用户也可以手动销毁变量，通常使用 unset()函数来实现。该函数的语法格式如下：

```
void unset (变量)
```

实例 12　函数中变量的销毁(案例文件：ch05\5.12.php)

```
<?php
    function fun($a){                       //创建函数
```

```
        echo $a;                                    //输出变量$a
        unset ($a);                                 //使用 unset()销毁不再使用的变量$a
        echo $a;                                    //再次输出变量$a 时会报错
    }
    fun("洗衣机");                                  //调用函数
?>
```

运行结果如图 5-12 所示。函数中的变量被销毁后，如果再次调用，将会报错。

图 5-12　销毁函数中的变量

5.6　常用的内置函数

PHP 提供了大量的内置函数，方便程序员直接使用，常见的内置函数包括数学函数、变量函数、字符串函数、时间和日期函数等。字符串函数、时间和日期函数将在后面的章节中详细介绍，本节主要讲述内置的数学函数和变量函数。

5.6.1　数学函数

数学函数主要用于实现数学上的常用运算，主要处理程序中 int 和 float 类型的数据。

1. 随机函数 rand()

随机函数 rand()的语法格式如下：

```
int rand([int min,int max])
```

返回 min 到 max 之间随机的整数。如果 min 和 max 参数都忽略，则返回 0 到 RAND_MAX 之间的随机整数。

```
<?php
    echo rand ()."<br />";                     //返回随机整数
    echo rand (100,200);                       //产生一个 100～200 的随机整数
?>
```

运行结果如下。每刷新一次页面，显示结果都不相同。

```
295
135
```

2. 舍去法取整函数 floor()

舍去法取整函数 floor()的语法格式如下：

```
float floor(float value)
```

返回不大于 value 的下一个整数，将 value 的小数部分舍去取整。例如：

```
<?php
   echo floor(99.66)."<br />";                    //舍去法取整数
   echo floor(88.0123);
?>
```

运行结果如下：

```
99
88
```

3. 对浮点数四舍五入的函数 round()

四舍五入的函数 round()的语法格式如下：

```
int round(float val,int precision)
```

返回 val 根据指定精度 precision 进行四舍五入的结果。其中 precision 可以为负数或者零(默认值)。例如：

```
<?php
   echo round(99.66)."<br />";                    //四舍五入法取整数
   echo round(88.35)."<br />";
   echo round(88.6688,2)."<br />";
   echo round(9988.66,-2);
?>
```

运行结果如下：

```
100
88
88.67
100000
```

5.6.2　变量函数

在 PHP8 中，与变量相关的函数比较多，下面挑选比较常用的函数进行讲解。

1. 检验变量是否为空的函数 empty()

```
bool empty(mixed var)
```

如果 var 是非空或非零的值，则 empty()返回 false；如果 var 为空，则 empty()返回 true。

```
<?php
   $a=1000;
   $b="砌下落花风起，罗衣特地春寒。";
   $c= null;
   $d= 0;
   var_dump(empty($a))."<br />";                  //输出变量的值和类型
   var_dump(empty($b))."<br />";
   var_dump(empty($c))."<br />";
   var_dump(empty($d));
?>
```

运行结果如下：

```
boolean false
boolean false
boolean true
boolean true
```

2. 判断变量是否定义过 isset()

```
bool isset( mixed var [, mixed var [, ...]] )
```

若变量 var 不存在，则返回 false；若变量存在且其值为 NULL，也返回 false；若变量存在且值不为 NULL，则返回 true。同时检查多个变量时，当每个变量被检测都返回 true 时，结果才为 true，否则结果为 false。例如：

```
<?php
    $a=1000;
    $b="砌下落花风起，罗衣特地春寒。";
    $c= null;
    var_dump(isset($a))."<br/>";
    var_dump(isset($b))."<br/>";
    var_dump(isset($c))."<br/>";
    var_dump(isset($b,$c))."<br/>";
?>
```

运行结果如下：

```
boolean true
boolean true
boolean false
boolean false
```

5.7 包含文件

如果想让自定义的函数被多个文件使用，可以将自定义函数组织到一个或者多个文件中，这些收集函数定义的文件就是用户自己创建的 PHP 函数库。通过使用 require()和 include()等函数可以将函数库载入脚本程序中。

5.7.1 require()和 include()

require()和 include()语句不是真正意义的函数，属于语言结构。通过 include()和 require()语句都可以实现包含并运行指定文件。

- require()：在脚本执行前读入 require()包含的文件，通常在文件的开头和结尾处使用。
- include()：在脚本读到 include()的时候才将包含的文件读进来，通常在流程控制的处理区使用。

require()和 include()语句在处理失败方面是不同的。当文件读取失败后，require()将产生一个致命错误，而 include()则产生一个警告。可见，如果遇到文件丢失时需要继续运行，则使用 include()，如果想停止处理页面，则使用 require()。

实例 13　使用 include()语句(案例文件：ch05\5.13.php 和 5.14.php)

5.13.php 文件的代码如下：

```
<?php
    $a = "纤腰宜宝袜，红衫艳织成。";          //定义一个变量 a
?>
```

5.14.php 文件的代码如下：

```
<?php
    echo $a;                                 //未载入文件前调用变量$a
    include "5.13.php";
    echo $a;                                 //载入文件后调用变量$a
?>
```

运行 5.14.php，结果如图 5-13 所示。从结果可以看出，使用 include()时，虽然出现了警告，但是脚本程序仍然在运行。

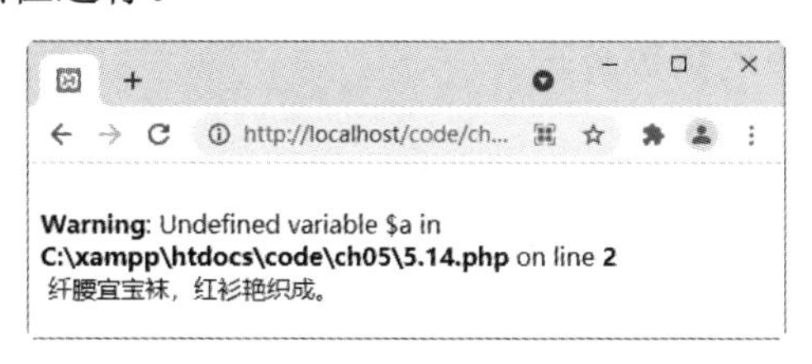

图 5-13　使用 include()语句

5.7.2　include_once()和 require_once()

include_once()和 require_once()语句在脚本执行期间包含并运行指定文件，作用与 include()和 require()语句类似，唯一的区别是，如果该文件的代码被包含了，则不会再次包含，只会包含一次，从而避免了函数重定义以及变量重赋值等问题。

5.8　就业面试问题解答

问题 1：如何一次销毁多个变量？

在 PHP 中，用户可以通过 unset()函数销毁指定的变量，还可以同时销毁多个变量。例如同时销毁变量 a、b 和 c，代码如下：

```
unset(a,b,c)
```

值得注意的是，对于全局变量，如果在函数内部销毁，只是在函数内部起作用，而函数调用结束后，全局变量依然存在并有效。

问题 2：如何合理运用 include_once()和 require_once()？

include()和 require()函数在其他 PHP 语句执行之前运行，引入需要的语句并加以执行。但是每次运行包含此语句的 PHP 文件时，include()和 require()函数都要运行一次。include()和 require()函数如果在先前已经运行过，并且引入了相同的文件，则系统就会重复引入这个文件，从而产生错误。而 include_once()和 require_once()函数只是在此次运行的过程中引入特定的文件或代码，但是在引入之前，会先检查所需文件或者代码是否已经引入，如果已经引入，将不再重复引入，因而不会造成冲突。

问题 3：程序检查后正确，却显示 Notice: Undefined variable，为什么？

PHP 默认配置会报这个错误，就是将警告在页面上打印出来，虽然这有利于暴露问题，但实际使用中会存在很多问题。

通用的解决办法是修改 php.ini 的配置，需要修改的参数如下：

(1) 找到 error_reporting = E_ALL，修改为 error_reporting = E_ALL & ～E_NOTICE。

(2) 找到 register_globals = Off，修改为 register_globals = On。

5.9 上机练练手

上机练习 1：设计简单的猜数游戏。

本案例模拟一个猜数游戏，通过随机函数产生一个 1 到 10 之间的数，浏览者输入要猜的数字(见图 5-14)，后台程序将其和随机产生的数字比较，根据比较情况输出不同的信息。

图 5-14 猜数游戏页面

输入猜的数后，单击“比较”按钮，如果猜对，结果如图 5-15 所示。

图 5-15 输出比较后的结果

上机练习 2：编写加密和解密函数。

本实例通过两种方式对字符串进行加密，一种是用系统自动提供的函数 md5()实现数据加密，一种是自己手动编写加密和解密函数。运行结果如图 5-16 所示。

图 5-16 编写加密和解密函数

第6章

PHP 数组

数组就是一系列数据的组合，可分为一维数组、二位数组和多维数组。PHP 提供了丰富的函数用于处理数组，从而更有效地管理和处理数据。本章主要讲述数组的概念、创建数组、数组类型、多维数组、遍历数组、统计数组元素个数等内容。通过本章的学习，读者可以玩转数组的常规操作和使用技巧。

6.1 什么是数组

数组是非常重要的数据类型。相对于其他的数据类型，它更像是一种结构，而这种结构可以储存一系列数值。

数组中的数值被称为数组元素。每一个元素都有一个对应的标识，也称作键(或下标)。通过这个键可以访问数组元素。数组的键可以是数字，也可以是字符串。

例如一个公司有几千人，如果需要找到某个员工，可以利用员工编号来区分每个员工。此时，可以把一个公司创建为一个数组，员工编号就是键，通过员工编号就可以找到对应的员工，如图 6-1 所示。

把公司人员定义为一个数组

键 1001 1002 1003 1004
值 张三 李四 张华 王五

图 6-1 定义数组

6.2 创 建 数 组

在 PHP 中创建数组的常见方法有两种：使用 array()函数创建数组和通过赋值方式创建数组。

6.2.1 使用 array()函数创建数组

使用 array()函数可以创建一个新的数组，语法格式如下：

```
array 数组名称([mixed])
```

其中，参数 mixed 的语法为 key=>value，分别定义了索引和值。如果有多个 mixed，可以用逗号分开。键(key)可以是一个整数或者字符串，如果省略键(key)，则自动产生从 0 开始的整数值。如果定义两个完全一样的键(key)，则后一个会覆盖前一个。值(value)可以是任意类型，如果是数组类型，就是二维数组。

例如：

```
$arr = array("1001"=>"洗衣机", "1002"=>"冰箱", "1003"=>"空调", "1004"=>"电视机");
```

利用 array()函数定义比较方便和灵活，可以只给出数组的元素值，而不必给出键(key)，例如：

```
$arr = array("洗衣机", "冰箱", "空调", "电视机");
```

使用这种方式创建数组时，下标默认从 0 开始，而不是 1，然后依次增加 1。

实例 1　使用 array()函数创建和输出数组(案例文件：ch06\6.1.php)

```
<?php
    $a1 = array("洗衣机", "冰箱", "空调", "电视机");
    $a2 = array("1001"=>"洗衣机", "1002"=>"冰箱", "1003"=>"空调", "1004"=>"
电视机");
    print_r($a1);
    echo "<br />";
    print_r($a2);
    echo "<br />";
    echo $a1[0];
    echo $a1[1];
    echo $a2[1003];
    echo $a2[1004];
?>
```

运行结果如图 6-2 所示。

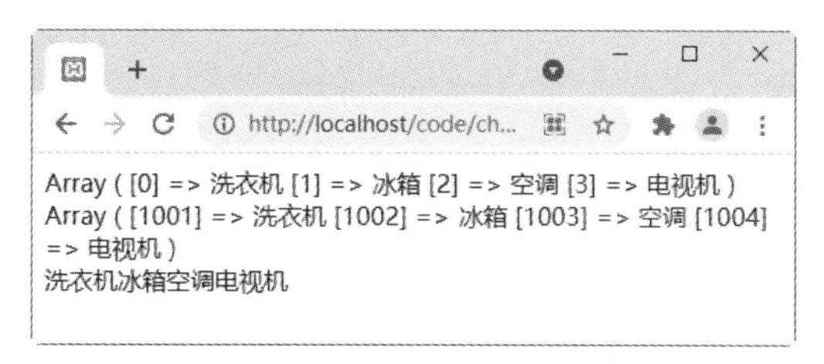

图 6-2　创建和输出数组

6.2.2　通过赋值方式创建数组

如果在创建数组时不知道数组的大小，或者数组的大小可能会根据实际情况发生变化，则可以使用直接赋值的方式创建数组。例如：

```
<?php
    $a1[1] = "空调";
    $a1[2] = "洗衣机";
    $a1[3] = "冰箱";
    $a1[4] = "电视机";
    print_r($a1);        //输出创建的数组
?>
```

运行结果如下：

```
Array ( [1] =>空调[2] =>洗衣机 [3] =>冰箱 [4] =>电视机)
```

6.3　数 组 类 型

数组分为数字索引数组和关联数组。本节将详细讲述这两种数组的使用方法。

6.3.1 数字索引数组

数字索引数组的索引由数字组成，默认值从 0 开始，然后索引值自动递增。读者也可以设置索引的开始值。例如

```
<?php
   $a1 = array("洗衣机", "冰箱", "空调", "电视机");
   $a2 = array("1001"=>"洗衣机","冰箱","空调","电视机");
   print_r($a1);
   echo "<br />";
   print_r($a2);
?>
```

运行结果如下：

```
Array ( [0] => 洗衣机 [1] => 冰箱 [2] => 空调 [3] => 电视机 )
Array ( [1001] => 洗衣机 [1002] => 冰箱 [1003] => 空调 [1004] => 电视机 )
```

6.3.2 关联数组

关联数组的键名可以是数值和字符串混合的形式，而不像数字索引数组的键名只能为数字。所以判断一个数组是否为关联数组的依据是：数组中的键名是否有不是数字的，如果存在，则为关联数组。

关联数组的键名如果是一个字符串，访问数组元素时，键名需要加上一个定界修饰符，也就是加上一个单引号或双引号。

实例 2 创建和输出关联数组(案例文件：ch06\6.2.php)

```
<?php
   $a1 = array("李明"=>89, "张岚"=>88, "黄雀"=>79, "王华"=>95);
   print_r($a1);
   echo "<br />";
   echo $a1["李明"];
   echo "<br />";
   $a1["李明"]=99;
   echo $a1["李明"];
?>
```

运行结果如图 6-3 所示。

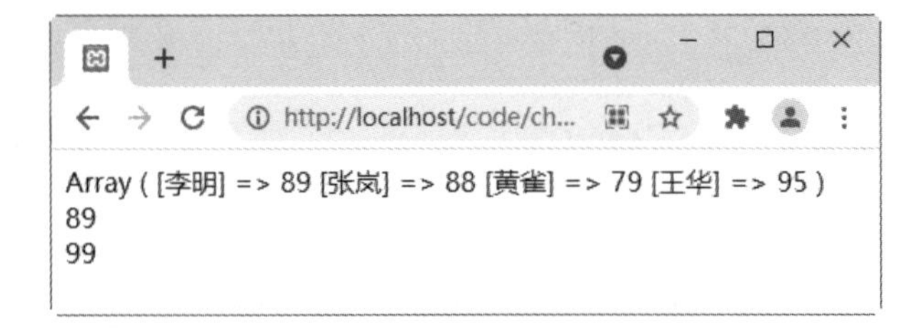

图 6-3 创建和输出关联数组

6.4　多 维 数 组

数组可以“嵌套”，即每个数组元素也可以是一个数组，这种含有数组的数组就是多维数组。以班级和学生姓名为例，如图 6-4 所示，每个班级都是一个一维数组，班级数本身又构成了一个数组，这样各个班级的学生就构成了一个二维数组。

班级	学生姓名		
一班	张明	李丽	王芳
二班	张华	刘天	王菲
三班	常远	孟军	王萌

图 6-4　二维数组

二维数组常用于描述表，表中的信息以行和列的形式表示，第一个下标代表元素所在的行，第二个下标代表元素所在的列。

实例 3　创建和输出二维数组(案例文件：ch06\6.3.php)

```
<?php
    $stu = array("一班"=>array("张明","李丽","王芳"),
                "二班"=>array("张华","刘天","王菲"),
                "三班"=>array("常远","孟君","王萌"));      //创建二维数组
    echo "<pre>";
    print_r($stu);                                          //输出二维数组的元素
?>
```

运行结果如图 6-5 所示。

```
Array
(
    [一班] => Array
        (
            [0] => 张明
            [1] => 李丽
            [2] => 王芳
        )

    [二班] => Array
        (
            [0] => 张华
            [1] => 刘天
            [2] => 王菲
        )

    [三班] => Array
        (
            [0] => 常远
            [1] => 孟君
            [2] => 王萌
        )

)
```

图 6-5　创建和输出二维数组

按照同样的方法，将前面二维数组中的最底层元素替换成数组，就可以创建一个三维数组。

实例 4 创建和输出三维数组(案例文件：ch06\6.4.php)

```
<?php
    $stu = array("一年级"=>array("一班"=>array("张明","李华"),"二班"=>array("王萌","李丽")),"二年级"=>array("一班"=>array("常军","刘天"),"二班"=>array("梦媛","康禄")));
                                                            //创建三维数组
    echo "<pre>";
    print_r($stu);                                          //输出三维数组的元素
?>
```

运行结果如图 6-6 所示。

```
Array
(
    [一年级] => Array
        (
            [一班] => Array
                (
                    [0] => 张明
                    [1] => 李华
                )

            [二班] => Array
                (
                    [0] => 王萌
                    [1] => 李丽
                )

        )

    [二年级] => Array
        (
            [一班] => Array
                (
                    [0] => 常军
                    [1] => 刘天
                )

            [二班] => Array
                (
                    [0] => 梦媛
                    [1] => 康禄
                )

        )

)
```

图 6-6 创建和输出三维数组

6.5 遍历数组

所谓数组的遍历，就是要把数组中的变量值读取出来。遍历数组中的所有元素是很常用的操作，通过遍历数组可以完成数组元素的查询操作。

foreach 函数经常被用来遍历数组元素，语法格式为：

```
foreach(数组 as 数组元素){
    对数组元素的操作命令;
}
```

可以把数组分为两种情况，不包含键值的数组和包含键值的数组。

1. 遍历不包含键值的数组

```
foreach(数组 as 数组元素值){
    对数组元素的操作命令;
}
```

2. 遍历包含键值的数组

```
foreach(数组 as 键值 => 数组元素值){
    对数组元素的操作命令;
}
```

每进行一次循环，当前数组元素的值就会被赋值给数组元素值变量，数组指针会逐一地移动，直到遍历结束为止。

实例 5　遍历不包含键值的数组(案例文件：ch06\6.5.php)

```
<?php
$names = array("洗衣机", "冰箱","电视机","空调","电脑","打印机");
foreach ($names as $name)
{
    echo "库房的电器: ".$name."<br />";
}
    echo "商品搜索完毕!";
?>
```

运行结果如图 6-7 所示。

图 6-7　遍历不包含键值的数组

实例 6　遍历包含键值的数组(案例文件：ch06\6.6.php)

```
<?php
    $names = array("100001"=>"洗衣机","100002"=> "冰箱","100003"=>"电视机
","100004"=>"空调","100005"=>"电脑","100006"=>"打印机");
    foreach ($names as $num=>$name)
    {
      echo $num. ": ".$name."<br />";
    }
    echo "商品搜索完毕!";
?>
```

运行结果如图 6-8 所示。

图 6-8　遍历包含键值的数组

6.6　统计数组元素个数

使用 count()函数可以统计数组元素的个数。语法格式如下：

```
int count(mixed $array[,int $mode])
```

其中，参数 array 为需要查询的数组；参数 mode 为可选参数，设置参数值为 COUNT_RECURSIVE(或 1)，本函数将递归地对数组计数，适用于计算多维数组，该参数的默认值为 0，该函数的返回值为数组元素的个数。

实例 7　统计数组元素的个数(案例文件：ch06\6.7.php)

```
<?php
   $goods = array("1001"=>"洗衣机", "1002"=>"冰箱", "1003"=>"空调",
"1004"=>"电视机");
   $stu = array("一班"=>array("张明","李丽","王芳"),
             "二班"=>array("张华","刘天","王菲"),
             "三班"=>array("常远","孟君","王萌")); //创建二维数组
   echo count($goods);                         //计算一维数组元素的个数
   echo "<br />";
   echo count ($stu,COUNT_RECURSIVE);          //计算二维数组元素的个数
?>
```

运行结果如图 6-9 所示。

图 6-9　统计数组元素的个数

6.7　查询数组中指定元素

数组是一个数据集合，在不同类型的数组和不同结构的数组内确定某个特定元素是否存在是必要的。array_search()函数可以在数组中查询给定的值是否存在，如果存在则返回

键名，否则返回 false。语法格式如下：

```
mixed array_search(mixed $needle,array $haystack[,bool $strict])
```

其中，参数 needle 用于指定在数组中搜索的值；参数 haystack 为被搜索的数组；参数 strict 为可选参数，默认值为 false，如果值为 true，还将在数组中检测给定值的类型。

实例 8　查询数组中指定元素(案例文件：ch06\6.8.php)

```
<?php
    $g ="洗衣机";
     $goods = array("g0001"=>"冰箱", "g0002"=>"空调", "g0003"=>"洗衣机",
"g0004"=>"电视机");
    $num= array_search ($g,$goods);                    //查询数组中指定元素
    if ($num){
        echo "商品已经找到，编号为：".$num;
    }else{
        echo "搜索完毕，没有找到需要的商品！";
    }
?>
```

运行结果如图 6-10 所示。

图 6-10　查询数组中指定元素

6.8　获取并删除数组中最后一个元素

array_ pop()函数将返回数组的最后一个元素，并且将该元素从数组中删除。语法格式如下：

```
array_pop(目标数组)
```

实例 9　获取并删除数组中最后一个元素(案例文件：ch06\6.9.php)

```
<?php
    $stu = array('s001'=>'张华','s002'=>'孟龙','s003'=>'张烨','s004'=>'秦龙');
    $dele = array_pop($stu);                          //获取数组中的最后一个元素
    echo "数组中的最后一个元素是：".$dele."<br />";       //输出最后一个元素值
    echo "删除最后一个元素后的新数组是：";
    print_r($stu);                                    //输出新的数组
?>
```

运行结果如图 6-11 所示。

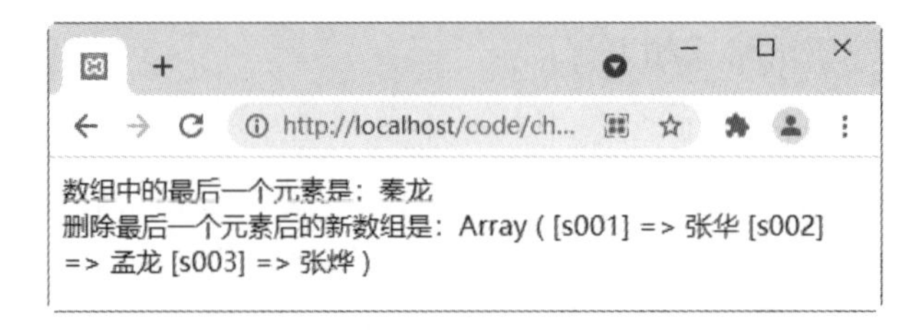

图 6-11　获取并删除数组中最后一个元素

6.9　获取并删除数组中第一个元素

array_shift()函数将返回数组的第一个元素，并且将该元素从数组中删除。语法格式如下：

```
array_shift(目标数组)
```

实例 10　获取并删除数组中第一个元素(案例文件：ch06\6.10.php)

```
<?php
    $stu = array('s001'=>'张华','s002'=>'孟龙','s003'=>'张烨','s004'=>'秦龙
');
    $dele = array_shift ($stu);                    //获取数组中的第一个元素
    echo "数组中的第一个元素是：".$dele."<br />";  //输出第一个元素值
    echo "删除第一个元素后的新数组是：";
    print_r($stu);                                 //输出新的数组
?>
```

运行结果如图 6-12 所示。

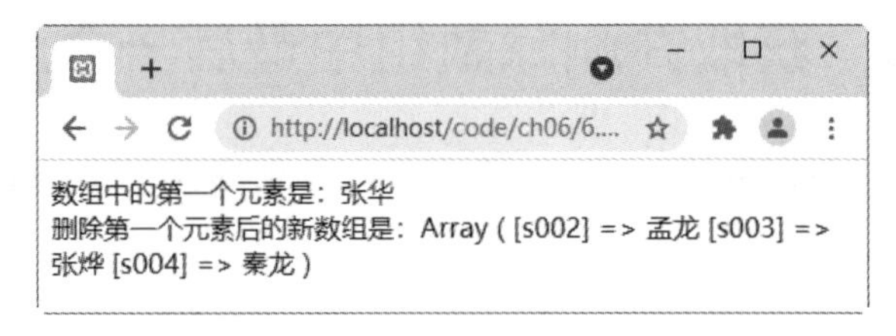

图 6-12　获取并删除数组中第一个元素

6.10　向数组添加元素

数组是数组元素的集合。向数组中添加元素主要通过 array_unshift()函数和 array_push 函数来完成。

1. array_unshift()函数

array_unshift()函数是在数组的头部添加元素，语法格式如下：

```
array_unshift(目标数组, [欲添加数组元素 1, 欲添加数组元素 2, ...])
```

2. array_push()函数

array_push()函数是在数组的尾部添加元素，语法格式如下：

```
array_push(目标数组, [欲添加数组元素 1, 欲添加数组元素 2, ...])
```

实例 11　向数组添加元素(案例文件：ch06\6.11.php)

```
<?php
   $fruit1 = array('苹果','香蕉','橘子');
   array_unshift($fruit1, '葡萄','橙子');
   print_r($fruit1);
   echo "<br />";
   $fruit2 = array('苹果','香蕉','橘子');
   array_push($fruit2, '葡萄','橙子');
   print_r($fruit2);
?>
```

运行结果如图 6-13 所示。

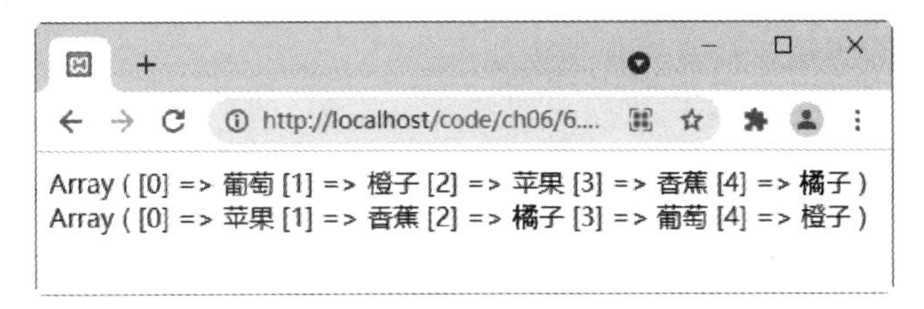

图 6-13　向数组添加元素

6.11　删除数组中重复元素

使用 array_unique()函数可实现数组中元素的唯一性，也就是去掉数组中重复的元素。不管是数字索引数组还是联合索引数组，都是以元素值为准。array_unique()函数返回具有唯一性元素值的数组，语法格式如下：

```
array_unique (目标数组)
```

实例 12　删除数组中重复元素(案例文件：ch06\6.12.php)

```
<?php
   $goods = array("s001"=>"洗衣机", "s002"=>"冰箱", "s003"=>"洗衣机",
"s004"=>"空调");
   echo "原始数组为：";
   print_r($goods);
   echo "<br />";
   echo "删除重复元素后的新数组为：";
   print_r(array_unique($goods));          //删除数组中重复的元素
?>
```

运行结果如图 6-14 所示。

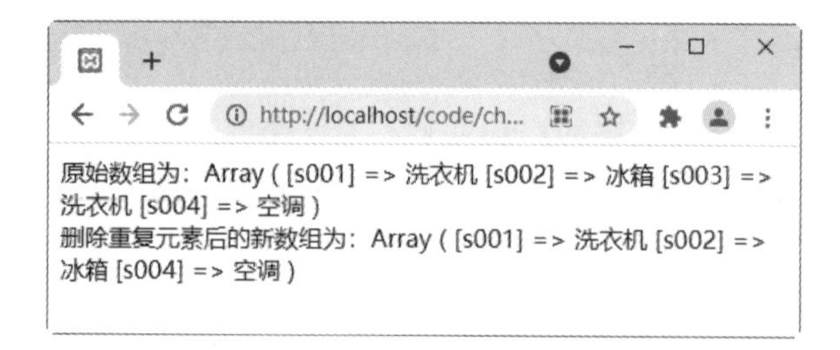

图 6-14 用 array_unique()函数去掉数组中重复的元素

6.12 数组的排序

PHP 提供了丰富的排序函数，可以对数组进行排序操作。常见的排序函数如下。

(1) sort()：本函数对数组进行排序。当本函数结束时数组的元素被从低到高重新排序，不保持索引关系。

(2) rsort()：对数组逆向排序。

(3) asort()：对数组进行排序并保持索引关系。

(4) arsort()：对数组进行逆向排序并保持索引关系。

(5) ksort()：对数组按照键名排序。

(6) krsort()：对数组按照键名逆向排序。

(7) natsort()：用自然排序算法对数组排序。

(8) natcascsort()：用自然排序算法对数组进行不区分大小写字母的排序。

实例 13 对一维数组进行排序(案例文件：ch06\6.13.php)

```
<?php
   $prices =array("西瓜"=> 6.88,"西红柿"=> 3.88,"菠菜"=>4.88,"土豆"=> 8.88);
   echo "使用 asort()函数进行排序：<br />";
   asort($prices);
   foreach ($prices as $key => $value){
      echo $key.":".$value."<br />";
   }
   echo "使用 arsort()函数进行排序：<br />";
   arsort($prices);
   foreach ($prices as $key => $value){
      echo $key.":".$value."<br />";
   }
?>
```

运行结果如图 6-15 所示。

对于一维数组排序比较简单，而对于多维数组，就不能直接使用排序函数了。首先需要设定一个排序方法，也就是建立一个排序函数，再通过排序函数对特定数组采用特定排序方法进行排序。

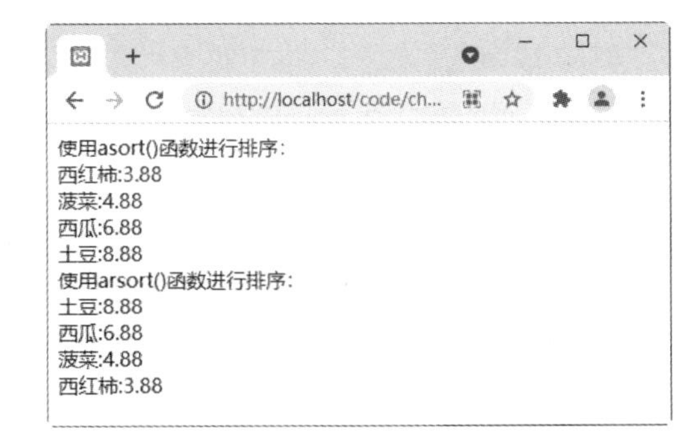

图 6-15　对一维数组进行排序

实例 14　根据商品价格高低进行排序(案例文件：ch06\6.14.php)

```
<?php
    $data[] = array('name' => '西瓜', 'price' => 8.88, 'amount' => 6700);
    $data[] = array('name' => '葡萄', 'price' => 12.89, 'amount' => 4800);
    $data[] = array('name' => '苹果', 'price' => 9.88, 'amount' => 6900);
    //取得列的列表
    foreach ($data as $key => $row) {
        $amount[$key] = $row['amount'];
        $money[$key] = $row['price'];
    }
    array_multisort($amount, SORT_DESC, $data);
    function arraySort($array, $keys, $sort = SORT_DESC) {
        $keysValue = [];
        foreach ($array as $k => $v) {
            $keysValue[$k] = $v[$keys];
        }
        array_multisort($keysValue, $sort, $array);
        return $array;
    }
    $b = arraySort($data, 'price', SORT_ASC);   //按商品价格升序排序
    echo "<pre>";
    print_r($b)
?>
```

运行结果如图 6-16 所示。

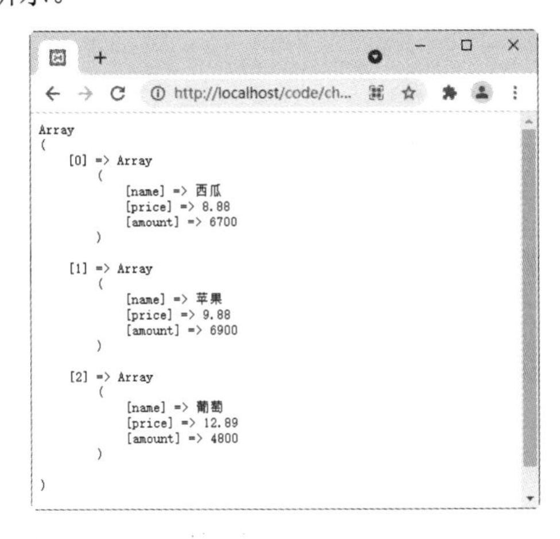

图 6-16　对二维数组进行排序

6.13　字符串与数组的转换

使用 explode()函数和 implode()函数实现字符串和数组之间的转换。explode()函数用于把字符串按照一定的规则拆分为数组中的元素，并且形成数组。implode()函数用于把数组中的元素按照一定的连接方式转换为字符串。

实例 15　字符串与数组的转换(案例文件：ch06\6.15.php)

```
<?php
    $g1 =array("苹果","香蕉","橘子","葡萄");
    echo implode('  ',$g1).'<br />';     //将数组转换为字符串，并以空格符分割元素
    $g2 ="苹果,香蕉,橘子,葡萄";
    print_r(explode(',',$g2));           //将字符串转换为数组
?>
```

运行结果如图 6-17 所示。

图 6-17　字符串与数组的转换

6.14　调换数组中的键值和元素值

使用 array_flip()函数可以调换数组中的键值和元素值。

实例 16　调换数组中的键值和元素值(案例文件：ch06\6.16.php)

```
<?php
    $stu =array("张萌"=> 10001,"张华"=> 10002,"肖骁"=>10003,"李蒙"=> 10004);
    $newstu = array_flip($stu);
    echo "原始数组为：<br />";
    print_r($stu);
    echo "<br />调换后的数组为：<br />";
    print_r($newstu)
?>
```

运行结果如图 6-18 所示。

图 6-18 使用 array_flip()函数

6.15 就业面试问题解答

问题 1：清空数组和释放数组有什么区别？

在 PHP 中，清空数组可以理解为重新给变量赋一个空的数组。例如：

```
arr = array()
```

对于不再使用的数组，可以完全将其释放。例如：

```
unset($arr)        //这才是真正意义上的释放，将资源完全释放
```

问题 2：PHP 中有哪些计算函数？

在 PHP 中，常见的数组计算函数如下。

(1) array_sum()：计算数组中所有值的和。

(2) array_merge()：合并一个或多个数组。

(3) array_diff()：计算数组的差集。

(4) array_diff_assoc()：比较两个数组的键名和键值，并返回差集。

(5) array_intersect()：计算数组的交集。

(6) array_intersect_assoc()：比较两个数组的键名和键值，并返回交集。

6.16 上机练练手

上机练习 1：计算两个数组之间的交集、差集和并集。

本案例主要完成两个数组之间的操作，包括两个数组之间的并集、交集和差集。程序运行结果如图 6-19 所示。

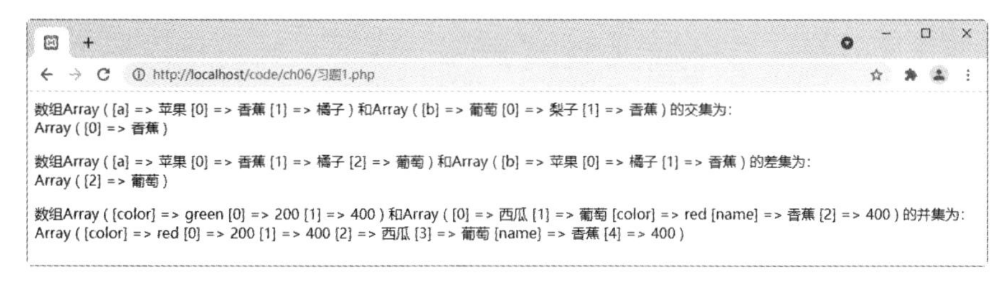

图 6-19 计算两个数组之间的交集、差集和并集

上机练习 2：根据字母的顺序进行排序。

本案例使用 sort()函数对数组进行简单排序并输出。程序运行结果如图 6-20 所示。

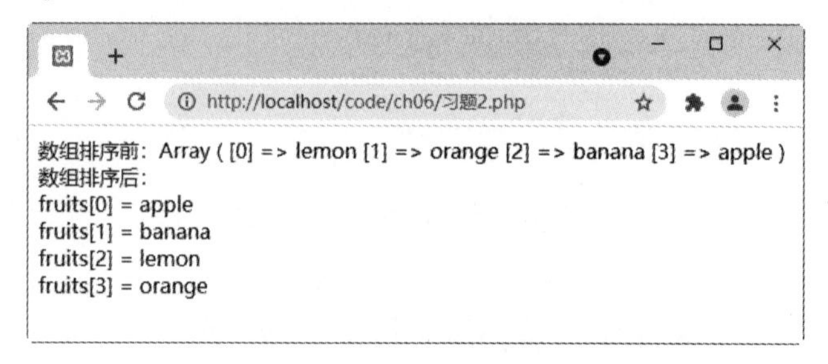

图 6-20　根据字母的顺序进行排序

第 7 章

面向对象编程

面向对象程序设计是在面向过程程序设计的基础上发展而来的，它比面向过程编程具有更强的灵活性和扩展性。它用类、对象、关系、属性等一系列东西来提高编程的效率，其主要的特性是可封装性、可继承性和多态性。本章主要讲述面向对象编程的相关知识。

7.1 认识面向对象

面向对象编程的主要好处就是把编程的重心从处理过程转移到了对现实世界实体的表达。这十分符合人们的正常思维方法。本节来学习面向对象中的一些重要的概念。

7.1.1 什么是类

将具有相同属性及相同行为的一组对象称为类(class)。广义地讲，具有共同性质的事物的集合称为类。在面向对象程序设计中，类是一个独立的单位，它有一个类名，其内部包括成员变量和成员方法，分别用于描述对象的属性和行为。

类是一个抽象的概念，要利用类的方式来解决问题，必须先用类创建一个实例化的对象，然后通过对象访问类的成员变量及调用类的成员方法，来实现程序的功能。就如同“手机”本身是一个抽象的概念，只有使用了一个具体的手机，才能感受到手机的功能。

类(class)是由使用封装的数据及操作这些数据的接口函数组成的一群对象的集合。类可以说是创建对象时所使用的模板。

7.1.2 什么是对象

对象(object)是面向对象技术的核心。可以把我们生活的真实世界看成是由许多大小不同的对象所组成。对象是指现实世界中的对象在计算机中的抽象表示，即仿照现实对象而建立的。

例如，狗和汽车可以看成两个不同的对象，如图 7-1 所示。

图 7-1　狗和汽车

对象是类的实例化。对象有静态特征和动态特征。静态特征指对象的外观、性质、属性等，动态特征指对象具有的功能、行为等。客观事物是错综复杂的，人们总是习惯从某一目的出发，运用抽象分析的能力从众多特征中抽取具有代表性、能反映对象本质的若干特征加以详细研究。

人们将对象的静态特征抽象为属性，用数据来描述，在 PHP 语言中称为变量。将对象的动态特征抽象为行为，用一组代码来表示，完成对数据的操作，在 PHP 语言中称为方法(method)。一个对象由一组属性和一系列对属性进行操作的方法构成。

在计算机语言中也存在对象，可以定义为相关变量和方法的软件集。对象主要由下面两部分组成。

(1) 一组包含各种类型数据的属性。

(2) 对属性中的数据进行操作的相关方法。

面向对象中常用的技术术语及其含义如下。

(1) 类(Class)：用来描述具有相同属性和方法的对象的集合。它定义了该集合中每个对象所共有的属性和方法。对象是类的实例。

(2) 类变量：类变量在整个实例化的对象中是公用的。类变量定义在类中且在函数体之外。类变量通常不作为实例变量使用。

(3) 数据成员：类变量或实例变量用于处理类及其实例对象的相关数据。

(4) 方法重写：如果从父类继承的方法不能满足子类的需求，那么可以对其进行改写，这个过程叫方法的覆盖(override)，也称为方法的重写。

(5) 实例变量：定义在方法中的变量只作用于当前实例的类。

(6) 继承：即一个派生类(derived class)继承基类(base class)的字段和方法。继承也允许把一个派生类的对象作为一个基类对象对待。

(7) 实例化：创建一个类的实例，即类的具体对象。

(8) 方法：类中定义的函数。

(9) 对象：通过类定义的数据结构实例。对象包括两个数据成员(类变量和实例变量)和方法。

7.1.3　面向对象编程的特点

OOP 是面向对象编程(Object-Oriented Programming)的缩写。对象(Object)在 OOP 中是由属性和操作组成的。属性(Attribute)是对象的特性或是与对象关联的变量。操作(Operation)是对象中的方法(Method)或函数(Function)。

由于 OOP 中最为重要的特性之一就是可封装性，所以对 Object 内部数据的访问，只能通过对象的“操作”来完成，这也被称为对象的“接口”(Interfaces)。

因为类是对象的模板，所以类描述了对象的属性和方法。

另外，面向对象编程具有 3 大特点。

1. 封装性

将类的使用和实现分开管理，只保留类的接口，这样开发人员就不用知道类的实现过程，只需要知道如何使用类即可，从而提高了开发效率。

2. 继承性

继承是面向对象软件技术中的一个概念。如果一个类 A 继承自另一个类 B，就把这个 A 称为“B 的子类”，而把 B 称为“A 的父类”。继承可以使得子类具有父类的各种属性和方法，而不需要再次编写相同的代码。在子类继承父类的同时，可以重新定义某些属性，并重写某些方法，即覆盖父类的原有属性和方法，从而获得与父类不同的功能。另外，还可以为子类追加新的属性和方法。继承可以实现代码的可重用性，简化了对象和类的创建过程。另外，PHP 支持单继承，也就是一个子类只能有一个父类。

3. 多态性

多态是面向对象程序设计的重要特征之一，是扩展性在“继承”之后的又一重大表现。同一操作作用于不同类的实例，将产生不同的执行结果，即不同类的对象收到相同的消息时，将得到不同的结果。

7.2 类和对象的基本操作

本节来学习类和对象的基本操作。

7.2.1 定义类

在 PHP 中，定义类的关键字是 class，定义类的语法格式如下：

```
<?php
    权限修饰符 class 类名{
    类的内容;
    }
?>
```

其中，权限修饰符是可选项，常见的修饰符包括 public、private 和 protected。创建类时，可以省略权限修饰符，此时默认的修饰符为 public。三种权限修饰符的区别如下。

(1) 一般情况下，属性和方法默认是 public 的，这意味着一般的属性和方法从类的内部和外部都可以访问。

(2) 用关键字 private 声明的属性和方法，则只能从类的内部访问，也就是说，只有类内部的方法可以访问用此关键字声明的类的属性和方法。

(3) 用关键字 protected 声明的属性和方法，也是只能从类的内部访问，但是，通过“继承”而产生的“子类”，也可以访问这些属性和方法。

例如，定义一个类，代码如下：

```
public class Animal {
    //类的内容
}
```

7.2.2 成员方法

成员方法是指在类中声明的函数。在类中可以声明多个函数，所以对象中可以存在多个成员方法。类的成员方法可以通过关键字进行修饰，从而控制成员方法的使用权限。

例如以下定义成员方法的例子：

```
<?php
    class Animal {
        function getGoods($name,$num){              //定义成员方法
            echo "动物名称：".$name;                 //方法实现的功能
```

```
            echo "动物数量：".$num;                    //方法实现的功能
        }
    }
?>
```

这里定义的成员方法将输出动物的名称和数量。这些信息是通过方法参数传进来的。

7.2.3　类的实例化

定义完类和方法后，并不是真正创建一个对象。类和对象可以描述为如下关系。类用来描述具有相同数据结构和特征的“一组对象”，“类”是“对象”的抽象，而“对象”是“类”的具体实例，即一个类中的对象具有相同的“型”，但其中每个对象却具有各不相同的“值”。

例如，动物就是一个抽象概念，即动物类，但是名称叫大熊猫的就是动物类中具体的一个实例，即对象。

类的实例化的语法格式如下：

```
$变量名 = new 类名称([参数]);        //类的实例化
```

其中，new 为创建对象的关键字，“$变量名”返回对象的名称，用于引用类中的方法。参数是可选的，如果存在参数，则用于指定类的构造方法初始化对象使用的值，如果没有定义构造函数参数，PHP 会自动创建一个不带参数的默认构造函数。

类实例化就产生了对象，然后通过如下格式就能调用要使用的方法：

```
对象名->成员方法
```

实例 1　创建对象并调用方法(案例文件：ch07\7.1.html)

本案例以 Animal 类为例，实例化一个对象并调用 showAnimal ()方法。

```
<?php
    class Animal {
        function showAnimal($name,$num){          //定义成员方法
            echo "动物名称：".$name;              //方法实现的功能
            echo "<br />";
            echo "动物数量：".$num;               //方法实现的功能
        }
    }
    $a1=new Animal();                            //类的实例化
    echo $a1->showAnimal("大熊猫",68);           //调用方法
    echo "<br />";
    $a2=new Animal();                            //类的实例化
    echo $a2->showAnimal("猴子",98);             //调用方法
?>
```

运行结果如图 7-2 所示。上面的例子实例化了两个对象，并且这两个对象之间没有任何联系，只能说明是源于同一个类。可见，一个类可以实例化多个对象，每个对象都是独立存在的。

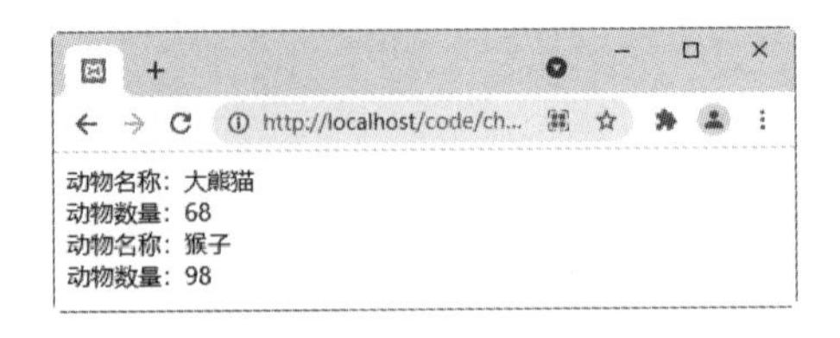

图 7-2　创建对象并调用方法

7.2.4　成员变量

成员变量是指在类中定义的变量。在类中可以声明多个变量，所以对象中可以存在多个成员变量，每个变量将存储不同的对象属性信息。

例如以下定义：

```
public class Goods {
    关键字 $name; //类的成员变量
}
```

成员属性必须使用关键词进行修饰，常见的关键词包括 public、protected、private、static 和 final。定义成员变量时，可以不进行赋值操作。

实例 2　定义和使用成员变量(案例文件：ch07\7.2.html)

```
<?php
    class Fruit {
        public $name;                                   //定义成员变量
        public $num;                                    //定义成员变量
        function getFruit ($name,$num){                 //定义成员方法
            $this->name=$name;                          //调用本类的成员变量
            $this->price=$num;                          //调用本类的成员变量
            If($this->price<300){
                return $this->name. "的库存数量不多了，需要尽快进货！";
            }else{
                return $this->name. "的库存充足，不需要进货！";
            }
        }
    }
    $f1=new Fruit();                                    //类的实例化
    echo $f1->getFruit("苹果",200);                     //调用方法
    echo "<br />";
    $f2=new Fruit();                                    //类的实例化
    echo $f2->getFruit("葡萄",600);                     //调用方法
?>
```

运行结果如图 7-3 所示。

图 7-3　定义和使用成员变量

7.2.5　类常量

读者不仅可以定义变量，还可以定义常量。下面通过案例来分析二者的区别。

实例 3　声明并输出常量(案例文件：ch07\7.3.html)

```
<?php
    class Fruit {
        const GOODS_NAME="葡萄";                          //定义常量 GOODS_NAME
        public $name;                                     //定义变量用来存储商品名称
        function getFruit ($name){                        //定义成员方法
            $this->name=$name;                            //调用本类的成员变量
            return  $this->name;
        }
    }
    $f=new Fruit();                                       //类的实例化
    echo $f->getFruit("苹果");                            //调用方法
    echo "<br />";
    echo Fruit::GOODS_NAME;                               //输出常量 GOODS_NAME
?>
```

运行结果如图 7-4 所示。可见常量的输出和变量的输出是不一样的，常量不需要实例化对象，直接用类名::类常量名调用即可。

图 7-4　声明并输出常量

7.2.6　构造方法和析构方法

构造方法存在于每个声明的类中，主要作用是执行一些初始化任务。如果类中没有直接声明构造方法，那么类会默认地生成一个没有参数且内存为空的构造方法。

在 PHP 中，构造方法的方法名称必须是两个下划线开头的，即“__construct”。具体的语法格式如下：

```
function __construct([mixed args]){
//方法的内容
}
```

一个类只能声明一个构造方法。构造方法中的参数是可选的，如果没有传入参数，那么将使用默认参数对成员变量进行初始化。

实例 4　定义构造方法(案例文件：ch07\7.4.html)

```
<?php
    class Fruit {
```

```
        public $name;                                  //定义成员变量
        public $num;                                   //定义成员变量
        public function __construct($name, $num) {   //定义构造方法
            $this->name=$name;                         //调用本类的成员变量
            $this->num=$num;                           //调用本类的成员变量
        }
        public function showFruit(){                   //定义成员方法
             if($this->num>300){
                return $this->name."的库存充足，不需要进货！";
            }else{
                return $this->name."的库存数量不多了，需要尽快进货！";
            }
        }
    }
    $f1=new Fruit("橘子",600);                         //类的实例化并传递参数
    echo $f1->showFruit();                             //调用方法
    echo "<br />";
    $f2=new Fruit ("柚子",100);                        //类的实例化并传递参数
    echo $f2->showFruit();                             //调用方法
?>
```

运行结果如图 7-5 所示。可见构造方法__construct()在实例化时会自动执行，通常对一些属性进行初始化，也就是对一些属性进行初始化的赋值。

图 7-5　定义构造方法

要特别注意的是，构造方法不能有返回值(return)。

析构方法的作用和构造方法正好相反。它是在对象被销毁的时候被调用执行的。但是因为 PHP 在每个请求的最终都会把所有资源释放，所以析构方法的意义是有限的。具体使用的语法格式如下：

```
function __destruct(){
        //方法的内容，通常是完成一些对象销毁前的清理任务
}
```

PHP 具有垃圾回收机制，可以自动清除不再使用的对象，从而释放更多的内存。析构方法是在垃圾回收程序执行前被调用的方法，是 PHP 编程中的可选内容。

不过，析构方法在某些特定行为中还是有用的，比如在对象被销毁时清空资源或者记录日志信息。

以下两种情况中，析构方法可能被调用执行。

(1) 代码运行时，当所有的对于某个对象的 reference(引用)被毁掉的情况下。

(2) 当代码执行到最终，并且 PHP 停止请求的时候。

实例 5　定义析构方法(案例文件：ch07\7.5.html)

```
<?php
   class Fruit {
      public $name;                                  //定义成员变量
      public $num;                                   //定义成员变量
      public function __construct($name,$num){      //定义构造方法
         $this->name=$name;                          //调用本类的成员变量
         $this->num=$num;                            //调用本类的成员变量
      }
      public function showFruit (){                  //定义成员方法
          if($this->num>600){
            return $this->name."的库存充足，不需要进货！";
         }else{
            return $this->name."的库存数量不多了，需要尽快进货！";
         }
      }
      public function __destruct(){                  //定义析构方法
         echo "析构函数被调用了，对象 Fruit 被销毁了！<br />";
      }
   }
   $f1=new Fruit("梨",800);                          //类的实例化并传递参数
   $f2=new Fruit("葡萄",100);                        //类的实例化并传递参数
?>
```

运行结果如图 7-6 所示。

图 7-6　定义析构方法

7.2.7　“$this->”和“::”的使用

对象不仅可以调用自己的变量和方法，也可以调用类中的变量和方法。PHP 通过伪变量“$this->”和操作符“::”来实现这些功能。

1. 伪变量“$this->”

在通过对象名->方法调用对象的方法时，如果不知道对象的名称，而又想调用类中的方法，就要用伪变量“$this->”。伪变量“$this->”的意思就是本身，成员方法属于哪个对象，$this 引用就代表哪个对象，主要作用是专门完成对象内部成员之间的访问。

实例 6　使用伪变量“$this->”(案例文件：ch07\7.6.html)

```
<?php
   class myexample {
      function fun(){                                //定义成员方法
```

```
            if(isset($this)){                                  //判断变量$this 是否存在
              echo "变量\$this 的值是：".get_class($this);  //输出$this 所属的类名
            }else{
              echo "变量\$this 不存在！";
            }
        }
    }
    $myexam=new myexample();                                   //类的实例化
    $myexam->fun();                                            //类的实例化并传递参数
?>
```

运行结果如图 7-7 所示。

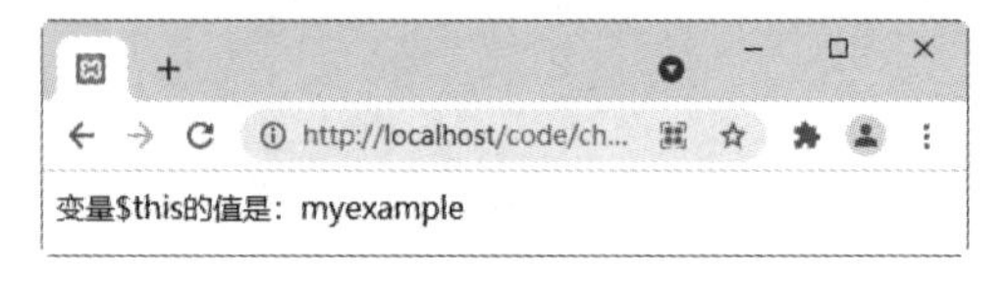

图 7-7　使用伪变量"$this->"

2. 操作符"::"

操作符"::"可以在没有任何声明实例的情况下访问类中的成员，语法格式如下：

```
关键字::变量名/常量名/方法名
```

其中关键字主要包括 parent、self 和类名 3 种。

(1) parent 关键字：表示可以调用父类中的成员变量、常量和成员方法。

(2) self 关键字：表示可以调用当前类中的常量和静态成员。

(3) 类名关键字：表示可以调用本类中的常量、变量和方法。

实例 7　使用操作符"::"(案例文件：ch07\7.7.html)

```
<?php
    class Fruit {
        const NAME="水果";                              //定义常量 NAME
        function __construct(){                         //定义构造方法
                                                        //输出常量的默认值
            echo "本商城销量最高的商品类别是：".Goods::NAME."<br />";
        }
    }
    class MyFruit extends Fruit {                       //定义 Fruit 类的子类
        const NAME="葡萄";                              //定义常量 NAME
        function __construct()                          //定义子类的构造方法
        {
            parent::__construct();                      //调用父类的构造方法
            echo "水果中销量最高的是：".self::NAME." ";      //输出本类的常量 NAME
        }
    }
    $f=new MyFruit();                                   //类的实例化
?>
```

运行结果如图 7-8 所示。

图 7-8 使用操作符“::”

7.2.8 继承和多态

继承和多态可以实现代码重用的效果。下面分别进行讲述。

1. 继承

继承(Inheritance)是 OOP 中最为重要的特性与概念。父类拥有其子类的公共属性和方法。子类除了拥有父类具有的公共属性和方法外，还拥有自己独有的属性和方法。

PHP 使用关键字 extends 来确认子类和父类，实现子类对父类的继承。

具体的语法格式如下：

```
class 子类名称 extends 父类名称{
    //子类成员变量列表
    function 成员方法(){                    //子类成员方法
        //方法内容
    }
}
```

实例 8 继承类的变量(案例文件：ch07\7.8.html)

```
<?php
    class Fruit {
        var $f1 = "苹果";                     //定义变量
        var $f2 = "橘子";
    };
    class MyFruit extends Fruit {           //类之间继承
        var $f3 = "葡萄";                     //定义子类的变量
        var $f4 = "橙子";
    };
    $myfruit = new MyFruit ();              //实例化对象
    echo "目前畅销的水果是：".$fruit ->f1."，".$myfruit ->f2."，".$myfruit -
>f3."，".$myfruit->f4;
?>
```

运行结果如图 7-9 所示。从结果可以看出，本案例创建了一个 Fruit 父类，子类通过关键字 extends 继承了 Fruit 父类中的成员属性，最后对子类进行实例化操作。

图 7-9 继承类的变量

2. 多态

多态性是指同一操作作用于不同类的实例，将产生不同的执行结果，即不同类的对象收到相同的消息时，得到不同的结果。

实例 9 实现类的多态(案例文件：ch07\7.9.html)

```
<?php
    abstract class Fruit {                          //定义抽象类 Fruit
        abstract function display_Fruit();      //定义抽象方法 display_Fruit
    }
class Fruit1 extends Fruit{                         //继承父类 Fruit
        public function display_Fruit (){       //重写抽象方法 display_Fruit
            echo "今日特价水果是苹果！" ;          //输出信息
        }
    }
    class Fruit2 extends Fruit{                     //继承父类 Fruit
        public function display_Fruit(){        // display_Fruit
            echo "今日特价水果是葡萄！" ;
        }
    }
    function change($obj){                          //自定义方法根据对象调用不同的方法
        if($obj instanceof Fruit){
            $obj->display_Fruit ();
        }else{
            echo "传入的参数不是一个对象";          //输出信息
        }
    }
    echo "实例化 Fruit1：";
    change(new Fruit1());                           //实例化 Fruit1
    echo "<br>";
    echo "实例化 Fruit2：";
    change(new Fruit2());                           //实例化 Fruit2
?>
```

运行结果如图 7-10 所示。

图 7-10　实现类的多态

7.2.9　数据封装

面向对象的特点之一就是封装性，也就是数据封装。PHP 通过限制访问权限来实现封装性，这里需要用到 public、private、protected、static 和 final 几个关键字。下面先来学习前三个关键字。

1. public

public 为公有类型，在程序的任何位置都可以被调用。常用的调用方法有以下三种。

(1) 在类内通过 self::属性名(或方法名)调用自己类的 public 方法或属性。

(2) 在子类中通过 parent::方法名调用父类方法。

(3) 在实例中通过$obj->属性名(或方法名)调用 public 类型的方法或属性。

2. private

private 为私有类型，表示只能在类的内部进行访问和使用。

实例 10　定义 private 类型的变量(案例文件：ch07\7.10.html)

```
<?php
   class Fruit {
      private $name="水果";                              //设置私有变量
      public function setName($name){                    //设置公有变量的方法
         $this -> name =$name;
       }
       public function getName(){                        //读取私有变量
         return $this -> name;
       }
   }
   class MyFruit extends Fruit{}                         //继承父类 Fruit
   $myfruit = new MyFruit ();
   $myfruit->setName("葡萄");                            //操作私有变量的正确方法
   echo $myfruit->getName();
   echo Fruit::$name;                                    //操作私有变量的错误方法
?>
```

运行结果如图 7-11 所示。

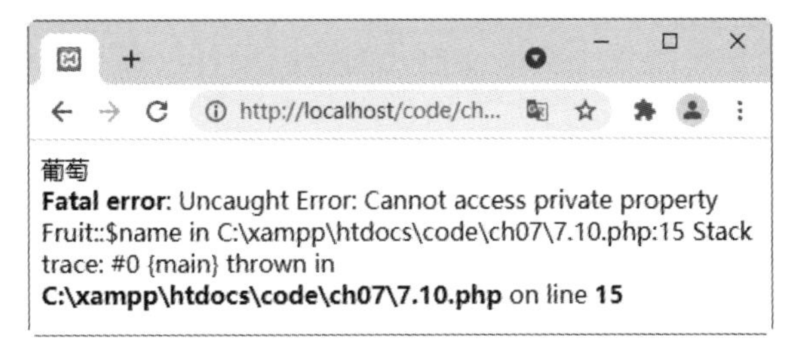

图 7-11　定义 private 类型的变量

3. protected

protected 为受保护的类型。常用的调用方法如下：

(1) 在类内通过 self::属性名(或方法名)调用自己类的 public 方法或属性。

(2) 在子类中通过 parent::方法名调用父类方法。

在实例中不能通过$obj->属性名(或方法名)来调用 public 类型的方法或属性。

实例 11 定义 protected 类型的变量(案例文件：ch07\7.11.html)

```
<?php
   class Fruit {
      protected $name="葡萄";
   }
   class MyFruit extends Fruit{
      public function display(){
          echo "在子类中直接调用保护变量：". $this->name."<br />";
      }
   }
   $myfruit=new MyFruit();
   $myfruit->display();
   echo "其他地方调用保护变量就会报错：";
   $myfruit->$name="洗衣机";
?>
```

运行结果如图 7-12 所示。

图 7-12 定义 protected 类型的变量

7.2.10 静态变量和方法

如果不想通过创建对象来调用变量或方法，则可以将该变量或方法创建为静态变量或方法，也就是在变量或方法的前面加上 static 关键词。

使用静态变量或方法，不仅不需要实例化对象，还可以在对象销毁后，仍然保持被修改的静态数据，以备下次使用。

例如水果的库存量，每次被采购后，都会减少，下一次使用时希望该数值是上一次的值，下面通过实例来解决这个问题。

实例 12 使用静态变量(案例文件：ch07\7.12.html)

```
<?php
   class Fruit {
      static $num=1000;                    //声明一个静态变量$num，初始值为 1000
      public function shownum(){           //定义一个方法
          echo "苹果的库存还有".self::$num."公斤<br />";   //输出静态变量
          self::$num--;                    //静态变量减 1
      }
   }
   $f1=new Fruit();                        //类的实例化对象 f1
   $f1->shownum();                         //调用对象 f1 的 shownum()方法
   $f2=new Fruit();                        //类的实例化对象 f2
   $f2->shownum();                         //类调用对象 f2 的 shownum()方法
```

```
    echo "苹果的库存还有".Fruit::$num."公斤";  //直接使用类名调用静态变量
?>
```

运行结果如图 7-13 所示。

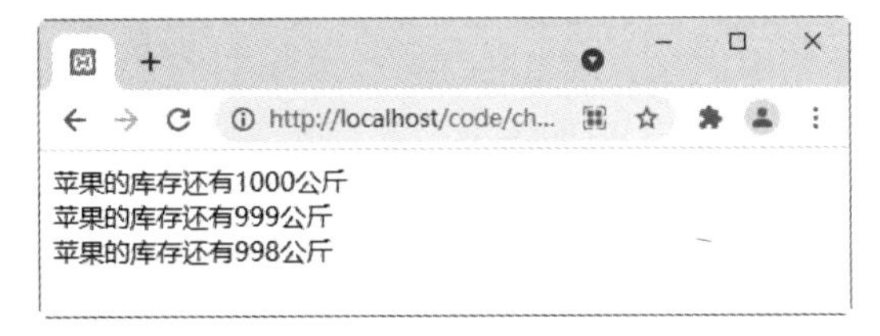

图 7-13　使用静态变量

7.3　对象的高级应用

对象除了上述基本操作以外，还有一些高级应用需要读者进一步掌握。

7.3.1　final 关键字

final 的意思是最终的。如果关键字 final 放在类的前面，则表示该类不能被继承；如果关键字 final 放在方法的前面，则表示该方法不能被重新定义。

实例 13　使用 final 关键字(案例文件：ch07\7.13.html)

```
<?php
final class Fruit {                              //final 类 Fruit
    function __construct(){                      //定义构造方法
        echo "今日的特价水果是苹果。";
    }
}
class MyFruit extends Fruit {                    //定义 Fruit 类的子类
    function display()                           //定义子类的方法
    {
        echo "今日的特价水果是葡萄。";
    }
}
$fruit=new MyFruit ();                           //类的实例化
echo $fruit->display();                          //调用类的方法
?>
```

运行结果如图 7-14 所示。说明类 Fruit 不能被继承，否则将会报错。

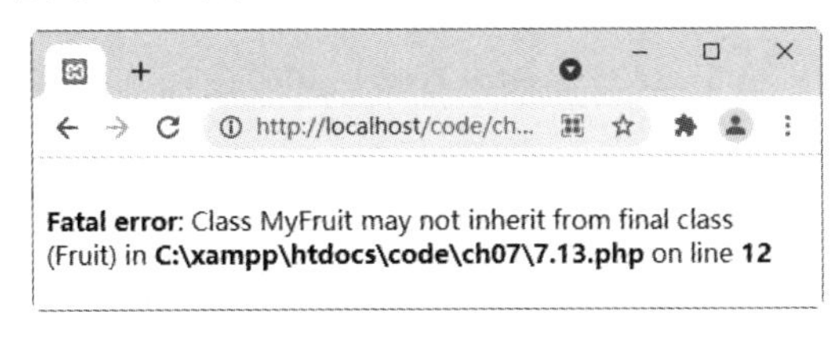

图 7-14　使用 final 关键字

7.3.2 抽象类

抽象类只能作为父类使用，因为抽象类不能被实例化。抽象类使用关键字 abstract 声明，具体的使用语法格式如下：

```
abstract class 抽象类名称{
    //抽象类的成员变量列表
    abstract function 成员方法1(参数);              //抽象类的成员方法
    abstract function 成员方法2(参数);              //抽象类的成员方法
}
```

抽象类与普通类的主要区别在于，抽象类的方法没有方法内容，而且至少包含一个抽象方法。另外抽象方法也必须使用关键字 abstract 来修饰，抽象方法后必须有分号。

实例 14 使用抽象类(案例文件：ch07\7.14.html)

```
<?php
    abstract class Fruit{
        abstract function service($getName,$price,$num);
    }
    class MyFruit1 extends Fruit {
        function service($getName,$price,$num){
            echo $getName.'的价格是：'.$price.' 元。';
            echo '采购的数量为：'.$num.' 公斤。';
        }
    }
    class MyFruit2 extends Fruit {
        function service($getName,$price,$num){
            echo $getName.'的价格是：'.$price.' 元。';
            echo '采购的数量为：'.$num.' 公斤。';
        }
    }
    $f1 = new MyFruit1();
    $f2 = new MyFruit2();
    $f1-> service('苹果',8.68,1000);
    echo '<p>';
    $f2-> service('葡萄',4.88,3000);
?>
```

运行结果如图 7-15 所示。

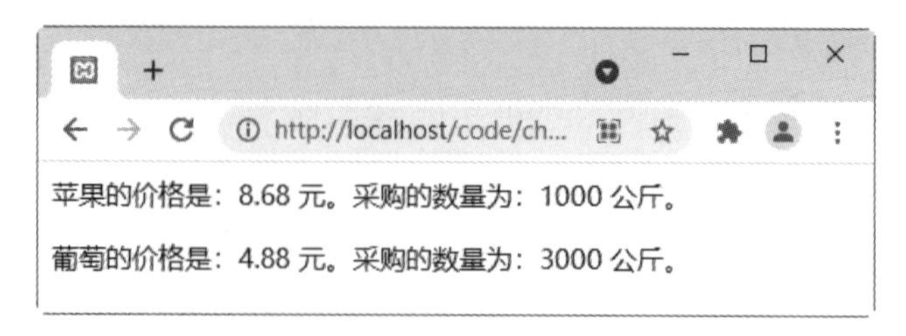

图 7-15 使用抽象类

7.3.3　使用接口

继承特性简化了对象、类的创建，增加了代码的可重用性。但是 PHP 只支持单继承，如果想实现多继承，就需要使用接口。PHP 可以实现多个接口。

接口类通过关键字 interface 来声明，接口中不能声明变量，只能使用关键字 const 声明为常量的成员属性，接口中声明的方法必须是抽象方法，并且接口中所有的成员都必须是 public 的访问权限。

语法格式如下：

```
interface 接口名称{                          //使用 interface 关键字声明接口
    常量成员                                 //接口中的成员只能是常量
    抽象方法                                 //成员方法必须是抽象方法
}
```

与继承使用 extends 关键字不同的是，实现接口使用的是 implements 关键字：

```
class 实现接口的类 implements 接口名称
```

实现接口的类必须实现接口中声明的所有方法，除非这个类被声明为抽象类。

实例 15　使用接口(案例文件：ch07\7.15.html)

```
<?php
    interface Intfruit{
        //这两个方法必须在子类中继承，修饰符必须为 public
        public function getName();
        public function getPrice();
    }
    class Fruit implements Intfruit{
        private $name = '苹果';
        private $price = '8.88 元';
        //具体实现接口声明的方法
        public function getName(){
            return $this->name;
        }
        public function getPrice(){
            return $this->price;
        }
        //这里还可以有自己的方法
        public function getOther(){
            return '今日的特价水果是苹果！';
        }
    }
    $fruit = new Fruit();
    echo '水果的名称是：'.$fruit->getName();
    echo '<br/>';
    echo '水果的价格是：'.$fruit->getPrice();
    echo '<br/>';
    echo $fruit->getOther();
?>
```

运行结果如图 7-16 所示。

图 7-16　类之间的继承关系及接口应用

7.3.4　检测对象类型

通过 PHP 提供的 instanceof 操作符可以检测当前对象属于哪个类。语法格式如下：

```
ObjectName instanceof ClassName
```

实例 16　检测对象类型(案例文件：ch07\7.16.html)

本实例将创建 3 个类，其中有两个类是父类和子类的关系，然后实例化子类对象，最后通过 if 语句判断该对象属于哪个类。

```
<?php
   class Fruit1 {}
   class Fruit2 {}
   class MyFruit extends Fruit1 {                    //定义 Fruit1 类的子类
      private $type;
   }
   $fruit=new MyFruit ();                            //类的实例化对象$fruit
   if($fruit instanceof Fruit1){                     //判断对象是否属于父类 Fruit1
      echo "对象\$ fruit 属于父类 Fruit1!<br />";
   }
   if($fruit instanceof Fruit2){                     //判断对象是否属于父类 Fruit2
      echo "对象\$fruit 属于父类 Fruit2!<br />";
   }
   if($fruit instanceof MyFruit){                    //判断对象是否属于子类 MyFruit
      echo "对象\$fruit 属于子类 MyFruit!";
   }
?>
```

运行结果如图 7-17 所示。

图 7-17　检测对象类型

7.3.5　魔术方法(_ _)

前面讲述的构造方法__construct()和析构方法__destruct()，它们的名称都是以两个下划线开头，这样的方法被称为魔术方法。魔术方法是 PHP 在创建类时自动包含的一些方法，这些方法的名称 PHP 已经定义好了，读者不能自定义方法名。下面来学习 PHP 中其他的一些魔术方法，包括__set()和__get()方法。

由于面向对象思想并不鼓励直接从类的外部访问类的属性，以强调封装性，所以可以使用__get 和__set 方法来达到此目的。无论何时，类属性被访问和操作时，访问方法都会被激发。通过使用它们，可以避免直接对类属性进行访问。

(1) 当程序试图写入一个没有定义或不可见的成员变量时，PHP 就会执行__set()方法。该方法包含两个参数，分别表示变量名称和变量值。

(2) 当程序调用一个没有定义或不可见的成员变量时，PHP 就会执行__get()方法来读取变量值。该方法包含一个参数，表示要调用变量的名称。

实例 17　使用__set()和__get()方法(案例文件：ch07\7.17.html)

```
<?php
   class Fruit{
      function __set($names,$value){
         $this->$names = $value;
      }

      function __get($names){
         return $this->$names;
      }
   };
   $a = new Fruit ();
   $a->name = "苹果";
   $a->price = "8.88 元";
   echo $a->name."的价格为: ".$a->price."<br />";
   $b = new Fruit();
   $b->name = "葡萄";
   $b->num="2000 公斤";
   $b->price= "6.88 元";
   echo $b->name."的库存为: ".$b->num."，价格为:  ".$b->price."<br />";
?>
```

上述代码中，变量 name、price 和 num 都是没有定义的成员变量，所以此时都会调用__set()和__get()方法。运行结果如图 7-18 所示。

图 7-18　使用__set()和__get()方法

7.4　匿　名　类

PHP 支持通过 new class 来实例化一个匿名类。所谓匿名类，是指没有名称的类，只能在创建时用 new 语句来声明它们。

实例 18 使用匿名类(案例文件：ch07\7.18.html)

```
<?php
  /********************匿名函数***********************/
  $f = function(){
     echo "这是匿名函数";
  };
  $f();
  echo "<br />";
  class Fruit{
     public $num;
     public function __construct($key){
        $this->num = $key;
     }

     public function getValue($sum):int{
        return $this->num+$sum;
     }
  }
  $fruit= new Fruit (1000);
  echo $fruit ->getValue(2000);
  echo "<br />";
  /**************************匿名类*********************/
  echo "这是匿名类<br/>";
  echo (new class(2) extends Fruit{})->getValue(8);
  echo "<br />";
  echo (new class(10) extends Fruit{})->getValue(20);
?>
```

运行结果如图 7-19 所示。

图 7-19 使用匿名类

7.5 就业面试问题解答

问题 1：静态变量越多越好吗？

静态变量不用实例化对象就可以使用，主要原因是当类第一次被加载时就已经分配了内存空间，所以可以直接调用静态变量，速度也比较快。但是如果声明的静态变量过多，空间就会一直被占用，从而影响系统的功能，可见静态变量的多少，还要根据实际开发的需要决定，而不是越多越好。

问题 2：抽象类和类有何不同？

抽象类是类的一种，通过在类的前面增加关键字 abstract 来表示。抽象类是仅仅用来继承的类。通过 abstract 关键字声明，就是告诉 PHP，这个类不再用于生成类的实例，仅仅是用来被其子类继承的。可以说，抽象类只关注于类的继承。抽象方法就是在方法前面添加关键字 abstract 声明的方法。抽象类中可以包含抽象方法。一个类中只要有一个方法通过关键字 abstract 声明为抽象方法，则整个类都要声明为抽象类。然而，特定的某个类即便不含抽象方法，也可以通过 abstract 声明为抽象类。

7.6 上机练练手

上机练习 1：判断运动员的身高和体重是否符合标准。

首先定义运动类 Sport，声明 3 个成员变量$name、$height 和$weight；然后定义一个成员方法 bootBasketBall()，用于判断申请的运动员是否适合这个运动项目；最后实例化类，通过实例化返回对象调用指定的方法，根据调用方法的参数，判断申请的运动员是否符合要求。运行结果如图 7-20 所示。

上机练习 2：使用静态变量设计一个网站访问计数器。

编写 PHP 程序，使用静态变量来实现一个网站访问计数效果，每次对象实例化，计数器都会进行加一操作。运行结果如图 7-21 所示。

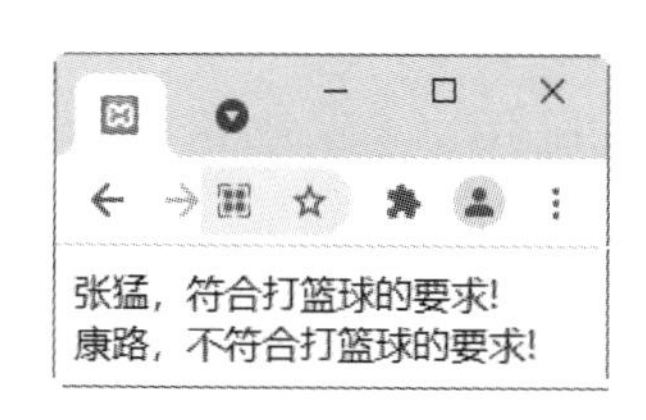

图 7-20　判断运动员的身高和体重是否符合标准

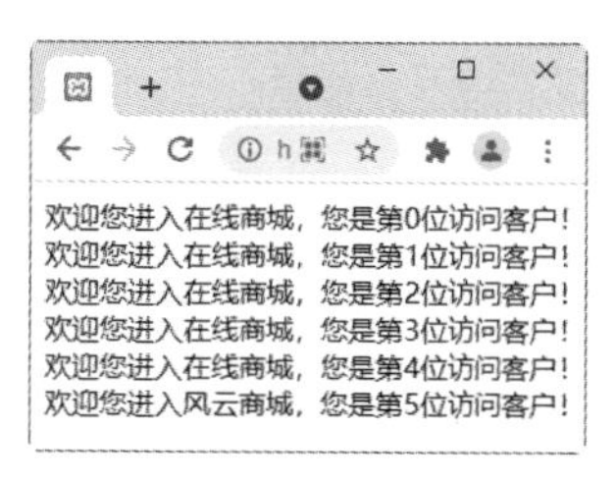

图 7-21　网站访问计数器

第8章

PHP 与 Web 页面交互

当读者浏览网页时，通过在浏览器中输入网址后按 Enter 键，就可以查看需要浏览的内容。这看起来很简单的操作，背后到底隐藏了什么技术原理呢？这就是本章要重点学习的 PHP 与 Web 页面交互的技术，包括使用表单、JavaScript 表单验证、PHP 获取表单数据等。

8.1 使用表单

由于 HTML 页面需要通过表单往 PHP 页面提交数据，所以读者需要先了解 HTML 表单的相关知识。

8.1.1 HTML 表单

表单主要用于收集网页上浏览者的相关信息，其标记为<form></form>。表单的基本语法格式如下：

```
<form action="url" method="get|post" enctype="mime"></form>
```

其中，action="url"指定处理提交表单的格式，它可以是一个 URL 地址或一个电子邮件地址。method="get"或"post"指明提交表单的 HTTP 方法。enctype="mime"指明用来把表单提交给服务器时的互联网媒体形式。

表单是一个能够包含表单元素的区域。通过添加不同的表单元素，将显示不同的效果。表单元素是能够让用户在表单中输入信息的元素，常见的有文本框、密码框、下拉列表框、单选按钮、复选框等。

实例 1 创建网站会员登录页面(案例文件：ch08\8.1.html)

```
<!DOCTYPE html>
<html>
<head>
</head>
<body>
<form>
    网站会员登录
    <br />
    用户名称
    <input type="text" name="user">
    <br />
    用户密码
    <input type="password" name="password"><br/>
    <input type="submit" value="登录">
</form>
</body>
</html>
```

运行效果如图 8-1 所示。

图 8-1 用户登录页面

8.1.2　表单元素

表单由表单元素构成，下面介绍常见的表单元素的使用方法。

1. 单行文本框 text

文本框是一种让访问者自己输入内容的表单对象，通常用来填写单个字或者简短的回答，例如用户姓名和地址等。

代码格式如下：

```
<input type="text" name="..." size="..." maxlength="..." value="...">
```

其中，type="text"定义单行文本输入框；name 属性定义文本框的名称，要保证数据的准确采集，必须定义一个独一无二的名称；size 属性定义文本框的宽度，单位是单个字符宽度；maxlength 属性定义最多输入的字符数；value 属性定义文本框的初始值。

2. 多行文本框 textarea

多行文本框主要用于输入较长的文本信息。代码格式如下：

```
<textarea name="..." cols="..." rows="..." wrap="..."></textarea>
```

其中，name 属性定义多行文本框的名称，要保证数据的准确采集，必须定义一个独一无二的名称；cols 属性定义多行文本框的宽度，单位是单个字符宽度；rows 属性定义多行文本框的高度，单位是单个字符宽度。wrap 属性定义输入内容大于文本域时显示的方式。

3. 密码输入框 password

密码输入框是一种特殊的文本域，主要用于输入一些保密信息。当网页浏览者输入文本时，显示的是黑点或者其他符号，这样就增强了输入文本的安全性。代码格式如下：

```
<input type="password" name="..." size="..." maxlength="...">
```

其中，type="password"定义密码框；name 属性定义密码框的名称，要保证唯一性；size 属性定义密码框的宽度，单位是单个字符宽度；maxlength 属性定义最多输入的字符数。

4. 单选按钮 radio

单选按钮主要是让网页浏览者在一组选项里只能选择一个。代码格式如下：

```
<input type="radio" name="" value="">
```

其中，type="radio"定义单选按钮；name 属性定义单选按钮的名称，单选按钮都是以组为单位使用的，在同一组中的单选项必须用同一个名称；value 属性定义单选按钮的值，在同一组中，它们的域值必须是不同的。

5. 复选框 checkbox

复选框主要是让网页浏览者在一组选项里可以同时选择多个选项。每个复选框都是一个独立的元素。代码格式如下：

```
<input type="checkbox" name="" value="">
```

其中，type="checkbox"定义复选框；name 属性定义复选框的名称，在同一组中的复选框都必须用同一个名称；value 属性定义复选框的值。

6. 普通按钮 button

普通按钮用来控制其他定义了处理脚本的处理工作。代码格式如下：

```
<input type="button" name="..." value="..." onClick="...">
```

其中，type="button"定义为普通按钮；name 属性定义普通按钮的名称；value 属性定义按钮的显示文字；onClick 属性表示单击行为，也可以是其他的事件，通过指定脚本函数来定义按钮的行为。

7. 提交按钮 submit

提交按钮用来将输入的信息提交到服务器。代码格式如下：

```
<input type="submit" name="..." value="...">
```

其中，type="submit"定义为提交按钮；name 属性定义提交按钮的名称；value 属性定义按钮的显示文字。通过提交按钮，可以将表单里的信息提交给表单中 action 所指向的文件。

8. 重置按钮 reset

重置按钮又称为复位按钮，用来重置表单中输入的信息。代码格式如下：

```
<input type="reset" name="..." value="...">
```

其中，type="reset"定义复位按钮；name 属性定义复位按钮的名称；value 属性定义按钮的显示文字。

9. 图像域 image

在设计网页表单时，为了让按钮和表单的整体效果比较一致，有时候需要在“提交”按钮上添加图片，使该图片具有按钮的功能，此时可以通过图像域来完成。语法格式如下：

```
<input type="image" src="图片的地址" name="代表的按键" >
```

其中，src 用于设置图片的地址；name 用于设置代表的按键，比如 submit 或 button 等，默认值为 button。

10. 文件域 file

使用 file 属性实现文件上传框。语法格式如下：

```
<input type="image" accept= " " name=" "  size=" " maxlength=" ">。
```

其中，type=“file”定义为文件上传框；accept 用于设置文件的类别，可以省略；name 属性为文件上传框的名称；size 属性定义文件上传框的宽度，单位是单个字符宽度；

maxlength 属性定义最多输入的字符数。

11. 列表框

列表框主要用于在有限的空间里设置多个选项。列表框既可以用作单选，也可以用作复选。代码格式如下：

```
<select name="..." size="..." multiple>
<option value="..." selected>
...
</option>
...
</select>
```

其中，name 属性定义列表框的名称；size 属性定义列表框的行数；multiple 属性表示可以多选，如果不设置本属性，那么只能单选；value 属性定义列表项的值；selected 属性表示默认已经选中本选项。

8.2　JavaScript 表单验证

JavaScript 是一种客户端的脚本程序语言，用于 HTML 网页制作，主要作用是为 HTML 网页添加动态效果。

8.2.1　JavaScript 概述

JavaScript 最初由网景公司的 Brendan Eich 设计，是一种动态、弱类型、基于原型的语言，内置支持类。经过近二十年的发展，它已经成为健壮的基于对象和事件驱动并具有相对安全性的客户端脚本语言。同时也是一种广泛用于客户端 Web 开发的脚本语言，常用来给 HTML 网页添加动态功能，比如响应用户的各种操作。

JavaScript 可以弥补 HTML 语言的缺陷，实现 Web 页面客户端动态效果，其主要作用如下。

1. 动态改变网页内容

HTML 语言是静态的，一旦编写，内容是无法改变的。JavaScript 可以弥补这种不足，可以将内容动态地显示在网页中。

2. 动态改变网页的外观

JavaScript 通过修改网页元素的 CSS 样式，可以动态地改变网页的外观。例如，修改文本的颜色、大小等属性，动态地改变图片的位置。

3. 验证表单数据

为了提高网页的效率，用户在编写表单时，可以在客户端对数据进行合法性验证，验证成功之后再提交到服务器，进而减少服务器的负担和网络带宽的压力。

4. 响应事件

JavaScript 是基于事件的语言，因此可以影响用户或浏览器产生的事件。只有事件产生时才会执行某段 JavaScript 代码，如用户单击计算按钮时，程序才显示运行结果。

8.2.2 调用 JavaScript

调用 JavaScript 的常见方法如下。

1. 在 HTML 中嵌入 JavaScript 脚本

作为脚本语言，JavaScript 可以使用<script>标记嵌入 HTML 文件中。

```
<script language="JavaScript">
...
</script>
```

在<script>与</script>标记中添加相应的 JavaScript 脚本，就可以直接在 HTML 文件中调用 JavaScript 代码，以实现相应的效果。JavaScript 脚本一般放在 HTML 网页头部的<head>与</head>标记对之间。这样，不会因为 JavaScript 影响整个网页的显示结果。

实例 2 在 HTML 网页头中嵌入 JavaScript 代码(案例文件：ch08\8.2.html)

```
<!DOCTYPE html>
<html>
<head>
    <meta charset="UTF-8">
    <title>注册页面</title>
    <script language = "javascript">
        document.write("欢迎来到 javascript 动态世界");
    </script>
</head>
<body>
<p>学习 javascript！！！</p>
</body>
</html>
```

该实例的功能是在 HTML 文档里输出一个字符串，即“欢迎来到 javascript 动态世界”，运行效果如图 8-2 所示，可以看到网页输出了两句话，其中第一句就是 JavaScript 输出的语句。

图 8-2 嵌入 JavaScript 代码

2. 引用外部 JavaScript 文件

如果 JavaScript 的内容较长，或者多个 HTML 网页中都调用相同的 JavaScript 程序，则可以将较长的 JavaScript 或者通用的 JavaScript 写成独立的.js 文件，直接在 HTML 网页中调用。

下面的 HTML 代码就是使用 JavaScript 脚本调用外部的 JavaScript 文件：

```
<head>
<title>使用外部文件</title>
<script src = "hello.js"></script>
</head>
```

3. 应用 JavaScript 事件调用函数

在 Web 程序开发过程中，经常需要在表单元素相应的事件下调用自定义的函数。例如，在单击确定按钮时，将调用 validate()函数来检验表单元素是否为空，代码如下：

```
<input type="button" value="确定" onclick="validate()">
```

8.2.3 在 JavaScript 中获取页面元素

在 JavaScript 中获取页面元素的方法有很多种。其中，比较常用的方法是根据元素名称获取和根据元素 Id 获取。例如，在 JavaScript 中获取名为 txtName 的 HTML 网页文本框元素，具体的代码如下：

```
var _txtNameObj=document.forms[0].elements("txtName")
```

其中，变量_txtNameObj 即为名为 txtName 的文本框元素。

实例 3　JavaScript 表单数据验证(案例文件：ch08\8.3.html)

```
<!DOCTYPE html>
<html>
<head>
   <meta charset="UTF-8">
   <title>验证表单数据的合法性</title>
   <script language="JavaScript">
      function validate()
      {
         var _txtNameObj = document.all.txtName;          //获取文本框对象
         var _txtNameValue = _txtNameObj.value;           //文本框对象的值
         if((_txtNameValue == null) || (_txtNameValue.length < 1))
         { //判断文本框的值是否为空
            window.alert("输入的内容不能是空字符！");
            _txtNameObj.focus(); //文本框获得焦点
            return;
         }
         if(_txtNameValue.length > 20)
         { //判断文本框的值，长度是否大于 20
            window.alert("输入的内容过长，不能超过 20！");
            _txtNameObj.focus();
            return;
         }
         if(isNaN(_txtNameValue))
```

```
            { //判断文本框的值，是否全是数字
                window.alert("输入的内容必须由数字组成！");
                _txtNameObj.focus();
                return;
            }
        }
    </script>
</head>
<body>
<form method=post action="#">
    <input type="text" name="txtName">
    <input type="button" value="确定" onclick="validate()">
</form>
</body>
</html>
```

上述代码先获得了文本框对象及其值，再对其值是否为空进行判断，对其值长度是否大于 20 进行判断，并对其值是否全是数字进行判断。如果输入内容为空，单击“确定”按钮，即可看到“输入的内容不能是空字符！”提示信息，如图 8-3 所示。

如果在文本框中输入数字的长度大于 20，单击“确定”按钮，即可看到“输入的内容过长，不能超过 20！”提示信息，如图 8-4 所示。

图 8-3　文本框为空的效果

图 8-4　文本框长度过大的效果

当输入的内容不全是数字时，就会看到“输入的内容必须由数字组成！”提示信息，如图 8-5 所示。

图 8-5　文本框内容不全是数字的效果

8.3　PHP 获取表单数据

在 PHP 编程中如何实现 PHP 与 Web 页面请求呢？PHP 提供了两种方式：一种是通过 POST 方式提交数据，另一种是通过 GET 方式提交数据。

8.3.1　通过 POST 方式获取表单数据

如果客户端使用 POST 方式提交，提交表单域的代码如下：

```
<form action="post.php" method="post">
<input name="definition"  value="苹果">
...
</from>
```

上述代码中，通过 POST 方式提交表单数据给 post.php 文件处理，PHP 要使用全局变量数组$_POST[]来读取所传递的数据。这里的$_POST["definition"]接收 name 属性为 definition 的值，$_POST["definition "]的值为"苹果"。

实例 4　通过 POST 方式获取表单数据(案例文件：ch08\8.4.html 和 8.1.php)

8.4.html 文件的代码如下：

```
<!DOCTYPE html>
<html>
<head>
   <meta charset="UTF-8">
   <title>通过 POST 方式获取表单数据</title>
</head>
<body>
输入您的个人资料：<br>
<form method=post action="showdetail.php">
账号：<INPUT maxLength=25 size=16 name=login><br>
姓名：<INPUT size=19 name=yourname ><br>
密码：<INPUT type=password size=19 name=passwd ><br>
确认密码：<INPUT type=password size=19 name=passwd ><br>
查询密码问题：<br>
<select name=question>
   <option selected value="">--请您选择--</option>
   <option value="我的宠物名字？">我的宠物名字？</option>
   <option value="我最好的朋友是谁？">我最好的朋友是谁？</option>
   <option value="我最喜爱的颜色？">我最喜爱的颜色？</option>
   <option value="我最喜爱的电影？">我最喜爱的电影？</option>
   <option value="我最喜爱的影星？">我最喜爱的影星？</option>
   <option value="我最喜爱的歌曲？">我最喜爱的歌曲？</option>
   <option value="我最喜爱的食物？">我最喜爱的食物？</option>
   <option value="我最大的爱好？">我最大的爱好？</option>
</select>
<br>
查询密码答案：<input name=question2 size=18><br>
出生日期：
   <select name="bmonth">
      <option value="01" selected>1</option>
      <option value="02">2</option>
      …
      <option value="11">11</option>
      <option value="12">12</option>
   </select>
```

```
    月
    <select name=bday tabindex=10  alt="日:无内容">
        <option value="01" selected>1</option>
        <option value="02">2</option>
        <option value="03">3</option>
        …
        <option value="29">29</option>
        <option value="30">30</option>
        <option value="31">31</option>
    </select>
<br>
性别: <input type="radio" name="gender" value="男" checked>
    男
    <input type="radio" name="gender" value="女" >
    女
<br>
请选择你的爱好:
<br>
    <input type="checkbox" name="hobby[]" value="dance" >跳舞<br>
    <input type="checkbox" name="hobby[]" value="tour" >旅游<br>
    <input type="checkbox" name="hobby[]" value="sing" >唱歌<br>
    <input type="checkbox" name="hobby[]" value="dance" >打球<br>
    <input type="submit"  value="提交">
    <input type="reset"  value="重填">
<br>
</body>
</html>
```

当用户在上述表单页面中填写个人资料后，单击“提交”按钮会调用文件 8.1.php 进行处理，将获取用户刚输入的表单信息，并显示在页面中。创建文件 8.1.php，其代码如下：

```
<?php
    echo("你的账号是: " . $_POST['login']);                          //输出账号
    echo("<br>");
    echo("你的姓名是: " .$_POST['yourname'] );                       //输出姓名
    echo( "<br>");
    echo("你的密码是: " . $_POST['passwd']  );                       //输出密码
    echo("<br>");
    echo("你的查询密码问题是: " . $_POST['question']  );             //查询密码问题
    echo("<br>");
    echo("你的查询密码答案是: " . $_POST['question2']   );           //查询密码答案
    echo("<br>");
    echo("你的出生日期是: ". $_POST['bmonth'] . "月" .
    $_POST['bday'] . "日"   );                                      //出生日期
    echo("<br>");
    echo("你的性别是: " . $_POST['gender']);                         //性别
    echo("<br>");
    echo("你的爱好是: <br>"  );                                      //爱好
    foreach ($_POST['hobby'] as $hobby)
    echo($hobby . "<br>");
?>
```

运行 8.4.html，结果如图 8-6 所示。输入和选择完表单的信息后，单击“提交”按钮，页面将会跳转到 8.1.php，输出结果如图 8-7 所示。

图 8-6　表单页面预览信息

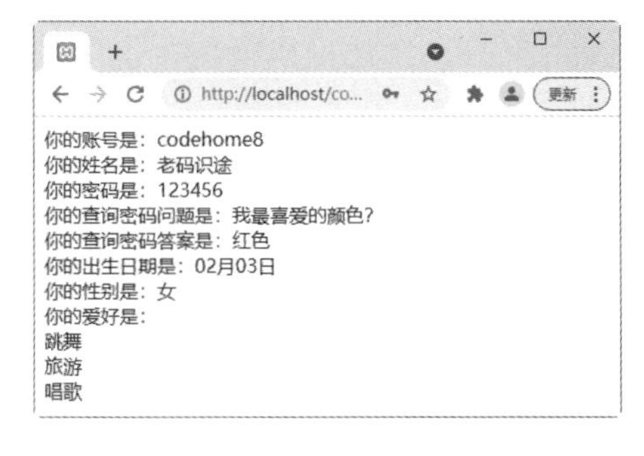

图 8-7　单击“提交”按钮后的结果

8.3.2　通过 GET 方式获取表单数据

如果表单使用 GET 方式传递数据，则 PHP 要使用全局变量数组$_GET[]来读取所传递的数据。与$_POST[]相同，表单中元素传递数据给$_GET[]全局变量数组，其数据以关联数组中的数组元素形式存在。以表单元素的名称属性为键名，以表单元素的输入数据或者传递的数据为键值。

通过 GET 方式提交的变量，有大小限制，不能超过 100 个字符。它的变量名和与之相对应的变量值都会以 URL 的方式显示在浏览器地址栏里。所以，若传递大而敏感的数据，一般不使用此方式。使用 GET 方式传递数据，通常是借助 URL 进行的。

实例 5　通过 GET 方式获取表单数据(案例文件：ch08\8.2.php)

```
<?php
    if(!$_GET['u'])
    {
        echo "您没有选择任何商品！";
    }else{
        $user = $_GET['u'];
        switch ($user){
            case 1:
                echo "您选择的商品是洗衣机！";
                break;
            case 2:
                echo "您选择的商品是电视机！";
                break;
            case 3:
                echo "您选择的商品是空调！";
                break;
        }
    }
?>
```

在浏览器地址栏中输入“http://localhost/ phpProject/ch08/8.2.php?u”并按 Enter 键确

认，运行结果如图 8-8 所示。

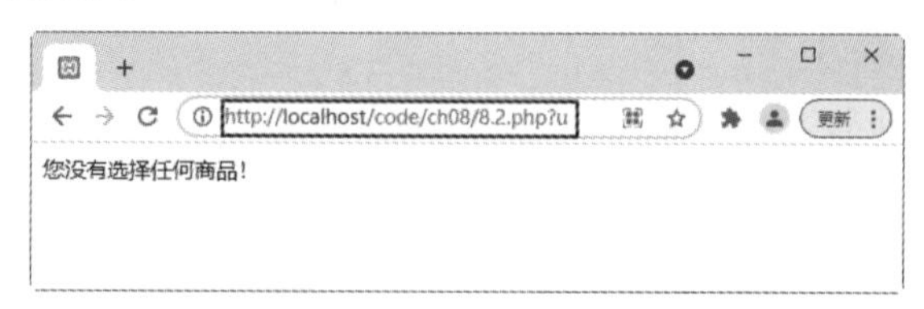

图 8-8　没有传递参数的效果

在浏览器地址栏中输入“http://localhost/phpProject/ch08/8.2.php?u=2”，并按 Enter 键确认，运行结果如图 8-9 所示。

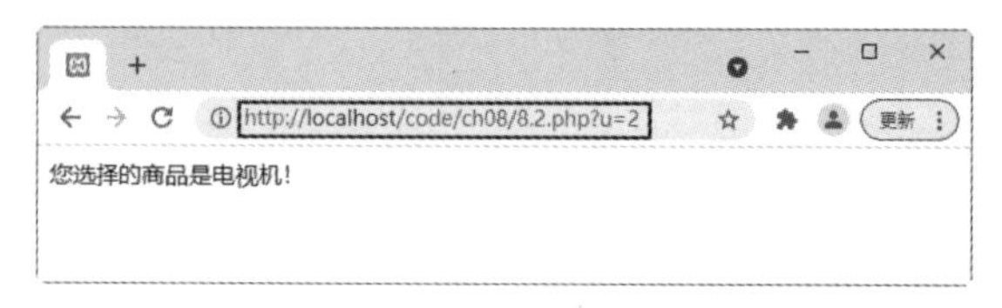

图 8-9　传递参数的效果

8.4　PHP 对 URL 传递的参数进行编码

PHP 对 URL 中传递的参数进行编码，一是可以实现对所传递数据的加密，二是可以传递无法通过浏览器进行传递的字符。

实现编码操作一般使用 urlencode()函数和 rawurlencode()函数。而对此过程的反向解码操作就是使用 urldecode()函数和 rawurldecode()函数。

实例 6　对 URL 传递的参数进行编码(案例文件：ch08\8.3.php)

```
<?php
    $name = "西瓜";
    $link1 = "index.php?userid=".urlencode($name)."<br />";
    $link2 = "index.php?userid=".rawurlencode($name)."<br />";
    echo "加密 URL 参数：<br />";
    echo $link1.$link2;
    echo "解密 URL 参数：<br />";
    echo urldecode($link1);
    echo rawurldecode($link2);
?>
```

运行结果如图 8-10 所示。

图 8-10　对 URL 传递的参数进行编码

8.5 就业面试问题解答

问题 1：GET 和 POST 的区别和联系是什么？

二者的区别与联系如下。

(1) POST 是向服务器传送数据，GET 是从服务器获取数据。

(2) POST 是通过 HTTP POST 将表单中的各个字段及其内容放置在 HTML HEADER 内一起传送到 ACTION 属性所指的 URL 地址，用户看不到这个过程；GET 是把参数数据队列添加到提交表单的 ACTION 属性所指的 URL 中，值和表单中的各个字段一一对应，在 URL 中可以看到。

(3) 对于 GET 方式，服务器端用 Request.QueryString 获取变量的值；对于 POST 方式，服务器端用 Request.Form 获取提交的数据。

(4) POST 传送的数据量较大，一般默认为不受限制。

(5) POST 的安全性较高；GET 的安全性非常低，但是执行效率却比 POST 方式好。

(6) 在做数据添加、修改或删除时，建议用 POST 方式；而在做数据查询时，建议用 GET 方式。

(7) 对于机密信息的数据，建议采用 POST 数据提交方式。

问题 2：PHP 如何传递表单参数？

在 PHP 语言中有 3 种传递参数的常用方法，分别是$POST[]、$_GET[]、$_SESSION[]，分别用于获取表单、URL 与 Session 变量的值。

1. $POST[]全局变量方式

在 PHP 程序中，使用$POST[]预定义变量可以获取表单元素的值，语法格式为：

```
$_POST[name]
```

例如建立一个表单，设置 method 属性为 POST，添加一个文本框并命名为 user，获取表单元素的代码如下：

```
<?php
   $user=$_POST["user"];   //应用$POST[]全局变量获取表单元素中文本框的值
?>
```

2. $_GET[]全局变量方式

在 PHP 程序中，使用$_GET[]全局变量可以获取通过 GET()方式传过来的表单元素的值，语法格式为：

```
$_GET[name]
```

这样可以直接使用名字为 name 的表单元素的值。例如建立一个表单，设置 method 属性为 GET，添加一个文本框并命名为 user，获取表单元素的代码如下：

```
<?php
   $user=$_GET["user"];  //应用$_GET[]全局变量获取表单元素中文本框的值
?>
```

PHP 可以应用$_POST[]或$_GET[]全局变量来获取表单元素的值。但是值得注意的是，获取的表单元素名称区别字母大小写。如果读者在编写 Web 程序时疏忽了字母大小写，那么在程序运行时将获取不到表单元素的值或弹出错误提示信息。

3. $_SESSION[]变量方式

在 PHP 程序中，使用$_SESSION[]变量可以获取表单元素的值，语法格式如下：

```
$_SESSON[name]
```

例如建立一个表单，添加一个文本框并命名为 user，获取表单元素的代码如下：

```
$user=$__SESSION["user"]
```

当使用$_SESSION[]传递参数的方法获取变量值时，保存之后在任何页面都可以使用。但这种方法很耗费系统资源，建议读者慎重使用。

8.6 上机练练手

上机练习 1：编写一个购物清单的页面。

编写一个购物清单的页面，当用户在页面中填写购物信息后，单击“提交”按钮会调用 PHP 文件进行处理，将获取用户刚输入的表单信息，并显示在页面中，结果如图 8-11 所示。输入和选择完表单的信息后，单击“提交”按钮，输出结果如图 8-12 所示。

图 8-11　表单页面预览信息

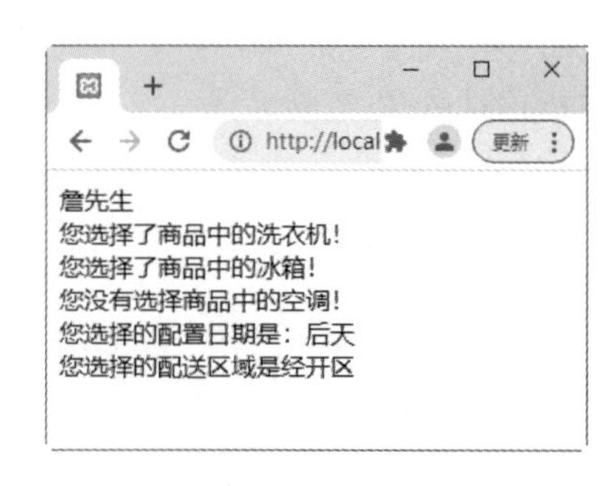

图 8-12　单击“提交”按钮后的结果

上机练习 2：设计一个商品订单表页面。

设计一个商品订单表页面，运行结果如图 8-13 所示。输入商品信息后，单击“确认商品信息”按钮，结果如图 8-14 所示。

图 8-13　商品订单表页面

图 8-14　显示商品信息

第9章

MySQL数据库的基本操作

PHP作为一种动态的Web开发语言，只有与数据库相结合才能充分体现出动态网页语言的魅力。PHP语言支持多种数据库工具，尤其与MySQL被称为黄金组合。由于XAMPP集成环境已经安装好了MySQL数据库，通过phpMyAdmin即可管理MySQL数据库，更重要的是，操作非常简单。下面重点学习MySQL数据库的基本操作方法。

9.1 启动 phpMyAdmin 管理程序

phpMyAdmin 是使用 PHP 程序语言开发的管理程序，它采用网页形式的管理界面。如果要正确执行这个管理程序，就必须要在网站服务器上安装 PHP 与 MySQL 数据库。

01 如果要启动 phpMyAdmin 管理程序，只要单击桌面右下角的 XAMPP 图标，打开 XAMPP 控制面板窗口，启动 MySQL 服务，然后单击 Admin 按钮即可，如图 9-1 所示。

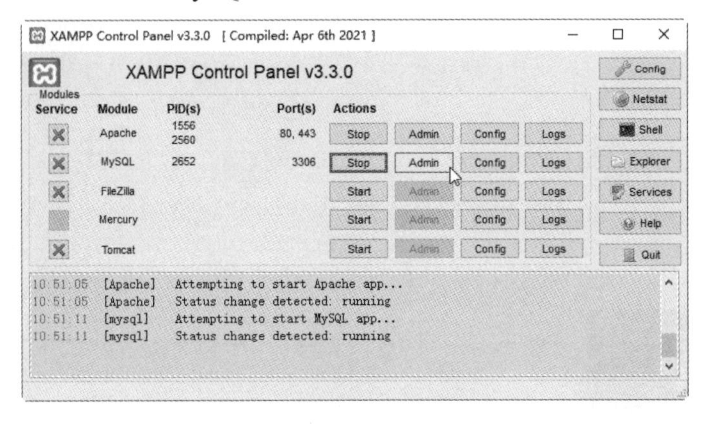

图 9-1　XAMPP 控制面板窗口

02 默认情况下，MySQL 数据库的管理员用户名为 root，密码为空，所以 phpMyAdmin 启动后直接进入 phpMyAdmin 的主界面，如图 9-2 所示。用户也可以直接在浏览器的地址栏中输入“http://localhost/phpmyadmin/”后，按 Enter 键进入 phpMyAdmin 的工作界面。

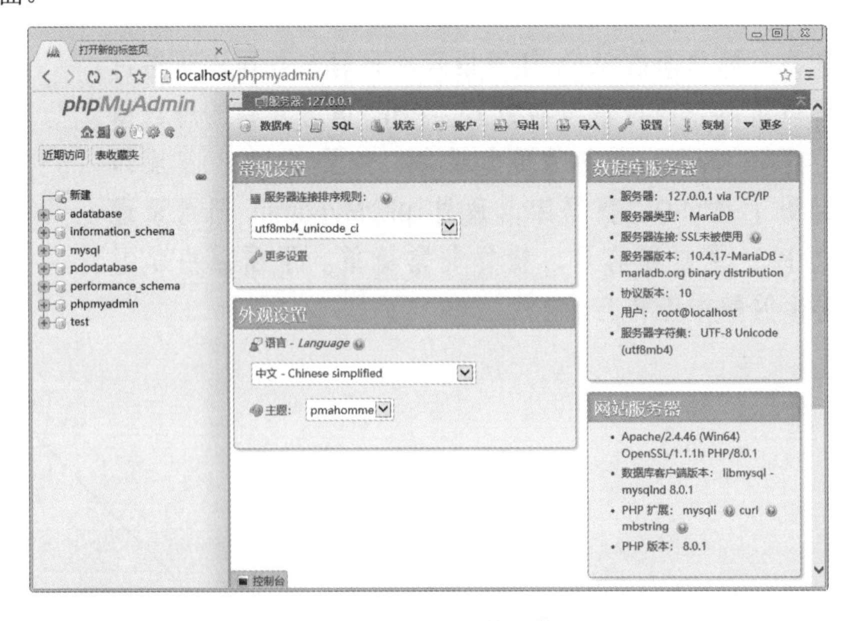

图 9-2　phpMyAdmin 的工作界面

9.2　创建数据库和数据表

下面在 MySQL 中创建一个学生管理数据库 school，并添加一个学生信息表 student。

01 在 phpMyAdmin 的工作界面的左侧单击“新建”按钮，在右侧的文本框中输入要创建数据库的名称 school，选择排序规则为 utf 8mb4_general_ci，如图 9-3 所示。

02 单击“创建”按钮，即可创建新的数据库 school，如图 9-4 所示。

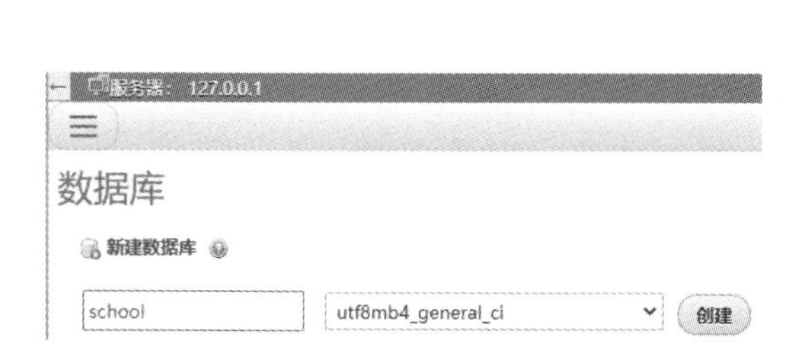

图 9-3　输入要创建数据库的名称

图 9-4　创建数据库 school

03 输入新建的数据表名称 student 和字段数，然后单击“执行”按钮，如图 9-5 所示。

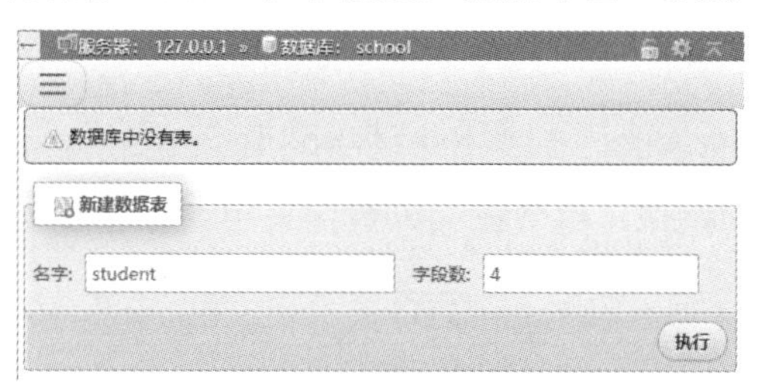

图 9-5　新建数据表 student

04 输入数据表中的各个字段和数据类型，如图 9-6 所示。

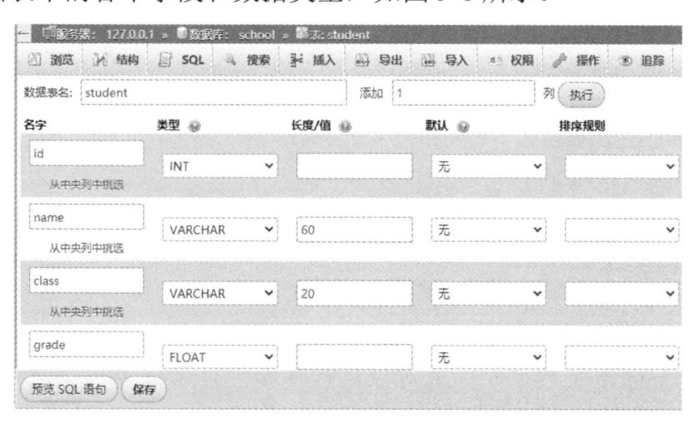

图 9-6　添加数据表字段

05 单击“保存”按钮，在打开的界面中可以查看完成的数据表 student，如图 9-7 所示。

图 9-7 student 数据表的信息

新建数据表后，还需要添加具体的数据，操作步骤如下。

01 选择 student 数据表，单击菜单上的“插入”链接。依照字段的顺序，将对应的数值依次输入，单击“执行”按钮，即可插入数据，如图 9-8 所示。

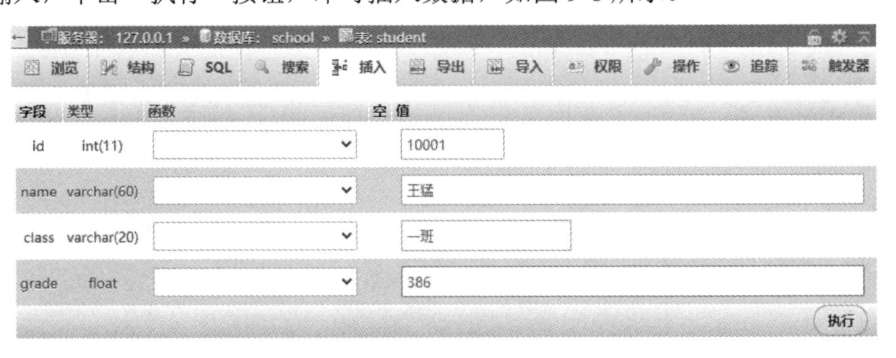

图 9-8 插入数据

02 重复执行上一步的操作，将数据输入数据表中，如图 9-9 所示。

id	name	class	grade
10001	王猛	一班	386
10002	李丽	二班	360
10003	秦龙	二班	299
10004	华少	一班	390

图 9-9 输入更多的数据

9.3 使用 SQL 命令操作数据库

本节将详细介绍数据库的基本操作。

9.3.1 创建数据库

创建数据库是在系统磁盘上划分一块区域，用于数据的存储和管理。如果管理员在设置权限的时候为用户创建了数据库，就可以直接使用，否则需要自己创建数据库。MySQL 中创建数据库的基本 SQL 语法格式为：

```
CREATE DATABASE database_name;
```

database_name 为要创建的数据库的名称，该名称不能与已经存在的数据库重名。

实例 1　创建测试数据库 mytest

输入语句如下：

```
CREATE DATABASE mytest;
```

在 phpMyAdmin 的工作界面中单击 SQL 链接，在窗口中输入需要执行的 SQL 语句，然后单击“执行”按钮即可，如图 9-10 所示。

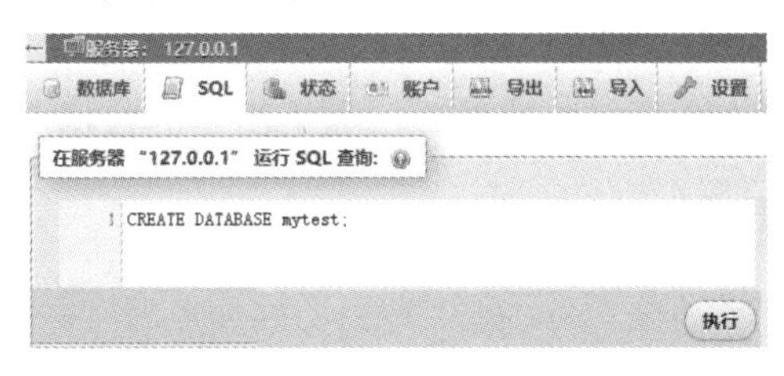

图 9-10　执行 SQL 语句

9.3.2　查看数据库

数据库创建好之后，可以使用 SHOW CREATE DATABASE 声明查看数据库的定义。

实例 2　查看创建好的数据库 mytest 的定义

输入语句如下：

```
SHOW CREATE DATABASE mytest;
*************************** 1. row ***************************
       Database: test_db
Create Database: CREATE DATABASE 'test_db' /*!40100 DEFAULT CHARACTER SET utf8 */
```

可以看到，如果数据库创建成功，将显示数据库的创建信息。

再次使用 SHOW DATABASES 语句查看当前所有存在的数据库，输入语句如下：

```
SHOW databases;
```

执行结果如图 9-11 所示。可以看到，数据库列表中包含刚刚创建的数据库 mytest 和其他存在的数据库名称。

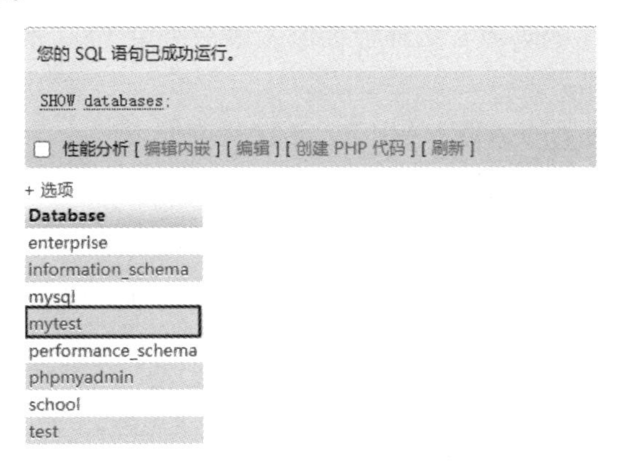

图 9-11　查看数据库

9.3.3 删除数据库

删除数据库是将已经存在的数据库从磁盘空间上清除，清除之后，数据库中的所有数据也将一同被删除。删除数据库的语句和创建数据库的语句相似，MySQL 中删除数据库的基本语法格式为：

```
DROP DATABASE database_name;
```

database_name 为要删除的数据库的名称，如果指定的数据库不存在，删除就会出错。

实例 3 删除测试数据库 mytest

输入如下语句：

```
DROP DATABASE mytest;
```

语句执行完毕之后，数据库 mytest 将被删除，再次使用 SHOW CREATE DATABASE mytest;查看数据库的定义，执行结果给出一条错误信息“#1049 - Unknown database 'mytest'”，即数据库 mytest 已不存在，删除成功。

使用 DROP DATABASE 命令时要非常谨慎，在执行该命令时，MySQL 不会给出任何提醒确认信息，DROP DATABASE 声明删除数据库后，数据库中存储的所有数据表和数据也将一同被删除，而且不能恢复。

9.4 MySQL 数据表的基本操作

本节将详细介绍数据表的基本操作，主要包括创建数据表、查看数据表、修改数据表、删除数据表。

9.4.1 创建数据表

数据表属于数据库，在创建数据表之前，应该使用语句“USE <数据库名>”指定操作是在哪个数据库中进行，如果没有选择数据库，就会给出“No database selected”的错误信息。

创建数据表的语句为 CREATE TABLE，语法规则如下：

```
CREATE  TABLE <表名>
(
字段名 1,数据类型 [列级别约束条件] [默认值],
字段名 2,数据类型 [列级别约束条件] [默认值],
…
[表级别约束条件]
);
```

使用 CREATE TABLE 创建表时，必须指定以下信息。

(1) 要创建的表的名称，不区分大小写，不能使用 SQL 语言中的关键字，如 DROP、

ALTER、INSERT 等。

(2) 数据表中每一列(字段)的名称和数据类型，如果创建多个列，要用逗号隔开。

实例 4　创建员工表 staff

staff 表的结构如表 9-1 所示。

表 9-1　staff 表的结构

字段名称	数据类型	备注
id	INT(11)	员工编号
name	VARCHAR(25)	员工名称
deptId	INT(11)	所在部门编号
salary	FLOAT	工资

首先创建数据库，SQL 语句如下：

```
CREATE DATABASE enterprise;
```

在 phpMyAdmin 工作界面中选择数据库 enterprise，然后创建 staff 表，SQL 语句如下：

```
CREATE TABLE staff
(
   id      INT(11),
   name    VARCHAR(25),
   deptId  INT(11),
   salary  FLOAT
);
```

语句执行后，即可创建数据表 staff。

9.4.2　查看数据表

使用 SQL 语句创建好数据表之后，可以查看表的结构，以确认表的定义是否正确。在 MySQL 中，查看表的结构可以使用 DESCRIBE 和 SHOW CREATE TABLE 语句。本节将针对这两个语句分别进行详细的讲解。

DESCRIBE/DESC 语句可以查看表的字段信息，其中包括字段名、字段数据类型、是否为主键、是否有默认值等。语法规则如下：

```
DESCRIBE 表名;
```

或者简写为：

```
DESC 表名;
```

实例 5　使用 DESC 查看表 staff 的结构

```
DESC staff;
```

执行结果如图 9-12 所示。

其中，各个字段的含义分别解释如下。

(1) Field：表示字段的名称。

(2) Type：表示字段的数据类型。

(3) Null：表示字段是否可以存储 NULL 值。

(4) Key：表示字段是否已编制索引。PRI 表示该字段是表主键的一部分；UNI 表示该字段是 UNIQUE 索引的一部分；MUL 表示字段中某个给定值允许出现多次。

(5) Default：表示字段是否有默认值，如果有的话值是多少。

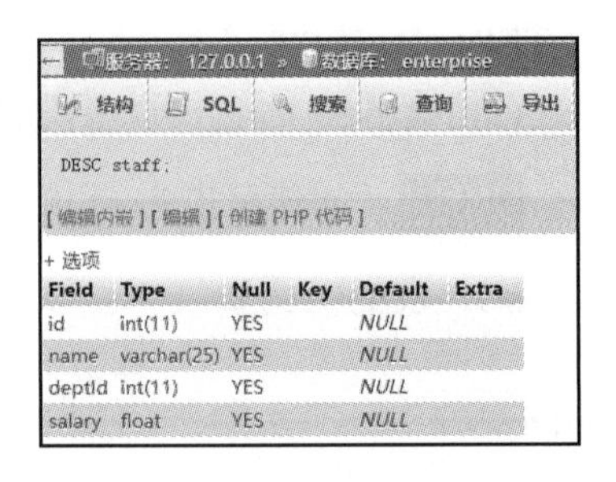

图 9-12　查看数据表 staff 的结构

(6) Extra：表示可以获取的与给定字段有关的附加信息，例如 AUTO_INCREMENT 等。

9.4.3　修改数据表

MySQL 通过 ALTER TABLE 语句来修改表结构，具体的语法规则如下：

```
ALTER[IGNORE] TABLE 数据表名 alter_spec[,alter_spec]…
```

其中，alter-spec 子句定义要修改的内容，语法如下：

```
ADD [COLUMN] create_definition [FIRST|AFTER column_name]  //添加新字段
 | ADD INDEX [index_name](index_col_name,…)             //添加索引名称
 | ADD PRIMARY KEY (index_col_name,…)                   //添加主键名称
 | ADD UNIQUE[index_name](index_col_name,…)             //添加唯一索引
 | ALTER [COLUMN] col_name{SET DEFAULT literal |DROP DEFAULT} //修改字段名称
 | CHANGE [COLUMN] old_col_name create_definition       //修改字段类型
 | MODIFY [COLUMN] create_definition                    //添加子句定义类型
 | DROP [COLUMN] col_name                               //删除字段名称
 | DROP  PRIMARY KEY                                    //删除主键名称
 | DROP INDEX idex_name                                 //删除索引名称
 | RENAME [AS] new_tbl_name                             //更改表名
 | table_options
```

实例 6　修改数据表 staff

将数据表 staff 中 name 字段的数据类型由 VARCHAR(25)修改成 VARCHAR(30)，输入如下 SQL 语句并执行：

```
ALTER TABLE staff MODIFY name VARCHAR(30);
```

9.4.4　删除数据表

删除数据表就是将数据库中已经存在的表从数据库中删除。注意，在删除表的同时，表的定义和表中所有的数据均会被删除。因此，在进行删除操作前，最好对表中的数据备份，以免造成无法挽回的后果。

在 MySQL 中，使用 DROP TABLE 可以一次删除一个或多个没有被其他表关联的数据表，语法格式如下：

```
DROP TABLE [IF EXISTS]表 1, 表 2,…,表 n;
```

其中，“表 n”指要删除的表的名称，后面可以同时删除多个表，只需将要删除的表名依次写在后面，相互之间用逗号隔开即可。如果要删除的数据表不存在，则 MySQL 会提示一条错误信息，“ERROR 1051 (42S02): Unknown table '表名'”。参数“IF EXISTS”用于在删除前判断删除的表是否存在，加上该参数后，在删除表的时候，如果表不存在，SQL 语句可以顺利执行，但是会发出警告(warning)。

实例 7　删除数据表 staff

SQL 语句如下：

```
DROP TABLE IF EXISTS staff;
```

9.5　MySQL 语句的操作

本节讲述 MySQL 语句的基本操作。

9.5.1　插入记录

使用基本的 INSERT 语句插入数据时要求指定表名称和插入到新记录中的值。基本语法格式为：

```
INSERT INTO table_name (column_list) VALUES (value_list);
```

table_name 指定要插入数据的表名，column_list 指定要插入数据的列，value_list 指定每个列对应插入的数据。注意，使用该语句时字段和数据值的数量必须相同。

在 MySQL 中，可以一次性插入多行记录，各行记录之间用逗号隔开即可。

实例 8　创建数据表 tmp1 并插入记录

定义数据类型为 TIMESTAMP 的字段 ts，向表中插入值'19950101010101'、'950505050505'、'1996-02-02 02:02:02'、'97@03@03 03@03@03'、121212121212、NOW()，SQL 语句如下：

```
CREATE TABLE tmp1( ts TIMESTAMP);
```

向表中插入多条数据的 SQL 语句如下：

```
INSERT INTO tmp1 (ts) values ('19950101010101'),
('950505050505'),
('1996-02-02 02:02:02'),
('97@03@03 03@03@03'),
(121212121212),
( NOW() );
```

9.5.2　查询记录

MySQL 从数据表中查询数据的基本语句为 SELECT。SELECT 语句的基本格式如下：

```
SELECT
        {* | <字段列表>}
        [
            FROM <表 1>,<表 2>...
            [WHERE <表达式>
            [GROUP BY <group by definition>]
            [HAVING <expression> [{<operator> <expression>}...]]
            [ORDER BY <order by definition>]
            [LIMIT [<offset>,] <row count>]
        ]
SELECT [字段 1,字段 2,...,字段 n]
FROM [表或视图]
WHERE [查询条件];
```

其中，各条子句的含义如下。

(1) {* | <字段列表>}，包含星号通配符和字段列表，表示查询的字段。其中，字段列表至少包含一个字段名称，如果要查询多个字段，字段之间用逗号隔开，最后一个字段后不要加逗号。

(2) FROM <表 1>,<表 2>...，表 1 和表 2 表示查询数据的来源，可以是单个或者多个。

(3) WHERE 子句是可选项，如果选择该项，将限定查询行必须满足的查询条件。

(4) GROUP BY <字段>，该子句告诉 MySQL 如何显示查询出来的数据，并按照指定的字段分组。

(5) [ORDER BY <字段 >]，该子句告诉 MySQL 按什么顺序显示查询出来的数据，可以进行的排序有：升序(ASC)、降序(DESC)。

(6) [LIMIT [<offset>,] <row count>]，该子句告诉 MySQL 每次显示查询出来的数据条数。

下面将创建样例表 person，语句如下：

```
CREATE TABLE person
(
    id     INT UNSIGNED NOT NULL AUTO_INCREMENT,
    name   CHAR(40) NOT NULL DEFAULT '',
    age    INT NOT NULL DEFAULT 0,
    info   CHAR(50) NULL,
    PRIMARY KEY (id)
);
```

插入演示数据，SQL 语句如下：

```
INSERT INTO person (id, name, age, info)
       VALUES (1,'Green', 21, 'Lawyer'),
       (2, 'Suse', 22, 'dancer'),
       (3,'Mary', 24, 'Musician');
```

实例 9 从 person 表中获取 name 和 age 两列数据

SQL 语句如下：

```
SELECT name, age FROM person;
```

9.5.3　修改记录

表中有数据之后，接下来可以对数据进行更新操作，MySQL 中使用 UPDATE 语句更新表中的记录，可以更新特定的行或者同时更新所有的行。基本语法结构如下：

```
UPDATE table_name
SET column_name1 = value1,column_name2=value2,…,column_namen=valuen
WHERE (condition);
```

column_name1,column_name2,…,column_namen 为指定更新的字段的名称；value1, value2,…,valuen 为相对应的指定字段的更新值；condition 指定更新的记录需要满足的条件。更新多列时，每个“列-值”对之间用逗号隔开，最后一列之后不需要逗号。

实例 10　在 person 表中修改记录

更新 id 值为 1 的记录，将 age 字段值改为 15，将 name 字段值改为 LiMing，SQL 语句如下：

```
UPDATE person SET age = 15, name='LiMing' WHERE id = 1;
```

9.5.4　删除记录

从数据表中删除数据使用 DELETE 语句，DELETE 语句允许 WHERE 子句指定删除条件。DELETE 语句的基本语法格式如下：

```
DELETE FROM table_name [WHERE <condition>];
```

table_name 指定要执行删除操作的表；[WHERE <condition>]为可选参数，指定删除条件，如果没有 WHERE 子句，DELETE 语句将删除表中的所有记录。

实例 11　在 person 表中删除记录

删除 id 等于 1 的记录，SQL 语句如下：

```
DELETE FROM person WHERE id = 1;
```

9.6　为 MySQL 管理账号加上密码

MySQL 数据库中的管理员账号为 root，为了保护数据库账号的安全，可以为管理员账号加密。具体的操作步骤如下。

01 进入 phpMyAdmin 的管理主界面，单击“权限”按钮来设置管理员账号的权限，如图 9-13 所示。

02 在进入的窗口中可以看到 root 用户和本机 localhost，单击“修改权限”按钮，如图 9-14 所示。

03 进入账户窗口，单击“修改密码”按钮，如图 9-15 所示。

图 9-13　单击“权限”按钮

图 9-14　单击“修改权限”按钮

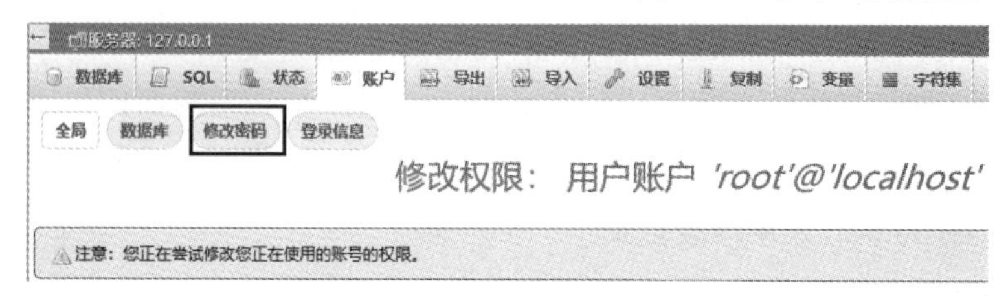

图 9-15　单击“修改密码”按钮

04 在打开的窗口中的“密码”文本框中输入所要使用的密码，如图 9-16 所示。单击“执行”按钮，即可添加密码。

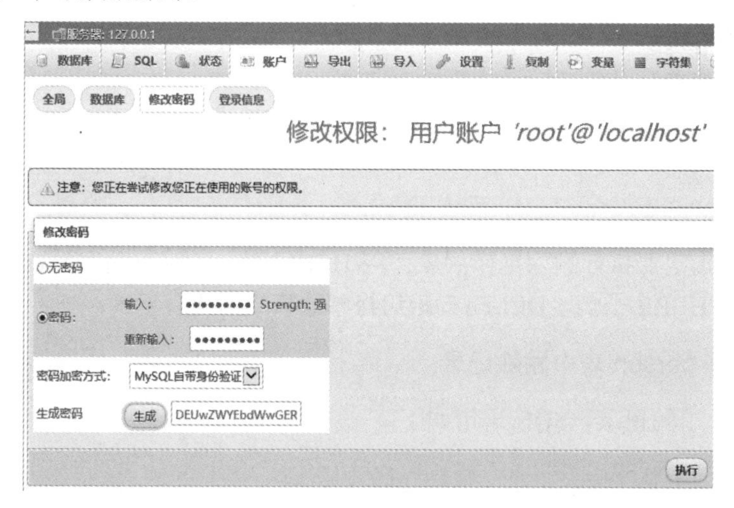

图 9-16　添加密码

9.7　MySQL 数据库的备份与还原

MySQL 提供了多种方法对数据进行备份和还原。本节将介绍有关数据备份和数据还原的相关知识。

9.7.1　对数据库进行备份

要想对 MySQL 数据库进行备份，只需要登录 phpMyAdmin 并选择需要备份的数据库，然后单击“导出”按钮，即可根据自己的需要来设置备份。一般情况下，只需按照默认设置即可，如图 9-17 所示。设置完成后，单击页面右下角的“执行”按钮即可实现备份操作。

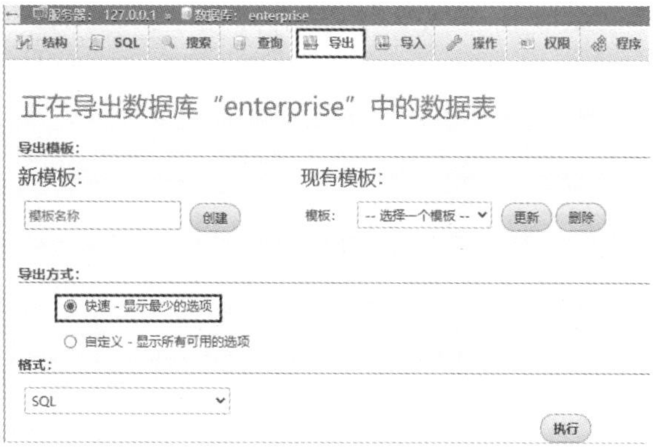
服务器：127.0.0.1 » 数据库：enterprise
结构
SQL
搜索
查询
导出
导入
操作
权限
程序
正在导出数据库“enterprise”中的数据表
导出模板：
新模板：
现有模板：
模板名称
创建
模板：
-- 选择一个模板 --
更新
删除
导出方式：
快速 - 显示最少的选项
自定义 - 显示所有可用的选项
格式：
SQL
执行

图 9-17　备份数据库

9.7.2　对数据库进行还原

要想对 MySQL 数据库进行还原操作，可以通过多种方法实现。前面讲解的是使用 phpMyAdmin 默认的方式(SQL 方式)进行备份，下面讲解使用 SQL 方式进行还原的方法。在还原前需要新建一个数据库，如“mytest”。新建数据库后单击“导入”按钮，然后选择备份的数据库文件，单击“执行”按钮即可还原数据库，如图 9-18 所示。

服务器：127.0.0.1 » 数据库：mytest
结构
SQL
搜索
查询
导出
导入
操作
权限
程序
正在导入到数据库 "mytest"
要导入的文件：
文件可能已压缩 (gzip, bzip2, zip) 或未压缩。
压缩文件名必须以 .[格式].[压缩方式] 结尾。如：.sql.zip
从计算机中上传：
选择文件
enterprise.sql
(最大限制：40 MB)
您可在各页面间拖放文件。
文件的字符集：
utf-8
执行

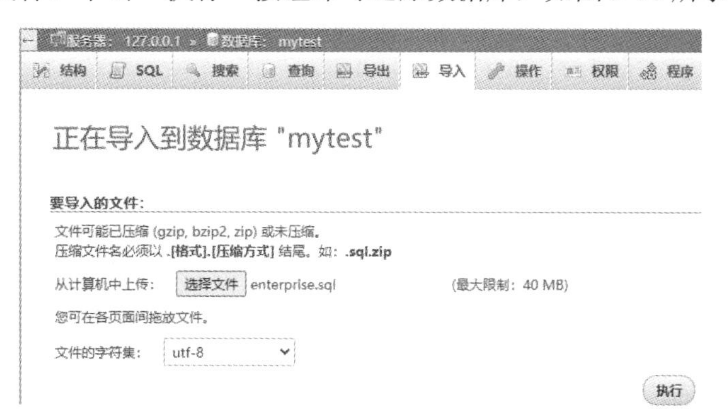

图 9-18　数据库的还原

9.8　就业面试问题解答

问题 1：每一个表中都要有一个主键吗？

并不是每一个表中都需要主键，一般来说，在多个表之间进行连接操作时需要用到主键。因此，并不需要为每个表建立主键，而且有些情况最好不使用主键。

问题 2：如何仅仅导出指定的数据表？

如果用户想导出指定的数据表，在 phpMyAdmin 的管理主界面单击“导出”按钮，在选择导出方式时，选中“自定义-显示所有可用的选项”单选按钮，然后在“数据表”列表中选择需要导出的数据表即可，如图 9-19 所示。

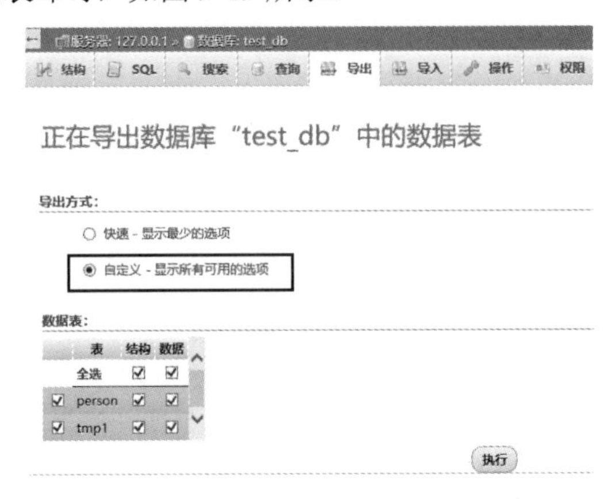

图 9-19　设置导出方式

9.9　上机练练手

上机练习 1：创建数据库和数据表。

创建数据库 commodity，然后在该数据库中创建数据表 goods，数据表的结构如图 9-20 所示。最后插入演示数据，结果如图 9-21 所示。

#	名字	类型	排序规则	属性	空	默认	注释
1	id	int(11)			否	无	
2	name	varchar(60)	utf8mb4_general_ci		否	无	
3	city	varchar(20)	utf8mb4_general_ci		否	无	
4	price	float			否	无	

图 9-20　数据表 goods 的结构

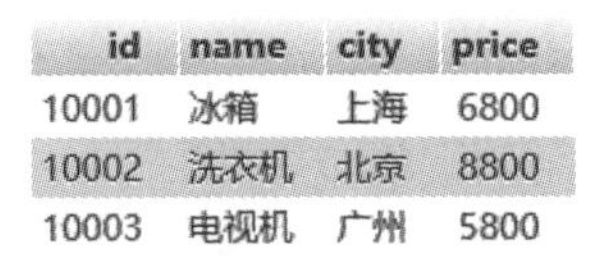

id	name	city	price
10001	冰箱	上海	6800
10002	洗衣机	北京	8800
10003	电视机	广州	5800

图 9-21　插入演示数据

上机练习 2：使用 SQL 语句操作数据。

使用 SQL 语句执行以下操作。

(1) 插入一条新的记录(10004, 空调, 广州, 8900)。

(2) 查询数据表 goods 中的所有数据。

(3) 修改 id 为 10001 的商品的价格为 8800。

(4) 删除价格为 5800 的商品。

第10章 PHP操作MySQL数据库

PHP和MySQL的结合是目前Web开发中的黄金组合。那么PHP是如何操作MySQL数据库的呢？PHP操作MySQL数据库是通过mysqli扩展库来完成的，包括选择数据库、创建数据库和数据表、添加数据、修改数据、读取和删除数据等操作。本章将学习PHP操作MySQL数据库的各种函数和技巧。

10.1　PHP访问MySQL数据库的步骤

对于一个通过Web访问数据库的工作过程，一般分为如下几个步骤。

(1) 用户使用浏览器向某个页面发出HTTP请求。

(2) 服务器端接收到请求，发送给PHP程序进行处理。

(3) PHP解析代码。在代码中有连接MySQL数据库的命令和请求特定数据库的某些特定数据的SQL命令。根据这些代码，PHP打开一个与MySQL的连接，并且发送SQL命令到MySQL数据库。

(4) MySQL接收到SQL语句之后，加以执行。执行完毕后返回执行结果到PHP程序。

(5) PHP执行代码，并根据MySQL返回的请求结果数据，生成特定格式的HTML文件，且传递给浏览器。HTML经过浏览器渲染，就得到用户请求的展示结果。

10.2　操作MySQL数据库的函数

下面介绍PHP操作MySQL数据库所使用的各个函数的含义和使用方法。

10.2.1　连接MySQL服务器

PHP是使用mysqli_connect()函数连接MySQL数据库的。

mysqli_connect()函数的语法格式如下：

```
mysqli_connect('MYSQL服务器地址', '用户名', '用户密码', '要连接的数据库名');
```

该函数用于打开一个到MySQL服务器的连接，如果成功则返回一个MySQL连接标识，如果失败则返回false。

实例1　连接服务器localhost (案例文件：ch10\10.1.php)

```
<?php
   $servername = "localhost";            //MYSQL服务器地址和端口号
   $username = "root";                   //MYSQL用户名
   $password = "";                       //用户密码
   //创建连接
   $link = mysqli_connect($servername, $username, $password);
   //检测连接
   if (!$link) {
     die("数据库连接失败！ " . mysqli_connect_error());
   }else{
      echo "数据库连接成功！";
   }
?>
```

运行结果如图10-1所示。

图 10-1　连接服务器 localhost

如果用户在连接服务器时，也同时连接默认的数据库 test，可以将下面代码：

```
$link  = mysqli_connect($servername, $username, $password);
```

修改为

```
$link  = mysqli_connect($servername, $username, $password,test);
```

由于 PHP 是面向对象的语言，所以也可以用面向对象的方式连接 MySQL 数据库，代码如下：

```
<?php
   $servername = "localhost";
   $username = "root";
   $password = "";
   //创建连接
   $link  = new mysqli($servername, $username, $password);
   //检测连接
   if ($link ->connect_error) {
       die("数据库连接失败! " . $link ->connect_error);
   }
   echo "数据库连接成功! ";
?>
```

10.2.2　选择数据库

连接到服务器以后，就需要选择数据库，只有选择了数据库，才能对数据表进行相关的操作。

使用函数 mysqli_select_db()可以选择数据库。该函数的语法格式如下：

```
mysqli_select_db(数据库服务器连接对象, 目标数据库名)
```

实例 2　选择数据库 mytest(案例文件：ch10\10.2.php)

```
<?php
   $servername = "localhost";
   $username = "root";
   $password = "";
   //创建连接
   $link = mysqli_connect($servername, $username, $password);
   // 检测连接
   if(mysqli_select_db($link,'mytest')) {
       echo("数据库选择成功!");
   }else{
```

```
        echo "数据库选择失败!";
    }
?>
```

运行结果如图 10-2 所示。

图 10-2　选择数据库 mytest

mysqli_select_db()函数经常用于不知道应该连接哪个数据库或者要修改已经连接的默认数据库的情况。

10.2.3　创建数据库

连接 MySQL 服务器后，用户也可以自己创建数据库。使用 mysqli_query()函数可以执行 SQL 语句，语法格式如下：

```
mysqli_query(dbection,query);
```

其中，参数 dbection 为数据库连接；参数 query 为 SQL 语句。

在创建 mytest 数据库之前，先删除服务器中现有的数据库 mytest，在 MySQL 控制台中执行语句如下：

```
DROP DATABASE mytest;
```

实例 3　创建数据库 mytest(案例文件：ch10\10.3.php)

```
<?php
    $servername = "localhost";          //MYSQL 服务器地址
    $username = "root";                 //MYSQL 用户名
    $password = "";                     //用户密码
    //创建连接
    $link = mysqli_connect($servername, $username, $password);
    //检测连接
    if (!$link) {
        die("数据库连接失败! " . mysqli_connect_error());
    }else{
        echo "数据库连接成功! ";
    }
    //创建数据库的 SQL 语句
    $sql = "CREATE DATABASE mytest DEFAULT CHARACTER SET utf8 COLLATE
utf8_general_ci ";
    if(mysqli_query($link, $sql)) {
        echo "数据库创建成功! ";
    } else {
        echo "数据库创建失败! " . mysqli_error($link);
    }
```

```
    //关闭数据库的连接
    mysqli_close($link);
?>
```

运行结果如图 10-3 所示。

图 10-3　创建数据库 mytest

由于 PHP 是面向对象的语言，所以也可以用面向对象的方式创建 MySQL 数据库，上面的案例代码修改如下：

```
<?php
    $servername = "localhost";
    $username = "root";
    $password = "";

    //创建连接
    $link = new mysqli($servername, $username, $password);
    //检测连接
    if ($link->dbect_error) {
    die("连接失败: " . $link->dbect_error);
}

//创建数据库
$sql = " CREATE DATABASE mytest DEFAULT CHARACTER SET utf8 COLLATE
utf8_general_ci ";
if ($link->query($sql) === TRUE) {
    echo "数据库创建成功";
} else {
    echo "数据库创建失败: " . $link->error;
}

$link->close();
?>
```

10.2.4　创建数据表

数据库创建完成后，即可在该数据库中创建数据表。下面讲述如何使用 PHP 创建数据表。例如，在 mytest 数据库中创建数据表 goods，包含 5 个字段，SQL 语句如下：

```
CREATE TABLE goods
(
    id        INT(11),
    name      VARCHAR(25),
    city      VARCHAR(10),
    price     FLOAT,
    gtime     date
);
```

实例 4 创建数据表 goods(案例文件：ch10\10.4.php)

```
<?php
   $servername = "localhost";           //MYSQL 服务器地址
   $username = "root";                  //MYSQL 用户名
   $password = "";                      //用户密码
   $linkname ="mytest";                 //需要连接的数据库
   //创建连接
   $link = mysqli_connect($servername, $username, $password,$linkname);
   //检测连接
   if (!$link) {
      die("数据库连接失败！" . mysqli_connect_error());
   }
   //创建数据库的 SQL 语句
   $sql = "
   CREATE TABLE goods
   (
      id       INT(11),
      name     VARCHAR(25),
      city     VARCHAR(10),
      price   FLOAT,
      gtime    date
   );";
   if(mysqli_query($link, $sql)) {
      echo "数据表 goods 创建成功！";
   } else {
      echo "数据表 goods 创建失败！" . mysqli_error($link);
   }
   //关闭数据库的连接
   mysqli_close($link);
?>
```

运行结果如图 10-4 所示。

图 10-4 创建数据表 goods

由于 PHP 是面向对象的语言，所以也可以用面向对象的方式创建 MySQL 数据表，上面的案例代码修改如下：

```
<?php
  $servername = "localhost";
  $username = "root";
  $password = "";
  $linkname = "mytest";
  //创建连接
  $link = new mysqli($servername, $username, $password, $linkname);
  //检测连接
  if ($link->connect_error) {
```

```
        die("连接失败: " . $link->connect_error);
    }
    //创建数据库的 SQL 语句
        $sql = "
        CREATE TABLE goods
        (
            id        INT(11),
            name      VARCHAR(25),
            city      VARCHAR(10),
            price     FLOAT,
            gtime     date
       );";
    if ($link->query($sql) === TRUE) {
        echo "数据表 goods 创建成功";
    } else {
        echo "创建数据表错误: " . $link->error;
    }
    $link->close();
?>
```

10.2.5　添加一条数据记录

数据表创建完成后，就可以向表中添加数据。

实例 5　添加一条数据记录(案例文件：ch10\10.5.php)

本实例是往数据表 goods 中插入第一条记录：id 为 100001，name 为洗衣机，city 为上海，price 为 4998，gtime 为 2021-10-1。

```
<?php
    $servername = "localhost";                  //MYSQL 服务器地址
    $username = "root";                         //MYSQL 用户名
    $password = "";                             //用户密码
    $linkname ="mytest";                        //需要连接的数据库
    //创建连接
    $link = mysqli_connect($servername, $username, $password,$linkname);
    //检测连接
    if (!$link) {
        die("数据库连接失败! " . mysqli_connect_error());
    }
    //创建数据库的 SQL 语句
    $sql = "INSERT INTO goods()VALUES (100001, '洗衣机', '上海',4998, '2021-10-1')";
    if (mysqli_query($link, $sql)) {
        echo "一条记录插入成功! ";
    } else {
        echo "插入数据错误: ".$sql . "<br />" . mysqli_error($link);
    }
    //关闭数据库的连接
    mysqli_close($link);
?>
```

运行结果如图 10-5 所示。

图 10-5　插入单条数据记录

由于 PHP 是面向对象的语言，所以也可以用面向对象的方式插入数据，上面的案例代码修改如下：

```
<?php
    $servername = "localhost";
    $username = "root";
    $password = "";
    $linkname = "mytest";

    //创建连接
    $link = new mysqli($servername, $username, $password, $linkname);
    //检测连接
    if ($link->connect_error) {
       die("连接失败: " . $link->connect_error);
    }

    $sql = "INSERT INTO goods()VALUES (100001, '洗衣机', '上海', 4998,
'2021-10-1')";
    if ($link->query($sql) === TRUE) {
       echo "新记录插入成功";
    } else {
       echo "插入数据错误: " . $sql . "<br/>" . $link->error;
    }
    $link->close();
?>
```

10.2.6　一次插入多条数据

如果一次性想插入多条数据，需要使用 mysqli_multi_query()函数，语法格式如下：

```
mysqli_multi_query(dbection,query);
```

其中，参数 dbection 为数据库连接；参数 query 为 SQL 语句，多个语句之间必须用分号隔开。

实例 6　一次插入多条数据记录(案例文件：ch10\10.6.php)

```
<?php
    $servername = "localhost";                    //MYSQL 服务器地址
    $username = "root";                           //MYSQL 用户名
    $password = "";                               //用户密码
    $linkname ="mytest";                          //需要连接的数据库
    //创建连接
    $link = mysqli_connect($servername, $username, $password,$linkname);
    //检测连接
```

```
    if (!$link) {
        die("数据库连接失败！ " . mysqli_connect_error());
    }
    //创建数据库的 SQL 语句
    $sql = "INSERT INTO goods()VALUES (100002, '空调', '北京', 6998,
'2020-10-10');";
    $sql  .= "INSERT INTO goods()VALUES (100003, '电视机', '上海', 3998,
'2019-10-1');";
    $sql  .= "INSERT INTO goods()VALUES (100004, '热水器', '深圳', 7998,
'2020-5-1')";
    if (mysqli_multi_query($link, $sql)) {
        echo "三条记录插入成功！";
    } else {
        echo "插入数据错误：".$sql . "<br />" . mysqli_error($link);
    }
    //关闭数据库的连接
    mysqli_close($link);
?>
```

运行结果如图 10-6 所示。

图 10-6　一次插入三条数据记录

由于 PHP 是面向对象的语言，所以也可以用面向对象的方式一次插入多条数据，上面的案例代码修改如下：

```
<?php
    $servername = "localhost";
    $username = "root";
    $password = "";
    $linkname = "mytest";
    //创建连接
    $link = new mysqli($servername, $username, $password, $linkname);
    //检测连接
    if ($link->connect_error) {
        die("连接失败： " . $link->connect_error);
    }
    $sql = "INSERT INTO goods()VALUES (100002, '空调', '北京', 6998,
'2020-10-10');";
    $sql  .= "INSERT INTO goods()VALUES (100003, '电视机', '上海', 3998,
'2019-10-1');";
    $sql  .= "INSERT INTO goods()VALUES (100004, '热水器', '深圳', 7998,
'2020-5-1')";
    if ($link-> multi_query ($sql) === TRUE) {
        echo "三条记录插入成功";
    } else {
        echo "插入数据错误： " . $sql . "<br/>" . $link->error;
    }
    $link->close();
?>
```

10.2.7 读取数据

插入完数据后，读者可以读取数据表中的数据。下面的案例主要学习如何读取 goods 数据表中的记录。

实例 7 读取数据记录(案例文件：ch10\10.7.php)

```
<?php
   $servername = "localhost";                    //MYSQL 服务器地址
   $username = "root";                           //MYSQL 用户名
   $password = "";                               //用户密码
   $linkname ="mytest";                          //需要连接的数据库
   //创建连接
   $link = mysqli_connect($servername, $username, $password,$linkname);
   //检测连接
   if (!$link) {
      die("数据库连接失败！" . mysqli_connect_error());
   }
   //创建数据库的 SQL 语句
   $sql = "SELECT id,name,city,price,gtime FROM goods";
   $result = mysqli_query($link, $sql);
   if (mysqli_num_rows($result) > 0) {
      //输出数据
      while($row = mysqli_fetch_assoc($result)) {  //将结果集放入关联数组
         echo "编号: " . $row["id"]. " ** 名称: " . $row["name"]." **产地: " .
$row["city"]." **价格: " . $row["price"]." **日期: " . $row["gtime"]. "<br />";
      }
   } else {
      echo "没有输出结果";
   }
   mysqli_free_result($result);
   mysqli_close($link);
?>
```

运行结果如图 10-7 所示。

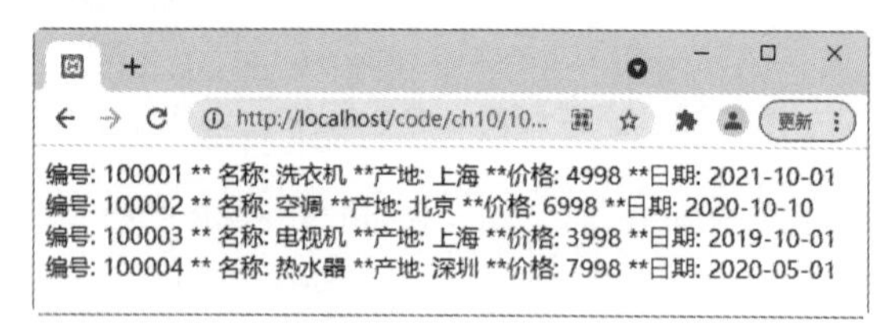

图 10-7 读取数据

由于 PHP 是面向对象的语言，所以也可以用面向对象的方式读取数据表中的数据，上面的案例代码修改如下：

```
<?php
   $servername = "localhost";
   $username = "root";
   $password = "";
   $linkname = "mytest";
```

```
    //创建连接
    $link = new mysqli($servername, $username, $password, $linkname);
    //检测连接
    if ($link->connect_error) {
       die("连接失败: " . $link->connect_error);
    }
    $sql = " SELECT id,name,city,price,gtime FROM goods ";
    $result = mysqli_query($link, $sql);
    if (mysqli_num_rows($result) > 0) {
       //输出数据
       while($row = mysqli_fetch_assoc($result)) {
              echo "编号: " . $row["id"]. " ** 名称: " . $row["name"]." **产地: " .
$row["city"]." **价格: " . $row["price"]." **日期: " . $row["gtime"]. "<br />";
       }
    } else {
       echo "没有输出结果";
    }

    $link->close();
?>
```

10.2.8　释放资源

释放资源的函数为 mysqli_free_result()，语法格式如下：

```
mysqli_free_result(resource $result)
```

mysqli_free_result()函数将释放所有与结果标识符$result 相关联的内存。该函数仅需要在考虑到返回很大的结果集会占用较多内存时调用。在执行结束后所有关联的内存都会被自动释放。该函数释放对象$result 所占用的资源。

10.2.9　关闭连接

在连接数据库时，可以使用 mysqli_connect()函数。与之相对应，在完成一次对服务器的使用的情况下，需要关闭此连接，以免出现对 MySQL 服务器中数据的误操作。关闭连接的函数是 mysqli_close()，其语法格式如下：

```
mysqli_close ($link)
```

mysqli_close($link)语句关闭了$link 连接。

10.3　管理 MySQL 数据库中的数据

在开发网站的后台管理系统中，对数据库的操作包括对数据的添加和查询操作。

10.3.1　添加商品信息

本实例通过表单页面 add.html 添加商品信息，表单中包括 id(商品编号)、name(商品名称)、city(商品产地)、price(商品价格)、gtime(上市时间)5 个字段，当单击“提交”按钮时，将表单提交到 10.8.php 文件。

实例 8 添加数据(案例文件：ch10\10.8.php 和 add.html)

add.html 文件的具体代码如下：

```
<!DOCTYPE html>
<html>
<head>
    <meta charset="UTF-8">
    <title>添加商品信息</title>
</head>
<body>
<h2>添加商品信息</h2>
<form action="10.8.php" method="post">
    商品编号:
    <input name="id" type="text" size="20"/> <br />
    商品名称:
    <input name="name" type="text" size="20"/> <br />
    商品产地:
    <input name="city" type="text" size="20"/> <br />
    商品价格:
    <input name="price" type="text" size="20"/> <br />
    上市时间:
    <input name="gtime" type="date" /> <br />
    <input name="reset" type="reset" value="重置数据"/>
    <input name="submit" type="submit" value="上传数据"/>
</form>
</body>
</html>
```

10.8.php 的代码如下：

```
<?php
    $id = $_POST['id'];
    $name = $_POST['name'];
    $city = $_POST['city'];
    $price = $_POST['price'];
    $gtime = $_POST['gtime'];
    $servername = "localhost";
    $username = "root";
    $password = "";
    $linkname = "mytest";
    //创建连接
    $link = mysqli_connect($servername, $username, $password, $linkname);
    //检测连接
    if (!$link) {
        die("数据库连接失败: " . mysqli_connect_error());
    }
    $id = addslashes($id);
    $name = addslashes($name);
    $city = addslashes($city);
    $price = addslashes($price);
    $gtime = addslashes($gtime);
```

```
   $sql = "INSERT INTO goods( id,name,city,price,gtime) VALUES
('{$id}','{$name}','{$city}','{$price}','{$gtime}')";
    if(mysqli_query($link,$sql)){
    echo "商品信息添加成功！";
    }else{
        echo "商品信息添加失败！";
    };
    mysqli_close($link);
?>
```

运行 add.html，输入商品的信息，如图 10-8 所示。单击“上传数据”按钮，页面跳转至 10.8.php，并返回添加信息的情况，如图 10-9 所示。

图 10-8　输入商品的信息

图 10-9　商品信息添加成功

10.3.2　查询商品信息

本案例讲述如何使用 SELECT 语句查询数据信息。

实例 9　查询所有商品信息(案例文件：ch10\10.9.php)

```
<!DOCTYPE HTML>
<html>
<head>
    <meta charset=utf-8">
    <title>浏览数据</title>
</head>
<body>
<h2 align="center">商品浏览页面</h2>
<table width="90%"  border="1" cellpadding="0" cellspacing="0">
    <tr>
        <td align="center" valign="middle" >商品编号</td>
        <td align="center" valign="middle">商品名称</td>
        <td align="center" valign="middle">商品产地</td>
        <td align="center" valign="middle">商品价格</td>
        <td align="center" valign="middle">上市时间</td>
    </tr>
<?php
```

```
$servername = "localhost";                        //MYSQL 服务器地址
$username = "root";                               //MYSQL 用户名
$password = "";                                   //用户密码
$linkname ="mytest";                              //需要连接的数据库

//创建连接
$link = mysqli_connect($servername, $username, $password,$linkname);
//检测连接
if (!$link) {
    die("数据库连接失败！ " . mysqli_connect_error());
}
//创建数据库的 SQL 语句
$sql = "SELECT id,name,city,price,gtime FROM goods";
$result = mysqli_query($link, $sql);
while($rows = mysqli_fetch_row($result)) {
        echo "<tr>";
        for($i = 0; $i < count($rows); $i++){
            echo "<td height='25' align='center' class='m_td'>".$rows[$i]."</td>";
         }
         echo "</tr>";
}
?>
</table>
</body>
</html>
```

运行结果如图 10-10 所示。

商品编号	商品名称	商品产地	商品价格	上市时间
100001	洗衣机	上海	4998	2021-10-01
100002	空调	北京	6998	2020-10-10
100003	电视机	上海	3998	2019-10-01
100004	热水器	深圳	7998	2020-05-01
100005	扫地机器人	北京	12000	2022-01-14

图 10-10　查询商品信息

实例 10　查询指定条件的商品信息(案例文件：ch10\10.10.php 和 select.html)

这里先选择商品的产地，然后查询指定产地的商品信息。

select.html 的代码如下：

```
<!DOCTYPE html>
<html>
<head>
    <meta charset="UTF-8">
    <title>查询商品信息</title>
</head>
<body>
<h2>查询商品信息</h2>
<form action="10.10.php" method="post">
```

```
选择商品产地:
<select name="city">
<option value="北京">北京</option>
<option value="上海">上海</option>
<option value="深圳">深圳</option>
</select><br/>
<input name="submit" type="submit" value="查询商品信息"/>
</form>
</body>
</html>
```

10.10.php 文件的代码如下：

```
<!DOCTYPE HTML>
<html>
<head>
   <meta charset="UTF-8">
   <title>商品查询页面</title>
</head>
<body>
<h2 align="center">商品查询页面</h2>
<table width="90%" border="1" cellpadding="0" cellspacing="0">
   <tr>
      <td align="center" valign="middle">商品编号</td>
      <td align="center" valign="middle">商品名称</td>
      <td align="center" valign="middle">商品产地</td>
      <td align="center" valign="middle">商品价格</td>
      <td align="center" valign="middle">上市时间</td>
   </tr>
<?php
$servername = "localhost";           //MYSQL 服务器地址
$username = "root";                  //MYSQL 用户名
$password = "";                      //用户密码
$linkname ="mytest";                 //需要连接的数据库
$city = $_POST['city'];
//创建连接
$link = mysqli_connect($servername, $username, $password,$linkname);
//检测连接
if (!$link) {
   die("数据库连接失败！ " . mysqli_connect_error());
}
//创建数据库的 SQL 语句
$sql = "SELECT id,name,city,price,gtime FROM goods WHERE city = '".$city."'";
$result = mysqli_query($link, $sql);
while($rows = mysqli_fetch_row($result)) {
   echo "<tr>";
   for($i = 0; $i < count($rows); $i++){
      echo "<td height='25' align='center' class='m_td'>".$rows[$i]."</td>";
   }
   echo "</tr>";
}
?>
</table>
</body>
</html>
```

运行 select.html，选择商品的产地，例如这里选择上海，如图 10-11 所示。单击“查询商品信息”按钮，页面跳转至 10.10.php，如图 10-12 所示，查询出所有产地为上海的商品信息。

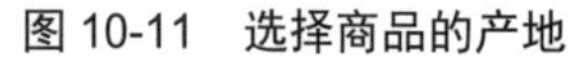
图 10-11　选择商品的产地

商品编号	商品名称	商品产地	商品价格	上市时间
100001	洗衣机	上海	4998	2021-10-01
100003	电视机	上海	3998	2019-10-01

图 10-12　查询商品信息

10.4　就业面试问题解答

问题 1：如何对数据表中的信息进行排序操作？

使用 ORDER BY 语句可以对数据表中的信息进行排序操作。例如，将数据表 goods 中的数据按价格从小到大排序。SQL 语句如下：

```
SELECT id,name,city,price FROM goods ORDER BY price ASC
```

其中，ASC 为默认关键词，表示按升序排列。如果想按降序排列，可以使用 DESC 关键字。

问题 2：为什么应尽量省略 MySQL 语句中的分号？

在 MySQL 语句中，每一行的命令都是用分号(;)来结束的，但是，当一行 MySQL 命令被插入 PHP 代码中时，最好把后面的分号省略。这主要是因为 PHP 也是以分号作为一行的结束标志的，额外的分号有时会让 PHP 的语法分析器搞不明白，所以还是省略为好。在这种情况下，虽然省略了分号，但是 PHP 在执行 MySQL 命令时会自动加上。

另外，还有一个不需要加分号的情况。当用户想把字段竖着排列显示，而不是像通常那样横着排列时，可以用 G 来结束一行 SQL 语句，这时就用不上分号了，例如：

```
SELECT * FROM paper WHERE ID =10001G
```

10.5　上机练练手

上机练习 1：使用 PHP 创建数据库和数据表。

使用 mysqli_query()函数创建数据库 mydb，然后在 mydb 数据库中创建数据表 student，该表包含 4 个字段，即 id、name、sex、age 字段。

上机练习 2：插入并读取数据。

使用 mysqli_multi_query()函数在 mydb 数据库的 student 数据表中插入 3 条演示数据，然后根据年龄，读取指定的数据并显示出来。

第 11 章

PDO 数据库抽象层

由于 PHP 支持各个平台不同的数据库，所以在早期版本中维护起来非常困难，可移植性也比较差。为了解决这个问题，PHP 开发了数据库抽象类，为 PHP 访问数据库定义了一个轻量级的、一致性的接口，它提供了一个数据访问抽象层，这样，无论使用什么数据库，都可以通过一致的函数执行查询和获取数据。本章主要讲述 PDO 数据库抽象类的使用方法。

11.1 PDO 是什么

随着 PHP 应用的快速增长和通过 PHP 开发跨平台应用的普及，使用不同的数据库是十分常见的。PHP 需要支持 MySQL、SQL Server 和 Oracle 等多种数据库。

如果只是通过单一的接口针对单一的数据库编写程序，比如用 MySQL 函数处理 MySQL 数据库，用其他函数处理 Oracle 数据库，这在很大程度上增加了 PHP 程序在数据库方面的灵活性，但也增加了编程的复杂性和工程量。

如果通过 PHP 开发一个跨数据库平台的应用，比如对于一类数据需要到两个不同的数据库中提取数据，在使用传统方法的情况下只好写两个不同的数据库连接程序，并且要对两个数据库连接的工作过程进行协调。

为了解决这个问题，程序员们开发了“数据库抽象层”。通过这个抽象层，把数据处理业务逻辑和数据库连接区分开。也就是说，不管 PHP 连接的是什么数据库，都不影响 PHP 程序的业务逻辑。这样对于一个应用来说，就可以采用若干个不同的数据库支持方案。

PDO 就是 PHP 中最为主流的实现“数据库抽象层”的数据库抽象类。PDO 类是 PHP 中最为突出的功能之一。在 PHP 5 版本以前，PHP 只能通过针对 MySQL 的类库、针对 Oracle 的类库、针对 SQL Server 的类库等实现有针对性的数据库连接。

PDO 是 PHP Data Objects 的简称，是为 PHP 访问数据库定义的一个轻量级的、一致性的接口，它提供了一个数据访问抽象层，这样，无论使用什么数据库，都可以通过一致的函数执行查询和获取数据。

PDO 通过数据库抽象层实现了以下一些特性。

(1) 灵活性：可以在 PHP 运行期间，直接加载新的数据库，而不需要在新的数据库使用时，重新设置和编译。

(2) 面向对象：这个特性完全配合了 PHP，通过对象来控制数据库的使用。

(3) 速度极快：由于 PDO 是使用 C 语言编写并且编译进 PHP 的，所以比那些用 PHP 编写的抽象类要快很多。

11.2 安装 PDO

由于 PDO 是 PHP 自带的类库，所以要使用 PDO 类库，只需在 php.ini 中把关于 PDO 类库的语句前面的注释符号去掉。

首先启用 extension=php_pdo.dll 类库，这个类库是 PDO 类库本身，然后是不同的数据库驱动类库选项。extension=php_pdo_mysql.dll 适用于 MySQL 数据库的连接。如果使用 SQL Server，可以启用 extension=php_pdo_mssql.dll 类库。如果使用 Oracle 数据库，可以启用 extension=php_pdo_oci.dll。除了这些，还有支持 PgSQL 和 SQLite 等的类库。

在本机 XAMPP 集成环境下，单击 Config 按钮，在弹出的下拉菜单中选择 PHP(php.ini)命令，如图 11-1 所示。打开 php.ini 文件后，即可启用 extension=pdo_mysql.dll 类库，如图 11-2 所示。

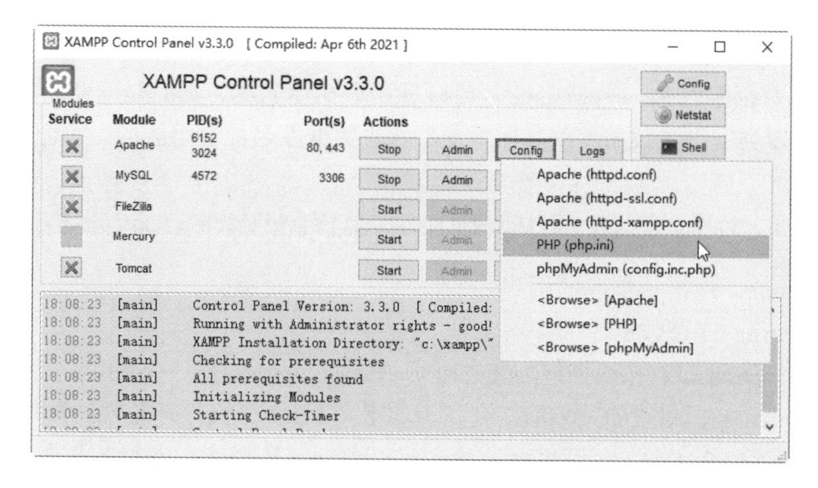

图 11-1　选择 PHP(php.ini)命令

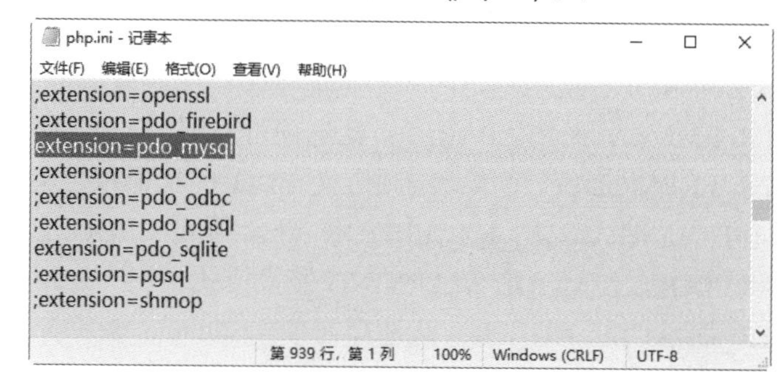

图 11-2　安装 PDO

可以通过 phpinfo()函数查看 PDO 是否安装成功，如图 11-3 所示。

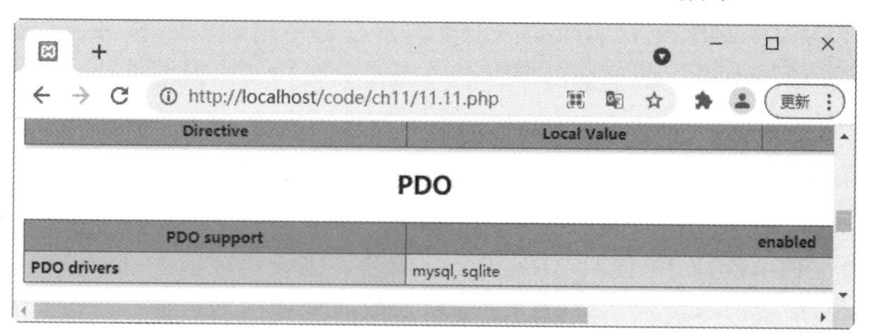

图 11-3　查看 PDO 是否安装成功

11.3　PDO 连接数据库

在本书开发环境下使用的数据库是 MySQL，所以在使用 PDO 操作数据库之前，需要首先连接 MySQL 服务器和特定的 MySQL 数据库。

在 PDO 中，要建立与数据库的连接需要实例化 PDO 的构造函数，语法格式如下：

```
__construct(string $dsn[,string $username[,string $password[,array
$driver_options]]])
```

构造函数的参数含义如下。

(1) dsn：数据源名称，包括主机名端口号和数据库名称。dsn 是一个字符串，它是由"数据库服务器类型""数据库服务器地址"和"数据库名称"组成的。它们组合的格式如下：

```
'数据库服务器类型:host=数据库服务器地址;dbname=数据库名称'
```

(2) username：连接数据库的用户名。

(3) password：连接数据库的密码。

(4) driver_options：连接数据库的其他选项。driver_options 是一个数组，它有很多选项。

- PDO::ATTR_AUTOCOMMIT：此选项定义 PDO 在执行时是否注释每条请求。
- PDO::ATTR_CASE：通过此选项，可以控制在数据库中取得的数据中字母的大小写。具体说来就是，可以通过 PDO::CASE_UPPER 使所有读取的数据字母变为大写，可以通过 PDO::CASE_LOWER 使所有读取的数据字母变为小写，可以通过 PDO::CASE_NATURL 使用特定的在数据库中发现的字段。
- PDO::ATTR_EMULATE_PREPARES：此选项可以利用 MySQL 的请求缓存功能。
- PDO::ATTR_ERRMODE：使用此选项定义 PDO 的错误报告模型。具体的三种模式分别为 PDO::ERRMODE_EXCEPTION 异常模式、PDO::ERRMODE_SILENT 沉默模式和 PDO::ERRMODE_WARNING 警报模式。
- PDO::ATTR_ORACLE_NULLS：此选项在使用 Oracle 数据库时会把空字符串转换为 NULL 值。一般情况下，此选项默认为关闭。
- PDO::ATTR_PERSISTENT：使用此选项来确定数据库连接是否可持续，其默认值为 false，不启用。
- PDO::ATTR_PREFETCH：此选项确定是否要使用数据库的 prefetch 功能。此功能是在用户取得一条记录操作之前就取得多条记录，以准备给其下一次请求数据操作提供数据，并且减少了执行数据库请求的次数，提高了效率。
- PDO::ATTR_TIMEOUT：此选项用于设置超时时间的秒数。但 MySQL 不支持此功能。
- PDO::DEFAULT_FETCH_MODE：此选项可以设定默认的 fetch 模型，或以联合数据的形式取得数据，或以数字索引数组的形式取得数据，或以对象的形式取得数据。

当建立一个连接对象的时候，只需要使用 new 关键字，生成一个 PDO 的数据库连接实例即可。

实例 1 连接服务器 localhost 的数据库 mytest (案例文件：ch11\11.1.php)

```
<?php
    header("Content-Type:text/html;charset=utf-8");      //设置页面的编码格式
    $dbms='mysql';                                       //数据库类型
    $dbName='mytest';                                    //数据库名称
    $servername = "localhost";                           //MYSQL 服务器名称
    $username = "root";                                  //MYSQL 用户名
```

```
    $password = "";                                    //用户密码
    $dsn = "$dbms:host=$servername;dbname=$dbName";
    try {
        $dbconnect = new PDO($dsn,$username,$password);  //实例化对象
        echo "PDO 连接 MySQL 数据库成功！";
    } catch(PDOException $exception) {
        echo "数据库连接错误：" . $exception->getMessage();
    }
?>
```

运行结果如图 11-4 所示。

图 11-4　连接服务器 localhost 的数据库 mytest

11.4　PDO 中执行 SQL 语句

在 PDO 中，可以使用下面 3 种方法执行 SQL 语句，主要包括 exec()方法、query()方法和预处理语句。

1. exec()方法

exec()方法返回 SQL 语句执行后受影响的行数，语法格式如下：

```
int PDO::exec(string $sql)
```

参数$sql 为需要执行的 SQL 语句。该方法返回执行查询时受影响的行数，通常用于 INSERT、UPDATE 和 DELETE 语句。

例如，更新 goods 表中 id 为 100001 的商品价格为 7600。代码如下：

```
<?php
    //连接数据库
    $link = new PDO("mysql:host=localhost;dbname=mytest","root","");
    //执行 SQL 语句
    $count = $link->exec("UPDATE goods SET price=7600 WHERE id=100001");
?>
```

2. query()方法

query()方法返回执行查询后的结果集，语法格式如下：

```
PDOStatement PDO::query(string $sql)
```

参数$sql 为需要执行的 SQL 语句。该方法返回一个 PDOStatement，通常用于 SELECT 语句。

例如，查询 goods 表中商品价格大于 6000 的记录。代码如下：

```
<?php
    //连接数据库
    $link = new PDO("mysql:host=localhost;dbname=mytest","root"," ");
    $sql = "SELECT * FROM goods WHERE price>6000"; //定义 SQL 语句
    foreach($link->query($sql) as $row){            //执行 SQL 语句，遍历数据
        print $row['id']."\t";
        print $row['name']."\t";
        print $row['price']."\n<br \>";
    }
?>
```

3. 预处理语句

预处理语句包括 prepare()和 execute()两个方法。首先通过 prepare()方法做查询的准备工作，语法格式如下：

```
PDOStatement PDO::prepare(string $sql [,array $driver_options])
```

参数$sql 为需要执行的 SQL 语句。然后通过 execute()方法执行查询。execute()方法的语法格式如下：

```
bool PDOStatement::execute([array $input_parameters])
```

例如，查询 goods 表中商品价格小于 7000 且产地为上海的所有记录。代码如下：

```
<?php
    //连接数据库
    $link = new PDO("mysql:host=localhost;dbname=mytest","root","");
    //定义 SQL 语句
    //prepare 预处理
    $spr = $link->prepare('SELECT * FROM goods WHERE price<? AND city=?');
    $spr->execute(array(7000, '上海')); //execute()方法执行 SQL 语句，并替换参数
    $result= $spr->fetchAll();          //获取执行结果
    var_dump($result);
?>
```

11.5 PDO 中获取结果集

使用 PDO 查询完数据记录后，可以通过三种方法获取结果集，包括 fetch()方法、fetchAll()方法和 fetchColumn()方法。

11.5.1 fetch()方法

fetch()方法可以获取结果集中的下一行记录，语法格式如下：

```
mixed PDOStatement::fetch ([ int $fetch_style [, int $cursor_orientation
[, int $cursor_offset = 0 ]]] )
```

fetch_style 参数决定 POD 如何返回行。此方法成功时返回的值依赖于提取类型。在所有情况下，失败都返回 false。

各个参数的含义如下。

1. fetch_style

控制结果集中的返回方式，其可选方式如下。

(1) PDO::FETCH_ASSOC：返回一个索引为结果集列名的数组。

(2) PDO::FETCH_BOTH(默认方式)：返回一个索引为结果集列名和以 0 开始的列号的数组。

(3) PDO::FETCH_NUM：返回一个索引为以 0 开始的结果集列号的数组。

(4) PDO::FETCH_OBJ：返回一个属性名对应结果集列名的匿名对象。

(5) PDO::FETCH_BOUND：以布尔值的形式返回结果，同时将获取的列值赋给 bindColumn()方法中指定的变量。

(6) PDO::FETCH_LAZY：以关联数组、数组索引数组和对象三种形式返回结果。

2. cursor_orientation

PDOStatement 对象的一个滚动游标，可用于获取指定的一行。

3. cursor_offset

cursor_offset 用于设置游标的偏移量。

实例 2　使用 fetch()方法获取结果集(案例文件：ch11\11.2.php)

```
<?php
header( 'Content-Type:text/html;charset=utf-8 ');
try {
    $dbc = new PDO('mysql:dbname=mytest;host=localhost', "root","");
}catch (PDOException $e){
    echo '数据库连接失败：'.$e->getMessage();
    exit;
}
    try {
        $q = "select * from goods;";
        $res = $dbc->prepare($q);//准备查询语句
        $res->execute();
        $result = $res->fetch(PDO::FETCH_NUM);
        echo "返回首行列数" . count($result) . "<br>";
        // 在不知道列的情况下，实现循环输出首行内容
        for ($i = 0; $i <= count($result)-1; $i++) {
            echo $result[$i] . " ";
        }
    }
    catch (PDOException $e) {
        echo '不能连接 MySQL: ' . $e->getMessage();
    }
?>
```

运行结果如图 11-5 所示。

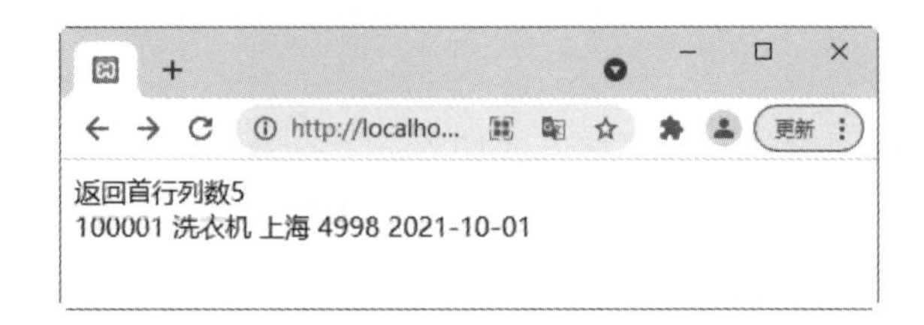

图 11-5　使用 fetch()方法获取结果集

11.5.2　fetchAll()方法

fetchAll()方法与 fetch()方法类似，但是该方法只需要调用一次就可以获取结果集中的所有行，并赋给返回的二维数组。其语法格式如下：

```
array PDOStatement::fetchAll ([ int $fetch_style [,int $column_index]] )
```

该方法的返回值是一个包含结果集中所有数据的二维数组。其中，参数 fetch_style 用于设置结果集中数据的显示方法；参数$column_index 为字段的索引。

实例 3　使用 fetchAll()方法获取结果集(案例文件：ch11\11.3.php)

```
<?php
try {
    $dbh = new PDO('mysql:dbname=mytest;host=localhost', "root","");
}catch (PDOException $e){
    echo '数据库连接失败：'.$e->getMessage();
    exit;
}

echo '<table border="1" align="center" width=90%>';
echo '<caption><h1>商品信息表</h1></caption>';
echo '<tr bgcolor="#cccccc">';
echo '<th>编号</th><th>名称</th><th>产地</th><th>价格</th><th>上市日期
</th></tr>';
//使用 query 方式执行 SELECT 语句，建议使用 prepare()和 execute()形式执行语句
$stmt = $dbh->prepare("select id,name,city,price,gtime FROM goods");
$stmt->execute();
$allrows = $stmt->fetchAll(PDO::FETCH_ASSOC);  //以关联下标从结果集中获取所有数据
//以 PDO::FETCH_NUM 形式获取索引并遍历
foreach($allrows as $row) {
    echo '<tr>';
    echo '<td>' . $row['id'] . '</td>';
    echo '<td>' . $row['name'] . '</td>';
    echo '<td>' . $row['city'] . '</td>';
    echo '<td>' . $row['price'] . '</td>';
    echo '<td>' . $row['gtime'] . '</td>';
    echo '</tr>';
}
echo '</table>';
$stmt->execute();
$row = $stmt->fetchAll(PDO::FETCH_COLUMN,1);   //从结果集中获取第二列的所有值
?>
```

运行结果如图 11-6 所示。

商品信息表

编号	名称	产地	价格	上市日期
100001	洗衣机	上海	4998	2021-10-01
100002	空调	北京	6998	2020-10-10
100003	电视机	上海	3998	2019-10-01
100004	热水器	深圳	7998	2020-05-01
100005	扫地机器人	北京	12000	2022-01-14

图 11-6　使用 fetchAll()方法获取结果集

11.5.3　fetchColumn()方法

fetchColumn()方法可以获取结果集中下一行指定列的值。其语法格式如下：

```
string PDOStatement::fetchColumn([int $column_number])
```

其中，column_number 为可选参数，用于设置行中列的索引值，该值从 0 开始。如果省略该参数则从第 1 列开始取值。

实例 4　使用 fetchColumn()方法获取结果集中第 2 列中的数据(案例文件：ch11\11.4.php)

```
<?php
   header( 'Content-Type:text/html;charset=utf-8');
   $dbms='mysql';
   $dbname='mytest';
   $user='root';
   $pwd='';
   $host='localhost';
   $dsn="$dbms:host=$host;dbname=$dbname";
   try{
      $pdo=new PDO($dsn,$user,$pwd);
      $pdo->query("SET NAMES utf8");
      $query="select id,name,city,price,gtime FROM goods";
      $result=$pdo->prepare($query);
      $result->execute();
      /*
         下面输出结果集中第 2 列中的数据
       */
      echo $result->fetchColumn(1).'<br />';
      echo $result->fetchColumn(1).'<br />';
      echo $result->fetchColumn(1).'<br />';
      echo $result->fetchColumn(1).'<br />';
      echo $result->fetchColumn(1).'<br />';
   }catch(PDOException $e){
      die("Error!".$e->getMessage()."<br />") ;
   }
?>
```

运行结果如图 11-7 所示。

图 11-7 使用 fetchColumn() 方法获取结果集中第 2 列中的数据

11.6 PDO 中捕获 SQL 语句中的错误

在 PDO 中捕获 SQL 语句中错误的常用方法包括警告模式和异常模式。

11.6.1 警告模式

警告模式会产生一个 PHP 警告信息，并设置 errorCode 属性。

例如，下面查询数据库的信息，其中 SQL 语句中数据表的名称错写为 good，通过警告模式捕获此错误。

实例 5 通过警告模式捕获 SQL 语句中的错误(案例文件：ch11\11.5.php)

```
<?php
    //连接数据库
    $link = new PDO("mysql:host=localhost;dbname=mytest","root","");
    //设置为警告模式
    $link->setAttribute(PDO::ATTR_ERRMODE,PDO::ERRMODE_WARNING);
    //prepare 预处理
    $spr = $link->prepare('SELECT * FROM good WHERE price<? AND city=?');
    $spr->execute(array(7000, '上海'));//execute()方法执行 SQL 语句，并替换参数
?>
```

运行结果如图 11-8 所示。

图 11-8 通过警告模式捕获 SQL 语句中的错误

11.6.2 异常模式

异常模式会创建一个 PDOException，并设置 errorCode 属性。它可以将执行的代码封装到一个 try{...}catch{...}语句中。

例如，下面查询数据库的信息，其中 SQL 语句中数据表的名称错写为 good，通过异常模式捕获此错误。

实例 6　通过异常模式捕获 SQL 语句中的错误(案例文件：ch11\11.6.php)

```
<?php
    //连接数据库
    $link = new PDO("mysql:host=localhost;dbname=mytest","root","");
    $spr = $link->prepare('SELECT * FROM good WHERE price<? AND city=?');
    $spr->execute(array(7000, '上海'));  //execute()方法执行 SQL 语句，并替换参数
    if(!$spr->errorCode()){
        echo "数据查询成功！";
    }else{
        echo "错误信息为：";
        echo "SQL Query:".$query;
        echo "<pre>";
        print_r($spr->errorInfo());
    }
?>
```

运行结果如图 11-9 所示。

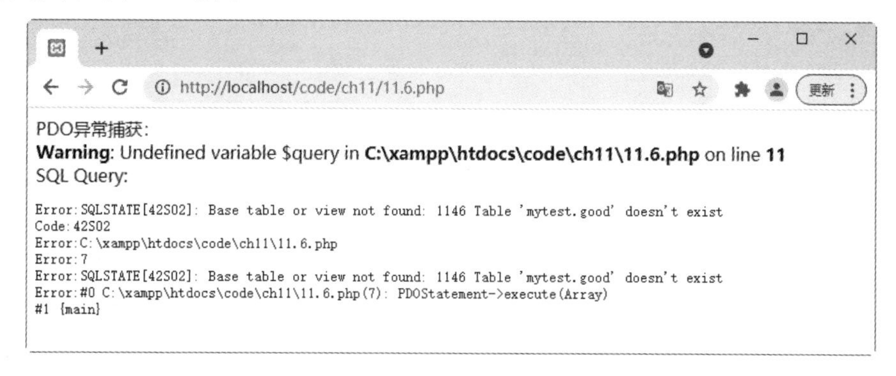

图 11-9　通过异常模式捕获 SQL 语句中的错误

11.7　PDO 中的错误处理

如果想获取 PHP 程序中的错误，可以通过 PDO 提供的 errorCode()方法和 errorInfo()方法来处理。

1. errorCode()*方法*

errorCode()方法用于获取在操作数据库句柄时所产生的错误代码，这些错误代码被称为 SQLSTATE 代码。其语法格式如下：

```
int PDOStatement::errorCode(void)
```

该方法将返回一个 SQLSTATE，SQLSTATE 是由 5 个数字和字母组成的代码。

2. errorInfo()方法

errorInfo()方法用于获取在操作数据库句柄时所产生的错误代码。其语法格式如下：

```
array PDOStatement::errorInfo (void)
```

该方法将返回一个数组，该数组包含最后一次操作数据库的错误信息。例如 11.6.2 节中的实例 6，就是通过 errorInfo()方法返回错误信息。

11.8　防止 SQL 注入的攻击

PHP8 中的预处理语句对于防止 MySQL 注入是非常有用的。当执行一个 SQL 语句时，需要使用 PDO。正常情况下可以逐句执行。而每执行一句，都需要 PDO 首先对语句进行解析，然后传递给 MySQL 来执行。如果是 INSERT 这样的语句，语句结构都一样，只是每一项具体的数值不同，在这种情况下，使用 PDO 的 prepare 表述就可以只提供变量值，而不需要改变 SQL 语句的结构，从而减少解析过程、节省资源、提高效率和防止 SQL 注入的攻击。

实例 7　防止 SQL 注入的攻击(案例文件：ch11\11.7.php)

```
<?php
$servername = "localhost";
$username = "root";
$password = "";
$dbname = "mytest";
try {
    $db = new PDO("mysql:host=$servername;dbname=$dbname", $username,
$password);
    //设置 PDO 错误模式为异常
    $db->setAttribute(PDO::ATTR_ERRMODE, PDO::ERRMODE_EXCEPTION);
    //预处理 SQL 并绑定参数
    $stmt = $db->prepare("INSERT INTO goods (id,name, city, price,gtime)
VALUES (:id, :name ,:city, :price,:gtime)");
    $stmt->bindParam(':id', $id, PDO::PARAM_INT);
    $stmt->bindParam(':name', $name);
    $stmt->bindParam(':city', $city);
    $stmt->bindParam(':price', $amount, PDO::PARAM_STR);
    $stmt->bindParam(':gtime', $gtime);good
    //插入第一行
    $id = 100006;
    $name ="壁挂炉";
    $city = "北京";
    $price = 9800;
    $gtime = "2020-10-15";
    $stmt->execute();

    //插入第二行
    $id = 100007;
    $name ="笔记本";
    $city = "北京";
```

```
    $price = 3900;
    $gtime = "2020-10-12";
    $stmt->execute();

    //插入第三行
    $id = 100008;
    $name ="手机";
    $city = "北京";
    $price = 2999;
    $gtime = "2020-10-18";
    $stmt->execute();

    echo "三行记录插入成功";
}
catch(PDOException $e)
{
    echo "插入数据错误: " . $e->getMessage();
}
$db = null;
?>
```

运行结果如图 11-10 所示。

图 11-10　防止 SQL 注入的攻击

11.9　PDO 中的事务处理

事务是由查询和更新语句的序列组成的，用 beginTransaction 开始一个事务，rollback 回滚事务，commit 提交事务。在开始一个事务后，可以有若干 SQL 查询或更新语句，每个 SQL 递交执行后，还应该有判断是否正确的语句，从而确定下一步是否回滚，如果全部正确最后才会提交事务。

事务处理中需要用到三个方法，其功能介绍如下。

(1) beginTransaction()方法：开启事务，此方法将关闭自动提交模式，直到事务提交或者回滚以后才恢复。

(2) commit()方法：提交事务，如果成功则返回 true，否则返回 false。

(3) rollback()方法：回滚事务操作。

例如下面一次性插入 2 条记录，如果全部插入成功，则提交事务，否则将回滚。

实例 8　PDO 中的事务处理(案例文件：ch11\11.8.php)

```
<?php
$servername = "localhost";
$username = "root";
```

```
$password = "";
$dbname = "mytest";
try {
    $db = new PDO("mysql:host=$servername;dbname=$dbname", $username, $password);
    //设置 PDO 错误模式，用于抛出异常
$db->setAttribute(PDO::ATTR_ERRMODE, PDO::ERRMODE_EXCEPTION);
    //开始事务
    $db->beginTransaction();
    //SQL 语句
    $db->exec("INSERT INTO goods (id,name, city,price, gtime)
    VALUES (100009, '照相机', '北京', 6998, '2020-10-1')");
    $db->exec("INSERT INTO goods (id,name, city,price, gtime)
    VALUES (100010, '平板', '上海', 2998, '2020-10-1')");
    //提交事务
    $db->commit();
    echo "2 条记录全部插入成功了！";
}
catch(PDOException $e)
{
    //如果执行失败回滚
    $db->rollback();
    echo $sql . "<br/>" . $e->getMessage();
}

$db = null;
?>
```

运行结果如图 11-11 所示。

图 11-11　PDO 中的事务处理

11.10　就业面试问题解答

问题 1：在操作 MySQL 数据库时，PDO 和 MySQLi 到底哪个好？

PDO 和 MySQLi 各有优势，主要区别如下：

(1) PDO 可应用在 12 种不同的数据库中，MySQLi 只针对 MySQL 数据库。

(2) 两者都是面向对象，但 MySQLi 还提供了 API 接口。

(3) 两者都支持预处理语句。预处理语句可以防止 SQL 注入，对于 Web 项目的安全性是非常重要的。

可见，如果项目需要在多种数据库中切换，建议使用 PDO，因为只需要修改连接字符串和部分查询语句即可。使用 MySQLi，如果是不同的数据库，需要重新编写所有代码，包括查询语句。

问题 2：PDO 中的事务如何处理？

在 PDO 中同样可以实现事务处理的功能，具体使用方法如下。

(1) 开启事务：使用 beginTransaction()方法将关闭自动提交模式，直到事务提交或者回滚以后才恢复。

(2) 提交事务：使用 commit()方法完成事务的提交操作，成功则返回 true，否则返回 false。

(3) 事务回滚：使用 rollback()方法执行事务的回滚操作。

11.11　上机练练手

上机练习 1：使用 PDO 创建数据库和数据表。

使用 PDO 创建数据库 mydbs，然后在 mydbs 数据库中创建数据表 fruits，该表包含 4 个字段，即 id、name、amount、price 字段。

上机练习 2：使用 PDO 插入并读取数据。

使用 PDO 中的事务一次性插入 3 条数据，然后再使用 fetchColumn()方法查询所有数据。

第12章

日期和时间

在 Web 开发中对时间和日期的使用是非常频繁的，因为很多情况下都是依靠日期和时间才能做出判断、完成操作。例如，在在线教育网站中，需要根据时间的先后顺序排列技术文章，这与时间是密不可分的。本章将介绍日期和时间的使用及处理方法。

12.1 系统时区的设置

这里的系统时区是指运行 PHP 的系统环境，常见的有 Windows 系统和 Unix-like(类Unix)系统。对于它们的时区的设置，关系到运行应用的时间准确性。

12.1.1 时区划分

时区的划分是一个地理概念。从本初子午线开始向东和向西各有 12 个时区。同一时间，每个时区的本地时间相差 1～23 小时。比如北京时间是东八区，英国伦敦时间是零时区，所以它们相差 8 小时。在 Windows 系统里，这个操作比较简单。在控制面板里设置就行了。在 Linux 这样的 Unix-like 系统中，需要使用命令对时区进行设置。

12.1.2 时区设置

PHP 中，日期和时间的默认设置是 GMT 格林尼治时间。在使用时间日期功能之前，需要对时区进行设置。

时区的设置方法主要有以下两种。

(1) 修改 php.ini 文件的设置。找到“;date.timezone=”选项，将其值修改为 date.timezone = Asia/Hong_Kong，这样系统默认时间为东八区的时间。

(2) 在应用程序中直接用函数 date_default_timezone_set()设置。语法格式如下：

```
date_default_timezone_set("timezone")
```

参数 timezone 为 PHP 可以识别的时区名称。例如，设置我国北京时间可以使用的时区包括：PRC(中华人民共和国)、Asia/Chongqing(重庆)、Asia/Hong_Kong(香港)、Asia/Shanghai(上海)等。这些时区的名称都是有效的。

这种方法设置时比较灵活。设置完成后，data()函数便可以正常使用，不会再出现时差问题。

12.2 PHP 的日期和时间函数

本节开始学习 PHP 的常用日期和时间函数的使用方法和技巧。

12.2.1 关于 Unix 时间戳

在很多情况下，程序需要对日期进行比较、运算等操作。如果按照人们日常的计算方法，很容易知道 6 月 5 号和 6 月 8 号相差几天。

然而，如果日期的书写方式是 2012-3-8 或 2012 年 3 月 8 日星期五，这让程序如何运算呢？对于整型数据的数学运算来说，好像这样的描述并不容易处理。如果想知道 3 月 8 号和 4 月 23 号相差几天，则需要把月先转换为 30 天或 31 天，再对剩余天数加减。这是一个很麻烦的过程。

如果时间或者日期是一个连贯的整数，处理起来就很方便了。

幸运的是，系统的时间正是以这种方式储存的，这种方式就是时间戳，也称为 Unix 时间戳。Unix 系统和 Unix-like 系统把当下的时间储存为 32 位的整数，这个整数的单位是秒，而这个整数的开始时间为格林尼治时间(GMT)的 1970 年 1 月 1 日零点整。换句话说，就是现在的时间是 GMT 1970 年 1 月 1 日零点整到现在的秒数。

由于每一秒的时间都是确定的，这个整数就像一个章戳一样不可改变，所以就称为 Unix 时间戳。

这个时间戳在 Windows 系统下也是成立的，但是与 Unix 系统下不同的是，Windows 系统下的时间戳只能为正整数，不能为负值。所以想用时间戳表示 1970 年 1 月 1 日以前的时间是不行的。

PHP 则完全采用了 Unix 时间戳。所以不管 PHP 在哪个系统下运行，都可以使用 Unix 时间戳。

12.2.2　获取当前的时间戳

要获得当前时间的 Unix 时间戳，直接使用 time()函数即可。time()函数不需要任何参数，直接返回当前日期和时间。

实例 1　获取当前的时间戳(案例文件：ch12\12.1.php)

```
<?php
    $t1 = time();
    echo "当前时间戳为：".$t1;
?>
```

运行结果如图 12-1 所示。数值 1626348500 表示从 1970 年 1 月 1 日 0 点 0 分 0 秒到本程序执行时间隔的秒数。

图 12-1　获取当前的时间戳

如果每隔一段时间刷新一次页面，获取的时间戳的值将会增加。这个数会一直不断地变大，即每过 1 秒，此值就会加 1。

12.2.3　获取当前的日期和时间

可使用 date()函数返回当前日期。如果在 date()函数中使用参数“U”，则可返回当前时间的 Unix 时间戳。如果使用参数“d”，则可直接返回当前月份的 01 到 31 号的两位数日期。

12.2.4 使用时间戳获取日期信息

如果相应的时间戳已经储存在数据库中，程序需要把时间戳转换为可读的日期和时间，才能满足应用的需要。

PHP 中提供了 date()和 getdate()等函数来实现从时间戳到通用时间的转换。

1. date()函数

date()函数主要是将 Unix 时间戳转换为指定的时间/日期格式。该函数的格式如下：

```
string date(string format, [时间戳整数])
```

此函数将会返回一个字符串，该字符串就是一个指定格式的日期时间。其中，format 是一个字符串，用来指定输出的时间格式。时间戳整数可以为空，如果为空，则表示为当前时间的 Unix 时间戳。

format 参数是由指定的字符构成的，具体字符的含义如表 12-1 所示。

表 12-1 format 字符的含义

format 字符	含 义
a	am 或 pm
A	AM 或 PM
d	几日，二位数字，若不足二位，则前面补零。例如 01 至 31
D	星期几，三个英文字母。例如 Fri
F	月份，英文全名。例如 January
h	12 小时制的小时。例如 01 至 12
H	24 小时制的小时。例如 00 至 23
g	12 小时制的小时，不足二位不补零。例如 1 至 12
G	24 小时制的小时，不足二位不补零。例如 0 至 23
i	分钟。例如 00 至 59
j	几日，二位数字，若不足二位不补零。例如 1 至 31
l	星期几，英文全名。例如 Friday
m	月份，二位数字，若不足二位则在前面补零。例如 01 至 12
n	月份，二位数字，若不足二位则不补零。例如 1 至 12
M	月份，三个英文字母。例如 Jan
s	秒。例如 00 至 59
S	字尾加英文序数，两个英文字母。例如 th、nd
t	指定月份的天数。例如 28 至 31
U	总秒数

续表

format 字符	含 义
w	数值型的星期几。例如 0(星期日)至 6(星期六)
Y	年，四位数字。例如 1999
y	年，二位数字。例如 99
z	一年中的第几天。例如 0 至 365

下面通过一个例子来理解 format 字符的使用方法。

实例 2 使用 date()方法转换当前时间(案例文件：ch12\12.2.php)

```
<?php
   date_default_timezone_set("PRC"); //设置默认时区为北京时间
   //定义一个当前时间的变量
   $tt = time();
   echo "目前的时间为：<br/>";
   //使用不同的格式化字符测试输出效果
   echo date("Y年m月d日[l]H点i分s秒",$tt)."<br/>";
   echo date("y-m-d h:i:s a",$tt)."<br/>";
   echo date("Y-M-D H:I:S A",$tt)."<br/>";
   echo date("F,d,y l",$tt)." <br/>";
   echo date("Y-M-D H:I:S",$tt)." <br/>";
?>
```

运行结果如图 12-2 所示。格式化字符的使用方法非常灵活，只要设置字符串中包含的字符，date()函数就能将字符串替换成指定的日期时间信息。利用上面的函数可以随意输出自己需要的日期。

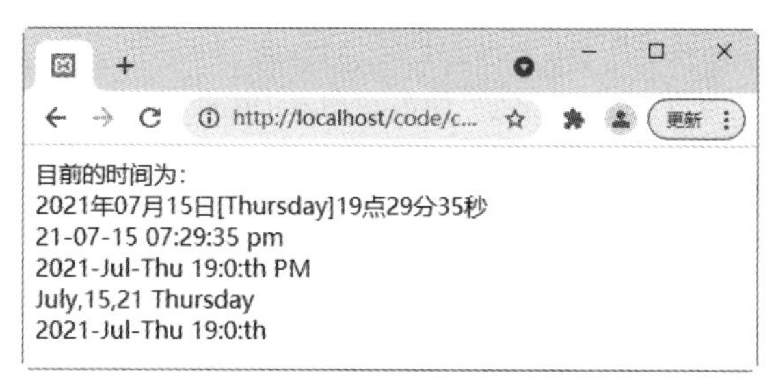

图 12-2 使用 date()方法转换当前时间

2. getdate()函数

getdate()函数可以获取详细的时间信息，函数的格式如下：

```
array getdate(时间戳整数)
```

getdate()函数返回一个数组，包含日期和时间的各个部分。如果它的参数时间戳整数为空，则表示直接获取当前时间戳。

实例 3 使用 getdate()函数获取详细的时间信息(案例文件：ch12\12.3.php)

```
<?php
   date_default_timezone_set("PRC");      //设置默认时区为北京时间
   //定义一个时间的变量
   $tm ="2021-10-10 08:08:08";
   echo "时间为: ". $tm. "<br />";
   //将格式转换为 Unix 时间戳
   $tp = strtotime($tm);
   echo "此时间的 Unix 时间戳为: ".$tp. "<br />";
   $ar1 = getdate($tp);
   echo "年为: ". $ar1["year"]."<br />";
   echo "月为: ". $ar1["mon"]."<br />";
   echo "日为: ". $ar1["mday"]."<br />";
   echo "点为: ". $ar1["hours"]."<br />";
   echo "分为: ". $ar1["minutes"]."<br />";
   echo "秒为: ". $ar1["seconds"]."<br />";
?>
```

运行结果如图 12-3 所示。

图 12-3　使用 getdate()函数

12.2.5　检验日期的有效性

使用用户输入的时间数据时，有时会由于用户输入的数据不规范，导致程序运行出错。为了检查时间的合法有效性，需要使用 checkdate()函数对输入日期进行检查。它的格式如下：

```
checkdate(月份, 日期, 年份)
```

此函数检查的项目是，年份整数是否在 0 到 32767 之间，月份整数是否在 1 到 12 之间，日期整数是否在相应的月份的天数内。

实例 4 检查日期的有效性(案例文件：ch12\12.4.php)

```
<?php
   if(checkdate(2,30,2021)){
       echo "此日期是有效日期! ";
   }else{
```

```
        echo "此日期不符合规范！";
    }
?>
```

运行结果如图 12-4 所示。

图 12-4　使用 checkdate()函数对输入日期进行检查

12.2.6　输出格式化时间戳的日期和时间

使用 strftime()函数可以把时间戳格式化为日期和时间。它的格式如下：

```
strftime(格式, 时间戳)
```

其中有两个参数，格式决定了如何把其后面的时间戳格式化并且输出。如果时间戳为空，则系统的当前时间戳将会被使用。

关于格式代码的含义，如表 12-2 所示。

表 12-2　格式代码的含义

代　码	含　义	代　码	含　义
%a	周日期(缩简)	%A	周日期
%b 或%h	月份(缩简)	%B	月份
%c	标准格式的日期和时间	%C	世纪值(年份除以 100 后取整数)
%d	月日期(从 01 到 31)	%D	日期的缩简格式(mm/dd/yy)
%e	包含两个字符的字符串月日期(从‘01’到‘31’)		
%g	与 ISO 8601 星期数对应的 2 位数年份	%G	与 ISO 8601 星期数对应的 4 位数年份
		%H	小时数(从 00 到 23)
		%I	小时数(从 1 到 12)
%j	一年中的天数(从 001 到 366)		
%m	月份(从 01 到 12)	%M	分钟(从 00 到 59)
%n	新一行(同\n)		
%p	am 或 pm	%P	指定时间的小写 am 或 pm
%r	时间使用 am 或 pm 表示	%R	时间使用 24 小时制表示
		%S	秒(从 00 到 59)

续表

代　码	含　义	代　码	含　义
%t	Tab(同\t)	%T	时间使用 hh:ss:mm 格式表示
%u	周天数 (从 1-Monday 到 7-Sunday)	%U	一年中的周数(从第一周的第一个星期天开始)
		%V	一年中的周数(以至少剩余四天的这一周开始为第一周)
%w	星期中的第几天 (从 0-Sunday 到 6-Saturday)	%W	一年中的周数(从第一周的第一个星期一开始)
%x	标准格式日期(无时间)	%X	标准格式时间(无日期)
%y	年份(2 位数)	%Y	年份(4 位数)
%z 和%Z	时区		

实例 5　输出格式化日期和时间(案例文件：ch12\12.5.php)

```
<?php
   date_default_timezone_set("PRC");
   echo(strftime("%b %d %Y %X", mktime(20,0,0,12,31,2021)));
   echo(gmstrftime("%b %d %Y %X", mktime(20,0,0,12,31,2021)));
   //输出当前日期、时间和时区
   echo(gmstrftime("It is %a on %b %d, %Y, %X time zone: %Z",time()));
?>
```

运行结果如图 12-5 所示。

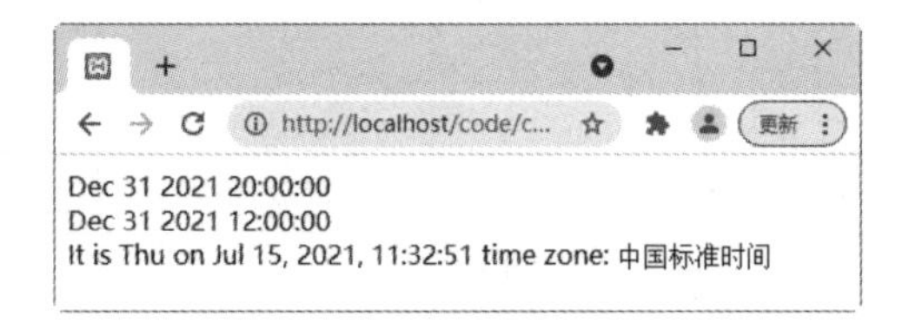

图 12-5　输出格式化日期和时间

12.2.7　显示本地化的日期和时间

由于各国家和地区有不同的显示习惯和规范，所以日期和时间也会根据不同的地区显示为不同的形式。这就是日期和时间的本地化显示。

实现此操作需要用到 setlocale()和 strftime()两个函数，后者已经介绍过。

使用 setlocale()函数可以改变 PHP 的本地化默认值，实现本地化的设置，它的格式如下：

```
setlocale(目录, 本地化值)
```

(1) 本地化值是一个字符串，它有一个标准格式：language_COUNTRY.characterset。例如，想把本地化值设为美国，按照此格式为 en_US.utf8；如果想把本地化值设为英国，按照此格式为 en_GB.utf8；如果想把本地化值设为中国，且为简体中文，按照此格式为 zh_CN.gb2312 或者 zh_CN.utf8。

(2) 目录是指 6 个不同的本地化目录，如表 12-3 所示。

表 12-3　本地化目录

目　录	说　明
LC_ALL	为后面其他的目录设定本地化规则的目录
LC_COLLATE	字符串对比目录
LC_CTYPE	字符类别及转换规则
LC_MONETARY	货币表示规则
LC_NUMERIC	数字表示规则
LC_TIME	日期和时间表示规则

由于这里要对日期和时间进行本地化设置，需要用到的目录是 LC_TIME。

实例 6　对日期和时间进行本地化操作(案例文件：ch12\12.6.php)

```
<?php
    date_default_timezone_set("Asia/Hong_Kong");    //设置时区为中国时区
    setlocale(LC_TIME, "zh_CN.gb2312");             //设置时间的本地化显示方法
    echo strftime("%z");                            //输出所在的时区
?>
```

运行结果如图 12-6 所示。+0800 表示东八区。

图 12-6　日期时间本地化

12.2.8　将日期和时间解析为 Unix 时间戳

使用给定的日期和时间，操作 mktime()函数可以生成相应的 Unix 时间戳。它的格式如下：

```
mktime(小时, 分钟, 秒, 月份, 日期, 年份)
```

把时间和日期的各部分输入相应位置的参数，即可得到相应的时间戳。

实例 7　使用 mktime()函数(案例文件：ch12\12.7.php)

```
<?php
    $timestamp = mktime(10,10,0,5,31,2021);
    echo $timestamp;
?>
```

运行结果如图 12-7 所示。

图 12-7 使用 mktime()函数

12.2.9 日期和时间在 PHP 和 MySQL 数据格式之间转换

日期和时间在 MySQL 中是按照 ISO 8601 格式储存的。这种格式要求以年份打头，如 2018-03-08。从 MySQL 读取的默认格式也是这样。对于这种格式我们中国人是比较熟悉的。在中文应用中，这种格式几乎不用转换，就可以直接使用。

但是，在西方的表达方法中，经常把年份放在月份和日期的后面，如 March 08, 2018。所以，在接触到国际的，特别是符合英语使用习惯的项目时，需要对 ISO 8601 格式的日期和时间做合适的转换。

为了解决这个英文使用习惯和 ISO 8601 格式冲突的问题，MySQL 提供了把英文使用习惯的日期和时间转换为符合 ISO 8601 标准的两个函数，它们是 DATE_FORMAT()和 UNIX_TIMESTAMP()。这两个函数在 SQL 语言中使用。

12.3 时间和日期的综合应用

在网站中，经常需要计算代码执行时间，以衡量代码执行效率。使用 PHP 的 microtime()函数可以实现这个任务。该函数的语法格式如下：

```
microtime (void)
```

该函数返回当前 UNIX 时间戳和微秒数。返回格式为 msec sec 的字符串，其中，sec 是当前的 UNIX 时间戳，msec 为微秒数。

实例 8　时间和日期的综合应用(案例文件：ch12\12.8.php)

本实例将计算当前时间与 2022 年过年的间隔小时数、当前时间与 2022 年元旦的间隔天数，最后计算此程序执行的时间。

```
<!doctype html>
<html>
<head>
    <meta charset="utf-8">
    <style type="text/css">
        .center{text-align:center;}
        .red {color:red;}
    </style>
    <title></title>
</head>
```

```
<body>
<div class="center">
    <?php
    function run_time(){
        list($msec, $sec) = explode(" ", microtime());
        return ((float)$msec + (float)$sec);
    }
    $start_time = run_time();
    $time1 = strtotime(date( "Y-m-d H:i:s"));
    $time2 = strtotime("2022-2-10 17:10:00");
    $time3 = strtotime("2022-1-1");
    $sub1 = ceil(($time2 - $time1) / 3600);   //60 * 60    ceil()为向上取整
    $sub2 = ceil(($time3 - $time1) / 86400);   //60 * 60 * 24
    echo "<p>离 2022 年过年还有<span class='red'>$sub1</span>小时!</p>" ;
    echo "<p>离 2022 年元旦还有<span class='red'>$sub2</span>天!</p>";
    $end_time = run_time();
    ?>
    <p>此程序运行时间：<span class="red"> <?php echo ($end_time -
$start_time); ?> </span>秒</p>
</div>
</body>
</html>
```

运行结果如图 12-8 所示。

图 12-8　时间和日期的综合应用

12.4　就业面试问题解答

问题 1：如何在 MySQL 中存储日期？

网页中显示的日期虽然比较容易阅读，但是不适合在 MySQL 中存储，因为如果以字符串方式存储日期，需要不停地在字符串和日期类型之间来回转换。

存储日期比较好的方式是使用 MySQL 时间戳。为了获取服务器本地时区的当前时间，可以使用 NOW()或 CURRENT_TIMESTAMP()函数，也可以使用 UTC_TIMESTAMP()函数获取 UTC 时区时间戳。

问题 2：定义日期和时间时出现警告怎么办？

在运行 PHP 程序时，可能会出现这样的警告：PHP Warning: date(): It is not safe to rely on the system's timezone settings 等。出现上述警告是因为 PHP 所取的时间是格林尼治标准

时间，所以与用户当地的时间会有出入，由于格林尼治标准时间与北京时间大概差 8 个小时左右，所以会弹出警告。可以使用下面方法中的任意一个来解决。

(1) 在页头使用 date_default_timezone_set()设置默认时区为北京时间，即

```
<?php date_default_timezone_set("PRC"); ?>
```

(2) 在 php.ini 中设置 date.timezone 的值为 PRC，设置语句为 date.timezone=PRC，同时取消这一行代码的注释，即去掉前面的分号。

12.5 上机练练手

上机练习 1：设计在线日历。

本案例将实现日历效果，如图 12-9 所示。

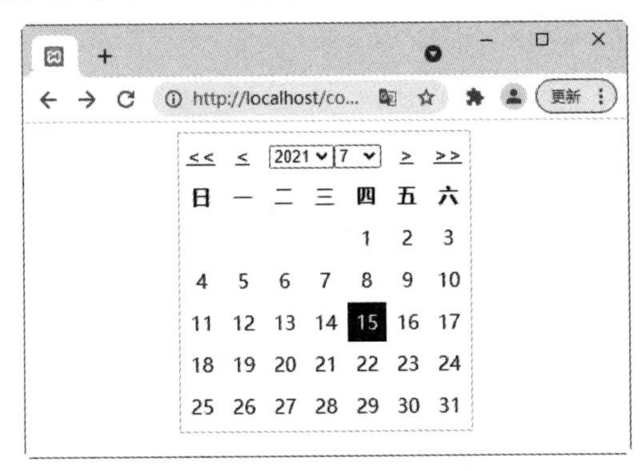

图 12-9 实现日历效果

上机练习 2：输出当前日期和时间并判断是否为闰年。

输出当前日期、时间、星期，然后判断当前日期是否为闰年，结果如图 12-10 所示。

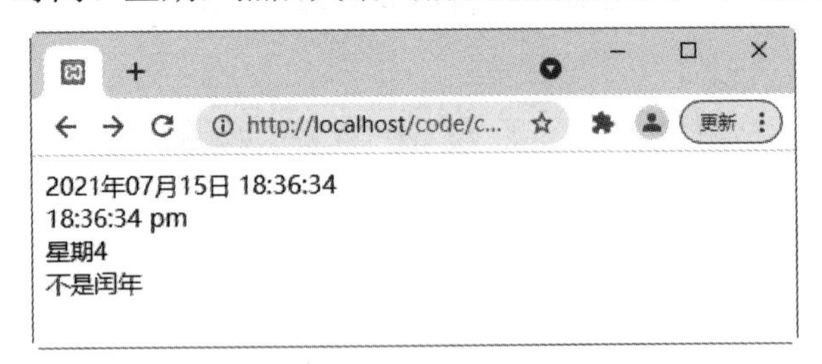

图 12-10 输出当前日期和时间并判断是否为闰年

第13章

Cookie和Session

由于 HTTP Web 协议是没有记忆功能的无状态协议，所以每次连接需要的数据都要重新传递，无形中增加了工作量。Cookie 和 Session 的出现很好地解决了上述问题。Cookie 和 Session 是两种不同的存储机制。其中，Cookie 存储在客户端，可以将数据从一个页面传递到下一个页面；Session 存储在服务器端，可以让数据在页面中持续存在。本章主要讲解创建、读取、删除 Cookie 的方法，以及 Session 管理和高级应用技巧。

13.1 Cookie 的基本操作

Cookie 是服务器在客户端维护用户信息的一种普遍方法。下面详细讲述 Cookie 的基本操作。

13.1.1 什么是 Cookie

Cookie 常用于识别用户。Cookie 是服务器留在用户计算机中的小文件。

Cookie 的工作原理是：当一个客户端浏览器连接一个 URL 时，它会首先扫描本地储存的 Cookie，如果发现其中有与此 URL 相关联的 Cookie，将会把它返回给服务器端。

Cookie 通常应用于以下几个方面。

(1) 在页面之间传递变量。因为浏览器不会保存当前页面上的任何变量信息，如果页面被关闭，则页面上的所有变量信息也会消失。而通过 Cookie，可以把变量值保存下来，然后另外的页面就可以重新读取这个值。

(2) 记录访客的一些信息。利用 Cookie，可以记录用户曾经输入的信息，或者记录访问网页的次数。

(3) 通过把所查看的页面存放在 Cookie 临时文件夹中，可以提高以后的浏览速度。

13.1.2 创建 Cookie

在 PHP 中通过 setcookie()函数可以创建 Cookie。其语法格式如下：

```
bool setcookie(string name[,string value[,int expire[,string
path[,string domain[,int secure]]]]])
```

各个参数的含义如下。

(1) name：用于设置 Cookie 的变量名。

(2) value：Cookie 变量的值，该值保存在客户端，尽量不保存敏感数据。

(3) expire：Cookie 的失效时间。

(4) path：Cookie 在服务器端的有效路径。

(5) domain：Cookie 的有效域名。

(6) secure：设置 Cookie 是否仅通过安全的 HTTPS。如果值为 1，则 Cookie 只能在 HTTPS 连接上有效；如果值为 0，则 Cookie 在 HTTP 和 HTTPS 连接上都有效。该参数的默认值为 0。

Cookie 是 HTTP 头标的组成部分，而头标必须在页面上的其他内容之前发送，Cookie 必须最先输出，否则会导致程序出错。可见，setcookie()函数必须位于<html>标记之前。

实例 1 创建 Cookie(案例文件：ch13\13.1.php)

在本例中，将创建名为 name 的 Cookie，把它赋值为“苹果”，并且规定了此 Cookie

在半个小时后过期。

```
<?php
   setcookie("name", "苹果", time()+1800);
?>
```

在谷歌浏览器中运行上述程序，会在 Cookies 文件夹下自动生成一个 Cookie 文件，有效时间为半个小时，在 Cookie 失效后，Cookie 文件将自动被删除。

下面来查看创建的 Cookie。在谷歌浏览器页面右击，在弹出的快捷菜单中选择“检查”命令，如图 13-1 所示。

图 13-1　选择“检查”命令

在浏览器中选择 Application 命令，然后在左侧列表中选择 Storage→Cookies→http://localhost 选项，即可查看到 Cookie 的内容，如图 13-2 所示。

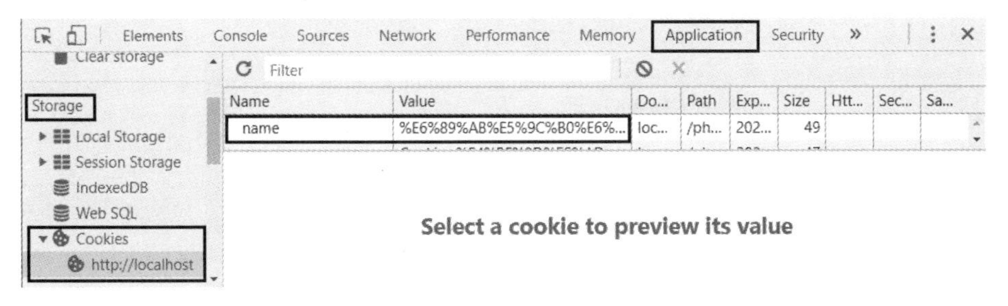

图 13-2　查看 Cookie 的内容

注意：如果用户没有设置 Cookie 的到期时间，则默认立即到期，即在关闭浏览器时会自动删除 Cookie 数据。

13.1.3　读取 Cookie

在 PHP 中，可以使用$_COOKIE 变量获取 Cookie 的值。

实例 2　读取 name 的 Cookie 值(案例文件：ch13\13.2.php)

本实例将读取 name 的 Cookie 值，并把它显示在页面上。

```
<?php
    //输出一个 Cookie
    echo $_COOKIE["name"]."<br />";
    //显示所有的 Cookie
    print_r($_COOKIE);
?>
```

程序运行效果如图 13-3 所示。

图 13-3　读取 Cookie 值

用户可以通过 isset()函数来确认是否已设置了 Cookie。

实例 3　确认是否已经设置了指定的 Cookie(案例文件：ch13\13.3.php)

```
<?php
    if (isset($_COOKIE["name"])){                       //假如 Cookie 文件存在
        echo "水果的名称是：" . $_COOKIE["name"] . "!<br />";
    }else{                                              //如果 Cookie 文件不存在
        echo "对不起，Cookie 的值不存在!<br />"; }
?>
```

程序运行结果如图 13-4 所示。

图 13-4　通过 isset()函数确认是否已设置了 Cookie

13.1.4　删除 Cookie

常见的删除 Cookie 的方法有两种，包括使用函数删除和在浏览器中手动删除。

1. 使用函数删除

删除 Cookie 仍然使用 setcookie()函数。当删除 Cookie 时，将第二个参数设置为空，第三个参数的过期时间设置为小于系统的当前时间即可。

实例 4　删除 Cookie(案例文件：ch13\13.4.php)

```
<?php
    //将 Cookie 的过期时间设置为比当前时间少 20 秒
   setcookie("name", "", time()-20);
?>
```

在上面的代码中，time()函数返回的是当前的系统时间，把过期时间减少 20 秒，这样过期时间就会变成过去的时间，从而删除 Cookie。如果将过期时间设置为 0，则也可以直接删除 Cookie。

2. 在浏览器中手动删除

由于自动生成的 Cookie 文件会存在于 IE 浏览器的 Cookies 临时文件夹中，在浏览器中删除 Cookie 文件是比较快捷的方法。具体的操作步骤如下。

01 在浏览器的菜单栏中选择“工具”→“Internet 选项”命令，如图 13-5 所示。

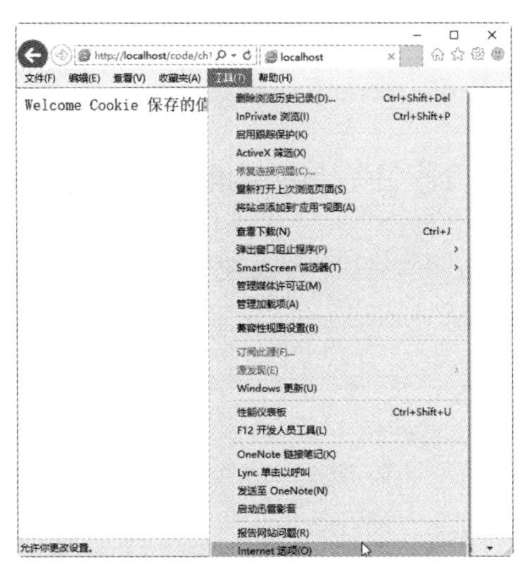

图 13-5 选择“Internet 选项”命令

02 弹出“Internet 选项”对话框，然后在“常规”选项卡中单击“删除”按钮，如图 13-6 所示。

03 弹出“删除浏览历史记录”对话框，选中“Cookie 和网站数据”复选框，单击“删除”按钮，如图 13-7 所示。返回到“Internet 选项”对话框，单击“确定”按钮，即可完成删除 Cookie 的操作。

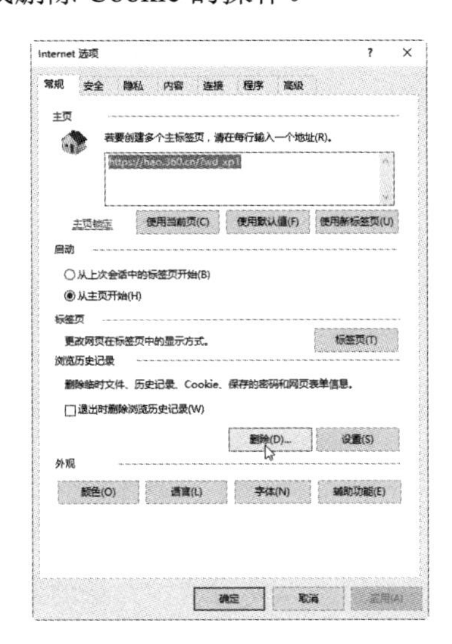

图 13-6 “Internet 选项”对话框

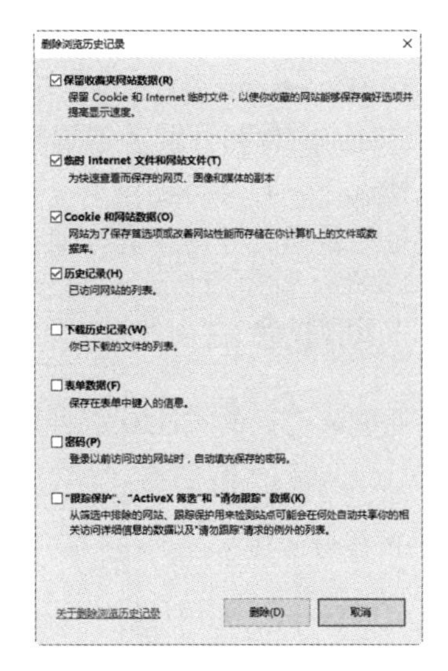

图 13-7 “删除浏览历史记录”对话框

13.1.5 Cookie 的生命周期

如果设置了 Cookie 的过期时间，那么浏览器会把 Cookie 保存在硬盘中，再次打开浏览器时依然有效，直到它的有效期超时。

如果没有设置 Cookie 的过期时间，那么浏览器被关闭后，Cookie 就会自动消失。Cookie 只保存在内存中，而不会保存在硬盘上。

需要特别注意的是，在 Cookie 的有效期内，如果 Cookie 文件的数量超过 300 个，或者每个域名超过 20 个 Cookie，则浏览器会自动随机删除 Cookie。

13.2 Session 管理

和 Cookie 相比，Session 变量在生命周期中可以被跨页的请求所引用，而且不像 Cookie 那样有存储长度的限制。

13.2.1 什么是 Session

由于 HTTP 是无状态协议，也就是说，HTTP 的工作过程是请求与回应的简单过程，所以 HTTP 没有一个内置的方法来储存这个过程中各方的状态。例如，当同一个用户向服务器发出两个不同的请求时，虽然服务器端都会给以相应的回应，但是它并没有办法知道这两个动作是由同一个用户发出的。

由此，会话(Session)管理应运而生。通过使用一个会话，程序可以跟踪用户的身份和行为，并且根据这些状态数据，给用户以相应的回应。

当启动一个 Session 会话时，由 PHP 随机生成一个唯一的加密数字 Session ID，也就是 Session 的文件名，此时 Session ID 会被存储在服务器的内存中，当关闭页面时此 Session ID 会自动注销，重新登录此页面时，会再次生成一个随机且唯一的 Session ID。

Session ID 就像是一把钥匙，用来注册到 Session 变量中。而这些 Session 变量是储存在服务器端的。Session ID 是客户端唯一存在的会话数据。

使用 Session ID 打开服务器端相对应的 Session 变量，跟用户相关的会话数据便一目了然。默认情况下，在服务器端的 Session 变量数据是以文件的形式加以储存的，但是会话变量数据也经常通过数据库进行保存。

13.2.2 创建会话

常见的创建会话的方法有 3 种，包括 PHP 自动创建、使用 session_start()函数创建和使用 session_register()函数创建。

1. PHP 自动创建

用户可以在 php.ini 中设定 session.auto_start 为启用。但是，使用这种方法的同时，不能把 Session 变量对象化。如果需要在会话中加载某个对象，需要在创建会话前加载。

2. 使用 session_start()函数创建

这个函数首先会检查当前是否已经存在一个会话，如果不存在，它将创建一个全新的会话，并且这个会话可以访问超全局变量$_SESSION 数组。如果已经有一个存在的会话，函数会直接使用这个会话，加载已经注册过的会话变量，然后使用。

session_start()函数的语法格式如下：

```
bool session_start(void);
```

特别需要注意的是，session_start()函数必须位于<html>标记之前。

实例 5　使用 session_start()函数(案例文件：ch13\13.5.php)

```
<?php session_start(); ?>
<html>
<body>
<h1>使用 session_start()函数</h1>
</body>
</html>
```

上面的代码会向服务器注册用户的会话，以便可以开始保存用户信息，同时会为用户会话分配一个 UID。

3. 使用 session_register()函数创建

在使用 session_register()函数之前，需要在 php.ini 文件中将 register_globals 设置为 on，然后重启服务器。session_register()函数通过为会话登记一个变量来隐式地启动会话。

13.2.3　注册会话变量

会话变量被启动后，全部保存在数组$_SESSION 中。用户可以通过对$_SESSION 数组赋值来注册会话变量。

例如，启动会话，创建一个 Session 变量，并赋值“扫地机器人”，代码如下：

```
<?php
   session_start();                      //启动 Session
   $_SESSION['name']='扫地机器人';   //声明一个名为 name 的变量，并赋值“扫地机器人”
?>
```

这个会话变量值会在此会话结束或被注销后失效，或者根据 php.ini 中的 session.gc_maxlifetime(当前系统设置为 86400 秒，也就是 24 小时)会话最大生命周期数过期而失效。

13.2.4　使用会话变量

使用会话变量，首先要判断会话变量是否存在一个会话 ID，如果不存在，则需要创建一个，并且能够通过$_SESSION 变量进行访问。如果已经存在，则将这个已经注册的会话变量载入，以供用户使用。

在访问$_SESSION 数组时，先要使用 isset()或 empty()函数来确定$_SESSION 中的会话变量是否为空。

例如：

```
<?php
    if(!empty($_SESSION['session_name'])){         //判断会话变量是否为空
        $ssvalue = $_SESSION['session_name'];      //声明一个变量并赋值
    }
?>
```

实例 6 存储和读取$_SESSION 变量的值(案例文件：ch13\13.6.php)

```
<?php
    session_start();
    //存储会话变量的值
    $_SESSION['num'] = 8888;
  ?>

<html>
<body>
<?php
    //读取会话变量的值
    echo "电视机的库存是：". $_SESSION['num']."台！";
?>
</body>
</html>
```

程序运行效果如图 13-8 所示。

图 13-8 存储和读取$_SESSION 变量的值

13.2.5 注销和销毁会话变量

注销会话变量使用 unset()函数，如 unset($_SESSION['name'])(不再需要使用 PHP 4 中的 session_unregister()或 session_unset())。

unset()函数用于释放指定的 Session 变量，代码如下：

```
<?php
    unset($_SESSION['num']);
?>
```

如果要注销所有会话变量，只需要向$_SESSION 赋值一个空数组。代码如下：

```
<?php
    $_SESSION = array();
?>
```

会话注销后，使用 session_destroy()函数可以销毁会话，其实就是清除相应的 Session ID。代码如下：

```
<?php
    session_destroy();
?>
```

13.3　Session 的高级应用

本节将继续学习 Session 的高级应用知识。

13.3.1　Session 临时文件

默认情况下，用户的 Session 文件都保存在临时目录中，这样会降低服务器的安全性和执行效率。

如果想解决上述问题，可以使用 session_save_path()函数修改 Session 的存放路径。注意该函数需要在 session_start()函数之前执行，否则会报错。

实例 7　修改 Session 的存放路径(案例文件：ch13\13.7.php)

```
<?php
    $path = './stmp/';      //定义 Session 的存放路径
    Session_save_path($path);
    session_start();
    $_SESSION['./stmp/'] = '张三丰'
?>
```

运行上述程序，即可查看 stmp 文件夹下的 Session 文件内容，如图 13-9 所示。

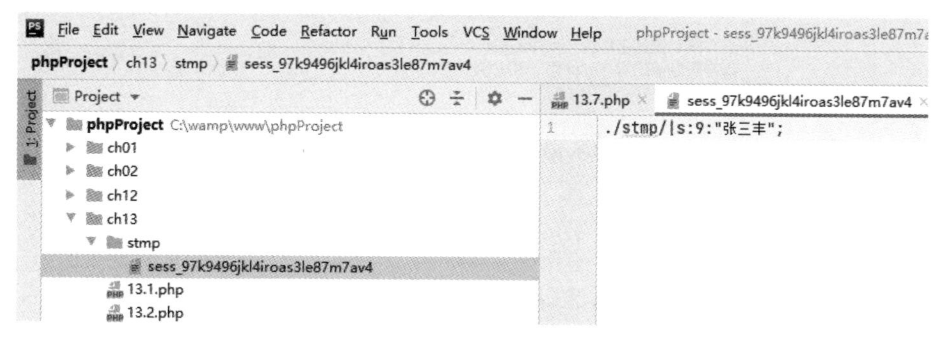

图 13-9　修改 Session 的存放路径

注意，在程序文件的相同目录下，需要创建一个文件夹 stmp，否则会报错。

13.3.2　Session 缓存限制器

用户在第一次浏览网页时，页面的部分内容会在规定的时间内被临时存储在客户端的文件夹中，下次访问该页面时，浏览器会读取缓存中的内容，从而提高网站的浏览效率。要实现上述效果，就需要设置 Session 缓存限制器，把网页中的内容临时存储在客户端的文件夹下，并设置缓存的时间。

Session 缓存限制器是通过 session_cache_limiter()函数来实现的，其语法格式如下：

```
string session_cache_limiter([sting cache_limiter])
```

可以使用 session_cache_expire()函数设置缓存时间，其语法格式如下：

```
int session_cache_expire([int new_cache_expire])
```

这里的参数 new_cache_expire 用于设置 Session 缓存的时间，单位为分钟。
注意上述两个函数都需要在 session_start()函数之前调用，否则会出错。

实例 8　Session 缓存限制器(案例文件：ch13\13.8.php)

```
<?php
    //设置缓存限制器 mylimiter
    session_cache_limiter('mylimiter');
    $cache_limiter = session_cache_limiter();
    //设置缓存过期时间为 50 分钟
    session_cache_expire(50);
    $cache_expire =session_cache_expire();
    //启动会话
    session_start();
    echo "缓存限制器的名称为: ".$cache_limiter."<br />";
    echo "缓存限制器的缓存时间为: ".$cache_expire."分钟";
?>
```

程序运行结果如图 13-10 所示。

图 13-10　Session 缓存限制器

13.3.3　储存 Session ID

PHP 默认情况下会使用 Cookie 来储存 Session ID。但是如果客户端浏览器不能正常工作，就需要用 URL 方式传递 Session ID 了。把 php.ini 中的 session.use_trans_sid 设置为启用状态，就可以自动通过 URL 来传递 Session ID。

不过，通过 URL 传递 Session ID 会产生一些安全问题。如果这个连接被其他用户拷贝并使用，有可能造成用户判断错误。其他用户可能会使用 Session ID 访问目标用户的数据。

或者可以通过程序把 Session ID 储存到常量 SID 中，然后通过一个连接传递。

13.4　就业面试问题解答

问题 1：如何实现 7 天免登录功能？

在成功登录一次系统之后，将用户的信息保存到 Cookie 中，等到下一次登录时，系统就会先去 Cookie 中验证登录信息，登录信息正确且没有失效时，就可以实现免登录。

第一次登录成功后，将用户的信息保存到 Cookie 中。

```
<?php
//登录成功后，假设$user 保存了用户的登录信息，这里设置为七天免登录
setcookie('user',$user,time()+7*24*3600);
?>
```

第二次登录，验证登录信息。

```
<?php
//先判断是否有 cookie 信息
if(isset($_COOKIE['user'])){
    //获取 cookie 中的用户信息，判断是否有效
    $user = $_COOKIE['user'];
...
//跳转到登录成功页面
?>
```

问题 2：Session 如何访问 Cookie 的内容？

在浏览器中，有些用户出于安全考虑，关闭了浏览器的 Cookie 功能，导致 Cookie 不能正常工作。

使用 Session 不需要手动设置 Cookie，PHP Session 可以自动处理。可以使用会话管理及 PHP 中的 session_get_cookie_params()函数来访问 Cookie 的内容。这个函数将返回一个数组，包括 Cookie 的生存周期、路径、域名、secure 等。它的格式如下：

```
session_get_cookie_params(生存周期,路径,域名,secure)
```

13.5　上机练练手

上机练习 1：使用 Cookie 记录用户的账号和密码。

本案例将使用 Cookie 记录用户的账号和密码。首先接收表单数据，然后判断有没有设置 Cookie，如果没有设置 Cookie，就设置 Cookie。第一次登录的时候，输入账号和密码，如图 13-11 所示，单击“登录”按钮，就设置了 Cookie 的内容，显示结果如图 13-12 所示。

从第二次登录开始，每一次登录请求，浏览器会给服务器发 Cookie 进行验证，如果账号和密码都正确，显示结果如图 13-13 所示。如果账号或密码错误，显示结果如图 13-14 所示。

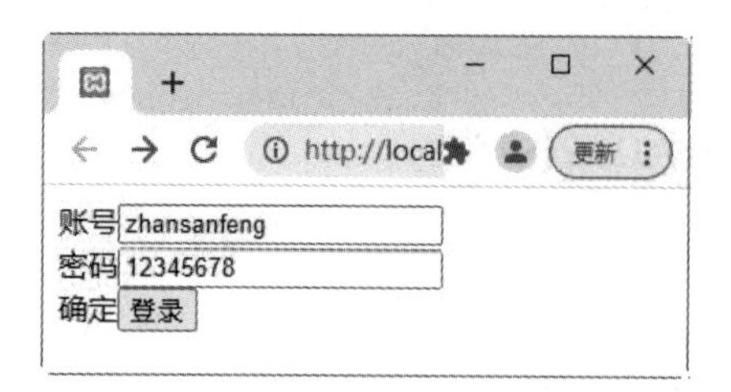

图 13-11　输入账号和密码

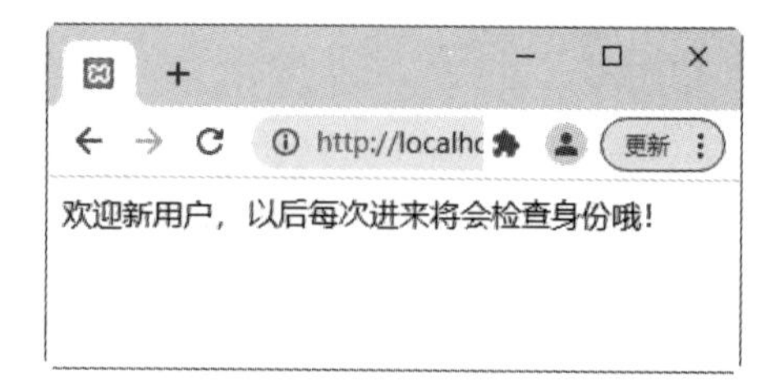

图 13-12　第一次成功登录页面

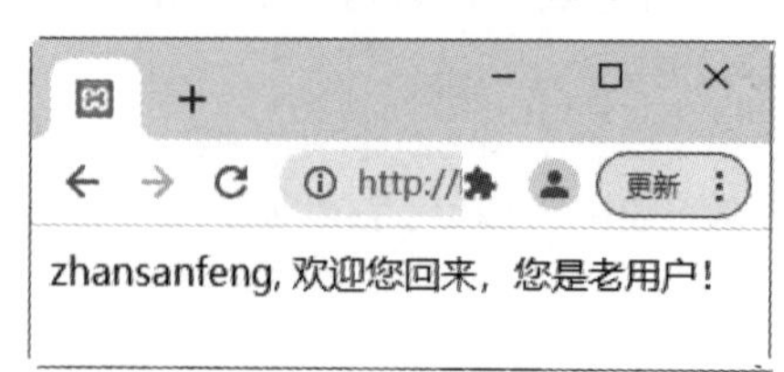

图 13-13　再次成功登录页面

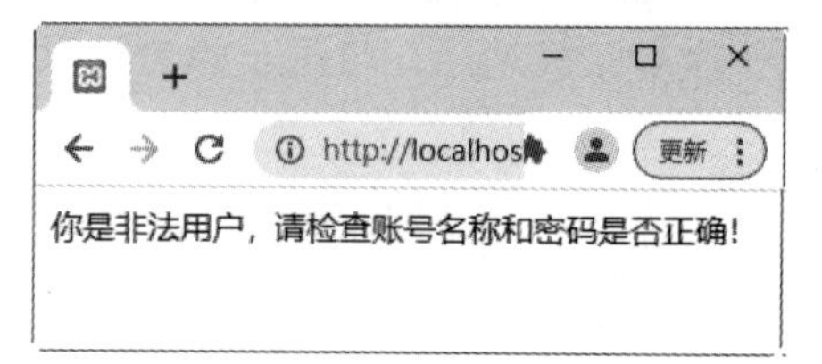

图 13-14　账号或密码错误

上机练习 2：使用 Session 设计网站防止恶意刷新计数器。

本实例将使用 PHP 制作防止恶意刷新的网站计数器，运行结果如图 13-15 所示。无论如何刷新页面，计数器计数始终不变。关闭浏览器，然后重新打开该页面，计数才加 1，如图 13-16 所示。

图 13-15　防止恶意刷新计数器

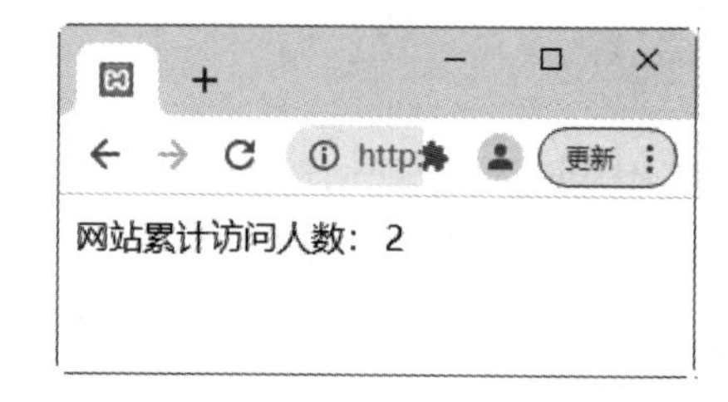

图 13-16　计数加 1

第14章

图形图像处理技术

通过自带的 GD 库，PHP 可以非常轻松地处理图形图像，还可以创建及操作多种不同格式的图像文件，包括 GIF、PNG、JPG、WBMP 和 XPM 等。另外，图形化类库 JpGraph 也是一款非常强大的图形处理工具，可以绘制各种统计图和曲线图。本章将详细介绍 GD 库和 JpGraph 库的使用方法。

14.1 在 PHP 中加载 GD 库

GD 库在 PHP 中是默认安装的，但要激活 GD 库，必须先修改 php.ini 文件。将该文件中的 extension=gd 前面的“;”删除，保存修改后的文件并重新启动 XAMPP 服务器即可生效，如图 14-1 所示。

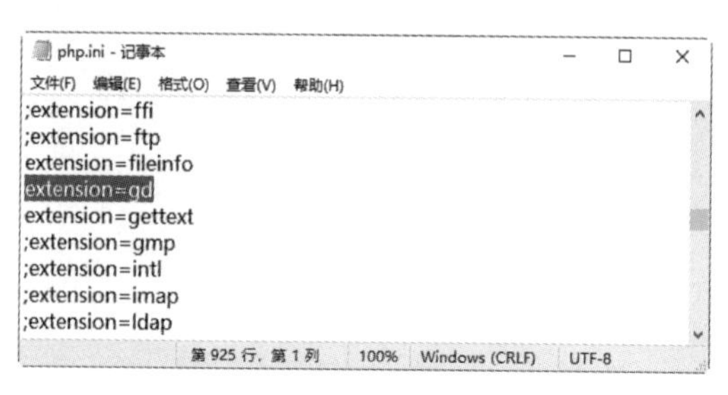

图 14-1 修改 php.ini 配置文件

GD 库加载后，可以通过 phpinfo()函数查看 GD 库是否安装成功，如图 14-2 所示。

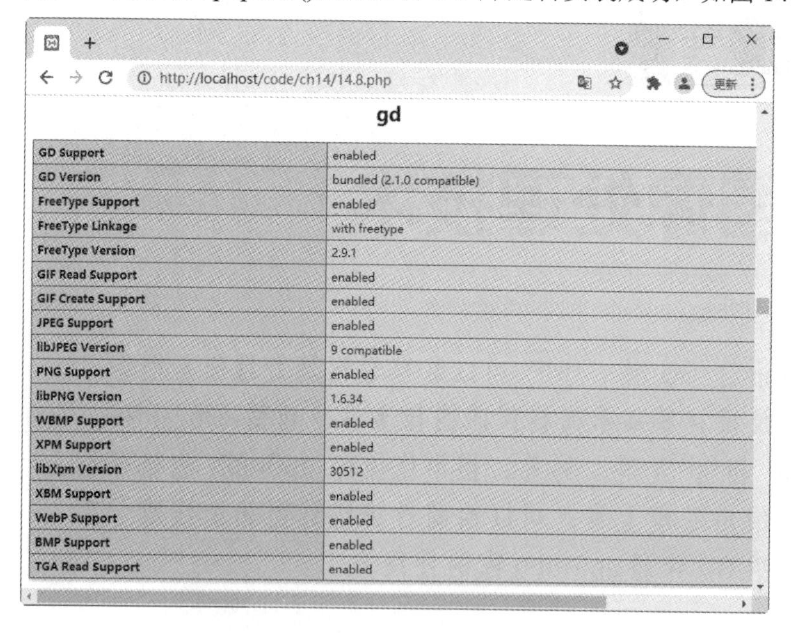

GD Support	enabled
GD Version	bundled (2.1.0 compatible)
FreeType Support	enabled
FreeType Linkage	with freetype
FreeType Version	2.9.1
GIF Read Support	enabled
GIF Create Support	enabled
JPEG Support	enabled
libJPEG Version	9 compatible
PNG Support	enabled
libPNG Version	1.6.34
WBMP Support	enabled
XPM Support	enabled
libXpm Version	30512
XBM Support	enabled
WebP Support	enabled
BMP Support	enabled
TGA Read Support	enabled

图 14-2 查看 GD 库是否安装成功

下面了解 PHP 中常用的图像函数的功能，具体如表 14-1 所示。

表 14-1 图像函数的功能

函 数	功 能
gd_info	取得当前安装的 GD 库的信息
getimagesize	取得图像大小
image_type_to_mime_type	判断一个 IMAGETYPE 常量的 MIME 类型

续表

函　数	功　能
image2wbmp	以 WBMP 格式将图像输出到浏览器或文件
imagealphablending	设定图像的混色模式
imageantialias	是否使用 antialias 功能
imagearc	画椭圆弧
imagechar	水平地画一个字符
imagecharup	垂直地画一个字符
imagecolorallocate	为一幅图像分配颜色
imagecolorallocatealpha	为一幅图像分配颜色和透明度
imagecolorat	取得某像素的颜色索引值
imagecolorclosest	取得与指定的颜色最接近的颜色的索引值
imagecolorclosestalpha	取得与指定的颜色最接近的颜色的索引值
imagecolorclosesthwb	取得与给定颜色最接近的色度的黑白色的索引
imagecolordeallocate	取消图像颜色的分配
imagecolorexact	取得指定颜色的索引值
imagecolorexactalpha	取得指定颜色加透明度的索引值
imagecolormatch	使一个图像中调色板版本的颜色与真彩色版本更匹配
imagecolorresolve	取得指定颜色的索引值或有可能得到的最接近的替代值
imagecolorresolvealpha	取得指定颜色加透明度的索引值或有可能得到的最接近的替代值
imagecolorset	给指定调色板索引设定颜色
imagecolorsforindex	取得某索引的颜色
imagecolorstotal	取得一幅图像的调色板中颜色的数目
imagecolortransparent	将某个颜色定义为透明色
imagecopy	复制图像的一部分
imagecopymerge	复制并合并图像的一部分
imagecopymergegray	用灰度复制并合并图像的一部分
imagecopyresampled	重采样复制部分图像并调整大小
imagecopyresized	复制部分图像并调整大小
imagecreate	新建一个基于调色板的图像
imagecreatefromgd	从 GD 文件或 URL 中新建一个图像
imagecreatefromgdpart	从给定的 GD 文件或 URL 中的一部分新建一个图像
imagecreatefromgif	从 GIF 文件或 URL 中新建一个图像
imagecreatefromjpeg	从 JPEG 文件或 URL 中新建一个图像

续表

函 数	功 能
imagecreatefrompng	从 PNG 文件或 URL 中新建一个图像
imagecreatefromstring	从字符串中的图像流新建一个图像
imagecreatefromwbmp	从 WBMP 文件或 URL 中新建一个图像
imagecreatefromxbm	从 XBM 文件或 URL 中新建一个图像
imagecreatefromxpm	从 XPM 文件或 URL 中新建一个图像
imagecreatetruecolor	新建一个真彩色图像
imagedashedline	画一条虚线
imagedestroy	销毁一个图像
imageellipse	画一个椭圆
imagefill	区域填充
imagefilledarc	画一个椭圆弧并填充
imagefilledellipse	画一个椭圆并填充
imagefilledpolygon	画一个多边形并填充
imagefilledrectangle	画一个矩形并填充
imagefilltoborder	区域填充到指定颜色的边界为止
imagefontheight	取得字体高度
imagefontwidth	取得字体宽度
imageftbbox	取得使用了 FreeType 2 字体的文本的范围
imagefttext	使用 FreeType 2 字体将文本写入图像
imagegd	将 GD 图像输出到浏览器或文件
imagegif	以 GIF 格式将图像输出到浏览器或文件
imagejpeg	以 JPEG 格式将图像输出到浏览器或文件
imageline	画一条直线
imagepng	将调色板从一幅图像复制到另一幅
imagepolygon	画一个多边形
imagerectangle	画一个矩形
imagerotate	用给定角度旋转图像
imagesetstyle	设定画线的风格
imagesetthickness	设定画线的宽度
imagesx	取得图像宽度
imagesy	取得图像高度
imagetruecolortopalette	将真彩色图像转换为调色板图像

续表

函　数	功　能
imagettfbbox	取得使用 TrueType 字体的文本的范围
imagettftext	用 TrueType 字体向图像写入文本

14.2　GD 库的应用

使用 GD 函数库可以实现各种图形图像的处理，下面讲述 GD 库的应用案例。

14.2.1　创建一个简单的图像

使用 GD 库文件，就像使用其他库文件一样。由于它是 PHP 的内置库文件，不需要在 PHP 文件中再用 include 等函数进行调用。下面通过实例介绍图像的创建方法。

实例 1　创建一个长方形图像(案例文件：ch14\14.1.php)

```
<?php
   $tm = imagecreate(300,200);                            //创建一个画布
   $white = imagecolorallocate($tm, 255,0,0);             //设置画布的背景色为一种红色
   header('content-type: image/png');                     //设置图像的格式为 PNG
   imagegif($tm);                                         //输出图像
?>
```

运行程序，结果如图 14-3 所示。本例使用 imagecreate()函数创建一个宽 300 像素、高 200 像素的画布，并设置画布的 RGB 值为(255, 0, 0)，最后输出一个 png 格式的图像。

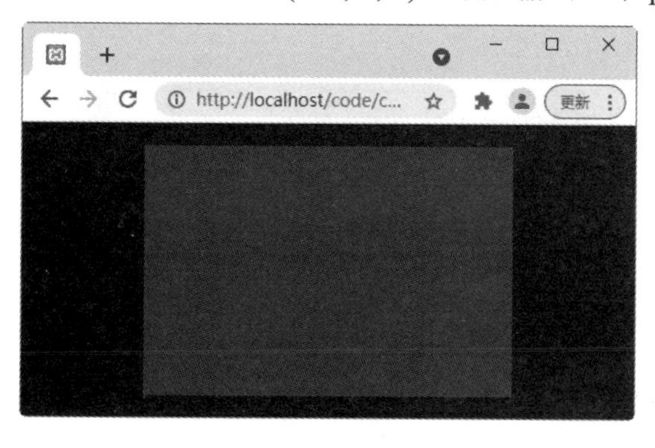

图 14-3　图像的创建

使用 imagecreate(300, 200)函数创建基于普通调色板的画布，支持 256 色，其中 300 和 200 为图像的宽度和高度，单位为像素。

上面的案例只是把图片输出到页面，那么如何将图像保存到文件呢？

imagearc($theimage,100,100,150,200,0,270, $color3);语句使用 imagearc()函数在画布上创建了一个弧线。它的参数分为以下几个部分：$theimage 为目标画布，“100,100”为弧线

中心点的 x、y 坐标，“150,200”为弧线的宽度和高度，“0,270”为顺时针画弧线的起始度数和终点度数，在 0 度到 360 度之间，$color3 为画弧线所使用的颜色。

实例 2 生成图像文件(案例文件：ch14\14.2.php)

```
<?php
    //设置画布的大小参数
    $ysize = 300;
    $xsize = 200;
    //创建图片画布
    $theimage = imagecreatetruecolor($xsize, $ysize);
    //设置颜色
    $color2 = imagecolorallocate($theimage, 250,250,210);
    $color3 = imagecolorallocate($theimage, 255,0,0);
    imagefill($theimage, 0, 0, $color2);
    /*创建一个弧线，“100,100”为弧线中心点的 x、y 坐标，“150,200”为弧线的宽度和高
度，“0,270”为顺时针画弧线的起始度数和终点度数，在 0 度到 360 度之间，$color3 为画弧
线所使用的颜色。*/
    imagearc($theimage,100,100,150,200,0,270,$color3);
    //生成 JPEG 格式的图片
    imagejpeg($theimage,"newimage.jpeg");
    //向页面输出一张 PNG 格式的图片
    header('content-type: image/png');
    imagepng($theimage);
    //清除对象，释放资源
    imagedestroy($theimage);
?>
```

运行程序，结果如图 14-4 所示。同时在程序文件夹下生成一个名为 newimage.jpeg 的图像文件，其内容与页面显示的相同。

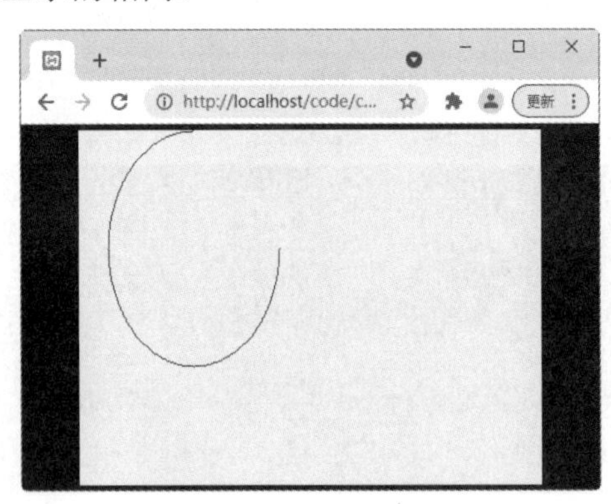

图 14-4 生成图像文件

14.2.2 使用 GD 的函数在图片上添加文字

如果想在图片上添加文字，就需要修改图片，具体的过程如下。

(1) 使用 imagecreatefromjpeg()函数载入图片。

(2) 使用 imagecolorallocate()函数设置字体颜色。

(3) 使用 imagettftext()函数向图片中写入文本。

(4) 使用 imagejpeg()函数创建 jpeg 图片。

(5) 使用 imagedestroy()函数清除对象，释放资源。

imagettftext ()函数的语法格式如下：

```
array imagettftext(resource $image,float $size,float $angle,int $x,int
$y,int $color,string $fontfile,string $text)
```

上述各个参数的含义如下。

(1) $image：由图像创建函数返回的图像资源。

(2) $size：字体的尺寸。

(3) $angle：文本的角度。

(4) $x：字体的 x 坐标。

(5) $y：字体的 y 坐标。

(6) $color：字体颜色。

(7) $fontfile：字体的路径。

(8) $text：文本字符串。

实例 3　在图片上添加文字(案例文件：ch14\14.3.php)

```
<?php
    header("content-type:image/jpeg");                  //定义输出为图片类型
    $pic="newimage.jpeg";                               //图片路径
    $theimage = imagecreatefromjpeg('$pic');            //载入图片
    $color = imagecolorallocate($theimage, 250,0,0);    //设置字体颜色
    $fnt = "c:/windows/fonts/simfang.ttf";              //定义字体
    //在图片上添加文字
    imagettftext($theimage,30,0,150,80,$color,$fnt,"感受梦的火焰");
    imagejpeg($theimage);                               //创建 jpeg 图片
    imagejpeg($theimage,'textimage.jpeg');              //保存图片文件
    imagedestroy($theimage);                            //清除对象，释放资源
?>
```

运行程序，结果如图 14-5 所示。同时在程序所在的文件夹下生成名为 textimage.jpeg 的图片文件，其内容与页面显示相同。

图 14-5　在图片上添加文字

14.2.3 使用图形图像技术生成验证码

使用 GD 函数库可以生成验证码，这在用户登录页面中非常常用。

实例 4 使用图形图像技术生成验证码(案例文件：ch14\14.4.php 和 14.1.html)

14.4.php 文件用于生成验证码，代码如下：

```
<?php
/*PHP 实现验证码*/
session_start();//开启会话
//创建画布
$image=imagecreatetruecolor(100,38);
//背景颜色
$bgcolor=imagecolorallocate($image,255,255,255);
imagefill($image,0,0,$bgcolor);
$captch_code='';//存储验证码
//随机选取 4 个数字
for($i=0;$i<4;$i++){
    $fontsize=10;  //
    $fontcolor=imagecolorallocate($image,rand(0,120),rand(0,120),rand(0,120));
//随机颜色
    $fontcontent=rand(0,9);
    $captch_code.=$fontcontent;
    $x=($i*100/4)+rand(5,10); //随机坐标
    $y=rand(5,10);
    imagestring($image,$fontsize,$x,$y,$fontcontent,$fontcolor);
}
/*//字母和数字混合验证码
for($i=0;$i<4;$i++) {
 $fontsize = 10;
 $fontcolor = imagecolorallocate($image, rand(0,120), rand(0,120),
rand(0,120));//??????
 $data = 'abcdefghijklmnopqrstuvwxyz1234567890'; //数据字典
 $fontcontent = substr($data, rand(0, strlen($data)), 1);
 $captch_code.=$fontcontent;
 $x = ($i * 100 / 4) + rand(5,10);
 $y = rand(5,10);
 imagestring($image, $fontsize, $x, $y, $fontcontent, $fontcolor);
}*/
$_SESSION['code']=$captch_code;
//增加干扰点
for($i=0;$i<200;$i++){
    $pointcolor=imagecolorallocate($image,rand(50,200),rand(50,200),rand(50,200));
    imagesetpixel($image,rand(1,99),rand(1,29),$pointcolor);
}
//增加干扰线
for($i=0;$i<3;$i++){
    $linecolor=imagecolorallocate($image,rand(80,280),rand(80,220),rand(80,220));
    imageline($image,rand(1,99),rand(1,29),rand(1,99),rand(1,29),$linecolor);
}
//输出格式
header('content-type:image.png');
```

```
imagepng($image);
//销毁图片
imagedestroy($image);
?>
```

14.1.html 文件包含用户登录表单，通过调用 14.4.php 文件，显示验证码的效果。代码如下：

```
<!DOCTYPE html>
<html lang="en">
<head>
    <meta charset="UTF-8">
    <title>验证码</title>
</head>
<body>
<form>
    <br/> <input type="text" placeholder="用户名"name="user">  <br />
    <input type="password" placeholder="密码"name="password"><br />
    <input type="text" placeholder="验证码" name="verifycode"
class="captcha"><br /><br />
    <img id="captcha_img" src="14.4.php" alt="验证码">
        <input type="submit" value="登录">
</form>
</body>
</html>
```

运行 14.1.html 文件，结果如图 14-6 所示。刷新页面，验证码会发生变化。

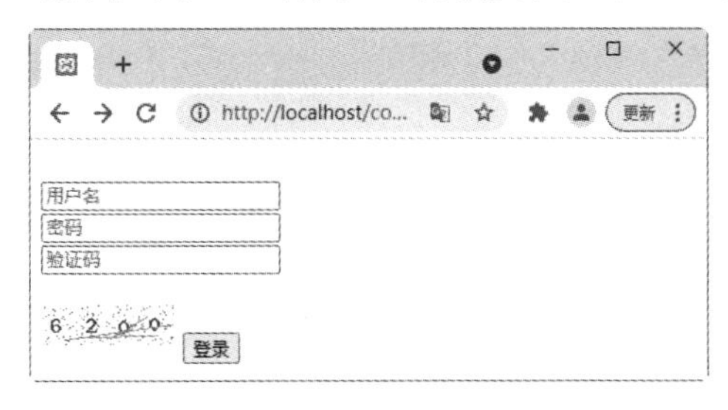

图 14-6 生成验证码

14.3 JpGraph 库的基本操作

JpGraph 是一个功能强大且十分流行的 PHP 外部图片处理库文件。它建立在内部库文件 GD 之上，其优点是建立了很多方便操作的对象和函数，能够大大地简化使用 GD 库对图片进行处理的编程过程。

14.3.1 JpGraph 的下载

JpGraph 的压缩包可以从其官方网站 http://jpgraph.net/download/下载。

下载完成后，安装比较简单。首先将下载的压缩包解压，然后将文件夹复制到项目文件夹下。将 src 文件夹重命名为 jpgraph，目录结构如图 14-7 所示。

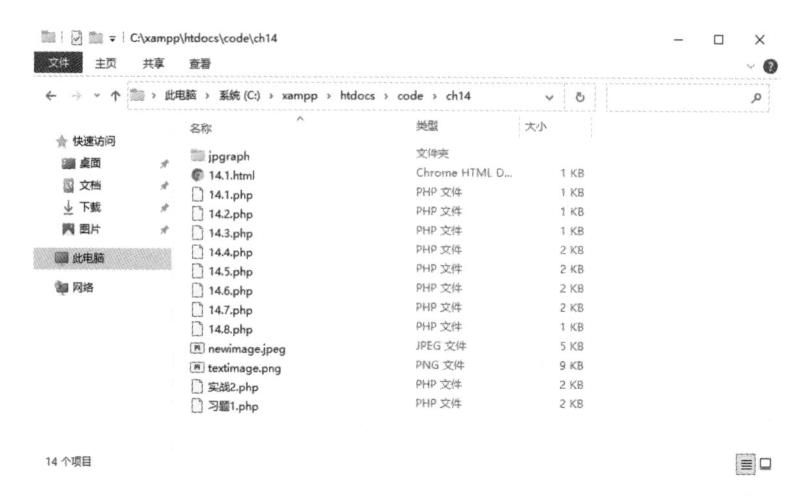

图 14-7　JpGraph 库的文件夹

14.3.2　JpGraph 的中文配置

JpGraph 生成的图片包含中文时，会出现中文乱码现象。如果要解决这个问题，就需要修改 JpGraph 中的三个文件。

1. 修改 jpgraph_ttf.inc.php

该文件的路径为 C:\xampp\htdocs\code\ch14\jpgraph。在该文件中，找到以下代码：

```
define('CHINESE_TTF_FONT','bkai00mp.ttf');
```

修改如下：

```
define('CHINESE_TTF_FONT','SIMLI.TTF');
```

这里的 SIMLI.TTF 为中文隶书，更多中文字体可以在 C:\Windows\Fonts 文件夹下选择。

2. 修改 jpgraph_legend.inc.php

该文件的路径为 C:\xampp\htdocs\code\ch14\jpgraph。在该文件中，找到以下代码：

```
public $font_family=FF_DEFAULT,$font_style=FS_NORMAL,$font_size=8;
```

修改如下：

```
public $font_family=FF_CHINESE,$font_style=FS_NORMAL,$font_size=8;
```

3. 修改 jpgraph.php

该文件的路径为 C:\xampp\htdocs\code\ch14\jpgraph。在该文件中，找到以下代码：

```
public $font_family= FF_DEFAULT,$font_style=FS_NORMAL,$font_size=8;
```

修改如下：

```
public $font_family=FF_CHINESE,$font_style=FS_NORMAL,$font_size=8;
```

14.3.3　使用 JpGraph 库

使用 JpGraph 库非常简单，直接使用 require_once()命令，并且指出 JpGraph 类库相对于此应用的路径。例如：

```
require_once ('jpgraph/src/jpgraph.php');
```

实例 5　制作商品销售柱形图(案例文件：ch14\14.5.php)

```
<?php
include ("jpgraph/jpgraph.php");
include ("jpgraph/jpgraph_bar.php");

$datay=array(100,120,180,250,400,800,300,200,600,400,200,150);

//创建画布
$graph = new Graph(600,300,"auto");
$graph->SetScale("textlin");
$graph->yaxis->scale->SetGrace(20);

//创建画布阴影
$graph->SetShadow();

//设置显示区左、右、上、下与边线的距离，单位为像素
$graph->img->SetMargin(40,30,30,40);

//创建一个矩形的对象
$bplot = new BarPlot($datay);

//设置柱形图的颜色
$bplot->SetFillColor('orange');
//设置显示数字
$bplot->value->Show();
//在柱形图中显示格式化的电视机销量
$bplot->value->SetFormat('%d');
//将柱形图添加到图像中
$graph->Add($bplot);

//设置画布背景色为淡蓝色
$graph->SetMarginColor("lightblue");

//创建标题
$graph->title->Set(iconv("UTF-8","GB2312//IGNORE"," 2022 年电视机销售量统计
图"));

//设置 X 坐标轴文字
$a=array("1","2","3","4","5","6","7","8","9","10","11","12");
$graph->xaxis->SetTickLabels($a);

//设置字体
$graph->title->SetFont(FF_SIMSUN);
$graph->xaxis->SetFont(FF_SIMSUN);
```

```
//输出矩形图表
$graph->Stroke();
?>
```

运行程序，结果如图 14-8 所示。

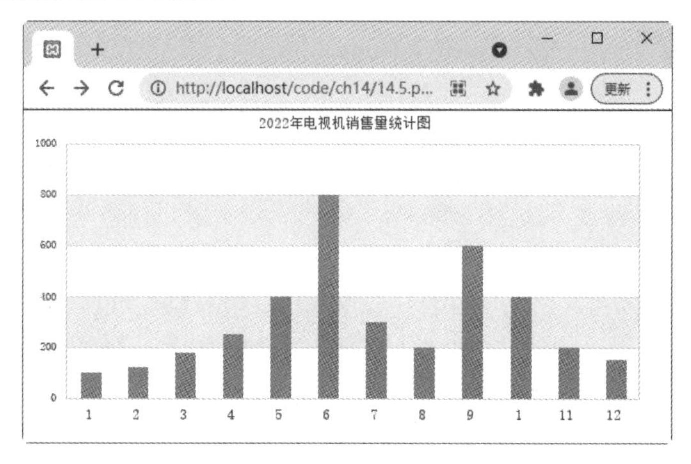

图 14-8　商品销售柱形图

14.4　JpGraph 库的应用

本节讲述 JpGraph 库的常见应用案例。

14.4.1　制作折线图

引入 JpGraph 库中的 jpgraph_line.php，可以制作折线图。

实例 6　制作商品销售折线图(案例文件：ch14\14.6.php)

```
<?php
include ("jpgraph/jpgraph.php");
include ("jpgraph/jpgraph_line.php");            //引用折线图 LinePlot 类文件
$datay = array(754,760,10450,15210,780,420,1500,240,350,880,4500,890);
        //填充的数据
$graph = new Graph(600,300,"auto");              //创建画布
    //设置统计图所在画布的位置，左边距 50、右边距 40、上边距 30、下边距 40，单位为像素
$graph->img->SetMargin(50,40,30,40);
$graph->img->SetAntiAliasing();                  //设置折线的平滑状态
$graph->SetScale("textlin");                     //设置刻度样式
$graph->SetShadow();                             //创建画布阴影
$graph->title->Set(iconv("UTF-8","GB2312//IGNORE","2022 年冰箱销售量折线图
"));     //设置标题
$graph->title->SetFont(FF_SIMSUN,FS_BOLD);       //设置标题字体
$graph->SetMarginColor("lightblue");             //设置画布的背景颜色为淡蓝色
$graph->yaxis->title->SetFont(FF_SIMSUN,FS_BOLD);  //设置 Y 轴标题的字体
$graph->xaxis->SetPos("min");
```

```
$graph->yaxis->HideZeroLabel();
$graph->ygrid->SetFill(true,'#EFEFEF@0.5','#BBCCFF@0.5');
$a=array("1","2","3","4","5","6","7","8","9","10","11","12");   //X 轴
$graph->xaxis->SetTickLabels($a);                   //设置 X 轴
$graph->xaxis->SetFont(FF_SIMSUN);                  //设置 X 坐标轴的字体
$graph->yscale->SetGrace(20);

$p1 = new LinePlot($datay);                         //创建折线图对象
$p1->mark->SetType(MARK_FILLEDCIRCLE);              //设置数据坐标点为圆形标记
$p1->mark->SetFillColor("red");                     //设置填充的颜色
$p1->mark->SetWidth(4);                             //设置圆形标记的直径为 4 像素
$p1->SetColor("blue");                              //设置折线颜色为蓝色
$p1->SetCenter();                                   //在 X 轴的各坐标点中心位置绘制折线
$graph->Add($p1);                                   //在统计图上绘制折线
$graph->Stroke();                                   //输出图像
?>
```

运行程序，结果如图 14-9 所示。

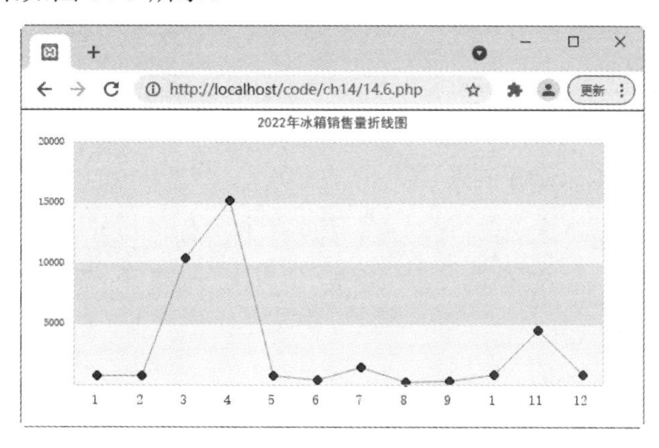

图 14-9　商品销售折线图

14.4.2　制作 3D 饼形图

下面讲述如何制作商品销售比率的 3D 饼形图。

实例 7　制作商品销售额比率的 3D 饼形图(案例文件：ch14\14.7.php)

```
<?php
include_once ("jpgraph/jpgraph.php");
include_once ("jpgraph/jpgraph_pie.php");
include_once ("jpgraph/jpgraph_pie3d.php");
                                    //引用 3D 饼图 PiePlot3D 对象所在的类文件

$data = array(2650,3500,1600,980,2600,3800);        //定义数组
$graph = new PieGraph(600,400,'auto');              //创建画布
$graph->SetShadow();                                //设置画布阴影
//创建标题
$graph->title->Set(iconv("UTF-8","GB2312//IGNORE","2021 年商品销售额比率 3D
饼图"));
```

```
$graph->title->SetFont(FF_SIMSUN,FS_BOLD);            //设置标题字体
$graph->legend->SetFont(FF_SIMSUN,FS_NORMAL);         //设置图例字体

$p1 = new PiePlot3D($data);                           //创建 3D 饼图对象
$s1=iconv("UTF-8","GB2312//IGNORE","洗衣机");
$s2=iconv("UTF-8","GB2312//IGNORE","空调");
$s3=iconv("UTF-8","GB2312//IGNORE","冰箱");
$s4=iconv("UTF-8","GB2312//IGNORE","热水器");
$s5=iconv("UTF-8","GB2312//IGNORE","电视机");
$s6=iconv("UTF-8","GB2312//IGNORE","壁挂炉");
$p1->SetLegends(array($s1,$s2,$s3,$s4,$s5,$s6));
$targ=array("pie3d_csimex1.php?v=1","pie3d_csimex1.php?v=2","pie3d_csime
x1.php?v=3",

"pie3d_csimex1.php?v=4","pie3d_csimex1.php?v=5","pie3d_csimex1.php?v=6");
$alts=array("val=%d","val=%d","val=%d","val=%d","val=%d","val=%d");
$p1->SetCSIMTargets($targ,$alts);

$p1->SetCenter(0.4,0.5);                      //设置饼图所在画布的位置
$graph->Add($p1);                             //将 3D 饼图添加到图像中
$graph->StrokeCSIM();                         //输出图像到浏览器
?>
```

运行程序，结果如图 14-10 所示。

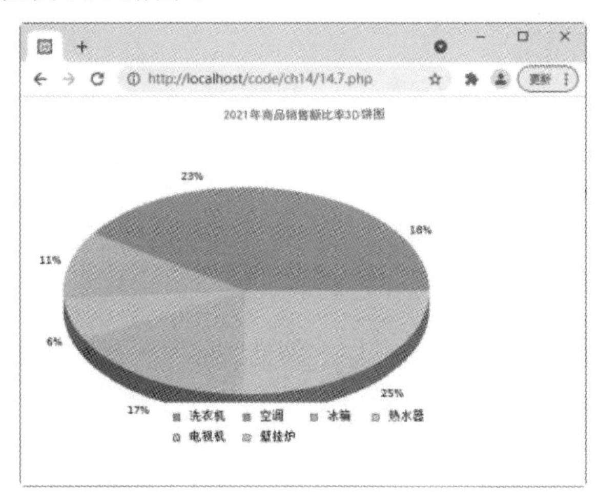

图 14-10　商品销售比率的 3D 饼图

14.5　就业面试问题解答

问题 1：如何创建缩略图？

缩略图非常有用，它可以保证显示的图像永远不会超过某个高度和宽度值。创建一个基本的缩略图分为以下五步。

(1) 将源图像装载到一个 PHP 变量中。

(2) 确定原有图像的高度和宽度。

(3) 创建一个具有正确尺寸的空白缩略图。
(4) 复制原有图像到空白缩略图。
(5) 使用正确的内容类型显示缩略图。

问题 2：如何给图片添加水印？

imagecopymerge()函数用于复制并合并图像的一部分，成功返回 true，否则返回 false。图片的水印可以通过该函数来实现，语法格式如下：

```
imagecopymerge($dst_im,$src_im,$dst_x,$dst_y,$src_x,$src_y,$src_w,$src_h,
$pct );
```

14.6　上机练练手

上机练习 1：绘制简单的几何图形。

使用 GD 库绘制一些简单的几何图形，运行结果如图 14-11 所示。

图 14-11　绘制简单的几何图形

上机练习 2：为图片添加水印。

使用 imagecopymerge()函数为图片添加水印，运行结果如图 14-12 所示。

图 14-12　为图片添加水印

第 15 章

操作文件与目录

PHP 通过文件存取数据的操作比较简单。使用文件存储数据常用于数据量比较少的情况。本章主要讲述如何对普通文件进行写入和读取，以及目录的操作、文件的上传等。

15.1 操 作 文 件

操作文件的基本流程是打开文件、读写文件和关闭文件。除此之外，还可以查看文件的名称、文件的类型、文件的路径、文件的修改时间等。本节将详细介绍这些操作的方法和技巧。

15.1.1 打开和关闭文件

打开和关闭文件分别使用 fopen()函数和 fclose()函数。

1. 打开文件

在操作文件之前，需要打开文件。利用 PHP 提供的 fopen()函数可以打开文件，语法格式如下：

```
fopen ($filename,$mode)
```

其中，$filename 为必需参数，指定要打开的包含路径的文件名称。参数$mode 为打开文件的方式，取值如表 15-1 所示。

表 15-1 fopen()函数中参数 mode 的取值

取 值	含 义
r	以只读方式打开文件。文件指针在文件的开头开始
w	打开只写文件，若文件存在则长度清为 0，即该文件内容消失，若不存在则创建该文件
a	以附加的方式打开只写文件。文件中的现有数据会被保留。文件指针在文件结尾开始。如果文件不存在，则创建新的文件
r+	以读/写方式打开文件。文件指针在文件开头开始
w+	打开可读/写文件，若文件存在则文件长度清为零，即该文件内容会消失。若文件不存在则建立该文件
a+	以附加方式打开可读/写的文件。文件中已有的数据会被保留。文件指针在文件结尾开始。如果文件不存在，则创建新的文件
rb+	以读/写方式打开一个二进制文件，只允许读/写数据
rt+	以读/写方式打开一个文本文件，允许读和写
wb	以只写方式打开或新建一个二进制文件，只允许写数据
wb+	以读/写方式打开或建立一个二进制文件，允许读和写
wt+	以读/写方式打开或建立一个文本文件，允许读写
at+	以读/写方式打开一个文本文件，允许读或在文本末尾追加数据

2. 关闭文件

文件操作完成后，需要关闭文件，从而释放资源。关闭文件使用 fclose()函数，语法格式如下：

```
fclose(resource $handle)
```

其中，参数 handle 为已经打开的文件的资源对象。如果 handle 无效，则返回 false。

实例 1　打开和关闭文件(案例文件：ch15\15.1.php)

```
<?php
   $file = "myfile.txt";
   $fo= fopen($file , "wb"); //以写入的方式打开文件
   if(!$fo) {
      echo("打开文件".$file."失败!<br />");
   }else {
      echo "打开文件".$file."成功!<br />";
   }
   if(fclose($fo)){
      echo "关闭文件".$file."成功!";
   } else {
      echo "关闭文件".$file."失败!";
   }
?>
```

运行结果如图 15-1 所示。

图 15-1　打开和关闭文件

15.1.2　从文件中读取内容

打开文件后，即可读取文件的内容。PHP 提供了很多读取文件中数据的函数。

1. 逐行读取文件

fgets()函数可以逐行读取数据。语法格式如下：

```
string fgets(resource $handle [,int $length])
```

参数 handle 为需要打开的文件，参数 length 是要读取的数据长度。该函数将读取文件的一行并返回长度最大值为 length-1 个字节的字符串。若遇到换行符、文件末尾或者读取了 length-1 个字节后就停止。如果忽略 length 参数，则读取数据直到行结束。

实例 2　使用 fgets()函数逐行读取数据(案例文件：ch15\15.2.php)

```
<?php
   $file = fopen("f1.txt", "rb") or exit("无法打开文件!");
   //读取文件每一行，直到文件结尾
   while(!feof($file))      //feof()函数的作用是检查是否已经到了文件的末尾(EOF)
```

```
    {
      echo fgets($file). "<br />"; //逐行读取并输出数据
    }
    fclose($file);                  //关闭文件
?>
```

运行结果如图 15-2 所示。

图 15-2　逐行读取文件

注意：在 w、a 和 x 模式下，用户无法读取打开的文件。

2. 逐字符读取文件

fgetc() 函数用于从文件中逐字符地读取数据。其语法格式如下：

```
string fgetc(resource $handle)
```

参数 handle 为需要读取的文件。此函数遇到文件末尾则返回 false。

注意：fgetc() 函数按单字节读取数据，而中文在 UTF-8 编码的格式下占 3 个字节，所以输出中文时会乱码。

实例 3　逐字符读取数据(案例文件：ch15\15.3.php)

```
<?php
   $file = fopen("f2.txt", "rb") or exit("无法打开文件!");
   //读取文件每一行，直到文件结尾
   while(!feof($file))     //feof()函数的作用是检查是否已经到了文件的末尾(EOF)
   {
     echo fgetc($file);  //逐字符读取并输出数据
   }
   fclose($file);         //关闭文件
?>
```

运行结果如图 15-3 所示。

图 15-3　逐字符读取数据

3. 读取整个文件的内容

如果想读取整个文件的内容，可以使用 readfile()、file()或 file_get_contents()中的任意一个函数。

1) readfile()函数

该函数用于读入一个文件并将其写入缓冲区，如果出现错误则返回 false。其语法格式如下：

```
int readfile(string $ filename[,bool $use_include_path = false][,resource
$context])
```

这里的参数 use_include_path 如果设置为 true，则在 include_path 中搜索文件。用户也可以在 php.ini 配置文件中设置 include_path。使用 readfile()函数读取文件比较简单，不需要打开和关闭文件。

2) file()函数

该函数将一次性读取正规文件的内容，并将读取的内容按行存放在数组中，包括换行符。如果出现错误则返回 false。其语法格式如下：

```
array file(string $filemame[,int $flags = 0])
```

该函数将返回一个数组。其中参数 flags 的值可以设置为一个或多个常量，常量值的含义如下。

(1) FILE_USE_INCLUDE_PATH：在 include_path 中查找文件。

(2) FILE_IGNORE_NEW_LINES：数组中每个元素的末尾不添加换行符。

(3) FILE_SKIP_EMPTY_LINES：跳过空行。

3) file_get_contents()函数

用于读入一个文件并存入字符串中。如果出现错误则返回 false。其语法格式如下：

```
string file_get_contents(string $filename[,bool $use_include_path =
false[,resource $context[,int $offset = -1[,int $maxlen]]]])
```

该函数在参数 offset 指定的位置开始读取长度为 maxlen 的内容。

实例 4 三种方法读取整个文件的内容(案例文件：ch15\15.4.php)

```
<?php
   $file = "f3.txt";
   //使用 readfile()函数读取文件内容
   readfile($file);
   echo "<hr/>";
   //使用 file()函数读取文件内容
   $farr = file($file);
   foreach($farr as $v) {
      echo $v."<br/>";
   }
   echo "<hr/>";
   //使用 file_get_contents()函数读取文件内容
   echo file_get_contents($file);
?>
```

运行结果如图 15-4 所示。

图 15-4　三种方法读取整个文件的内容

15.1.3　将数据写入文件

把数据写入文件的基本流程如下。

(1) 打开文件。

(2) 向文件中写入数据。

(3) 关闭文件。

打开文件的前提是，文件首先是存在的。如果不存在，则需要建立一个文件。并且在所在的系统环境中，代码应该对文件具有“写”的权限。

通过使用 fwrite()或 file_put_contents()函数，可以对文件写入数据。

fwrite()函数的语法格式如下：

```
fwrite(file,string,length)
```

其中，file 为必需参数，指定要写入的文件。如果文件不存在，则创建一个新文件。string 为必需参数，指定要写入文件的字符串。length 为可选参数，指定要写入的最大字节数。

file_put_contents()函数的语法格式如下：

```
file_put_contents(file,data,mode,context)
```

其中，file 为必需参数，指定要写入的文件。如果文件不存在，则创建一个新文件。data 为可选参数，指定要写入文件的数据，可以是字符串、数组或数据流。mode 为可选参数，指定如何打开/写入文件；context 为可选参数，规定文件句柄的环境。

实例 5　两种方法将数据写入文件(案例文件：ch15\15.5.php)

```
<?php
$file = "f4.txt";
$str = "少年易老学难成，一寸光阴不可轻。";
//使用 fwrite()函数写入文件
$fp = fopen($file, "wb") or die("打开文件错误！");
fwrite($fp , $str);
fclose($fp);
readfile($file);
echo "<hr/>";
$str = "未觉池塘春草梦，阶前梧叶已秋声。";
//使用 file_put_contents()函数往文件追加内容
file_put_contents($file , $str , FILE_APPEND);
```

```
readfile($file);
?>
```

运行结果如图 15-5 所示。

图 15-5　两种方法将数据写入文件中

打开 f4.txt 文件，可以查看写入的内容，如图 15-6 所示。

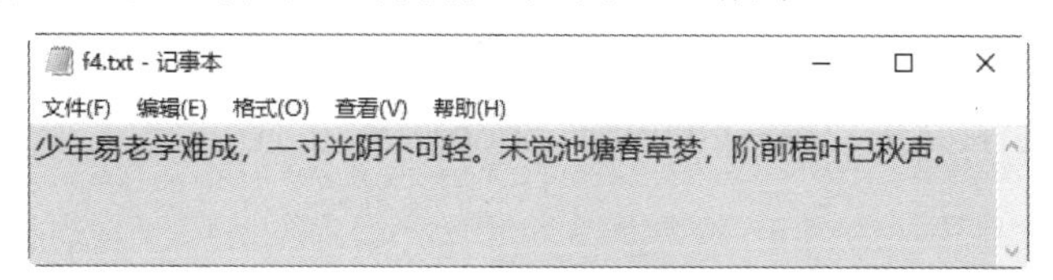

图 15-6　查看文件的内容

15.1.4　文件的其他操作函数

PHP 提供了大量的文件操作函数，不仅可以对文件进行读写操作，还可以重命名文件、复制文件、删除文件、查看文件类型、查看文件修改日期等。

1. 重命名文件

rename()函数可以重命名文件或目录。若成功，则该函数返回 true；若失败，则返回 false。语法格式如下：

```
rename(oldname,newname,context)
```

其中，oldname 为必需参数，指定需要重命名的文件或目录；newname 为必需参数，指定文件或目录的新名称；context 为可选参数，规定文件句柄的环境。

实例 6　重命名文件(案例文件：ch15\15.6.php)

```
<?php
   $file = 'myfile.txt';
   $newfile = 'newfile.txt';
   //文件的重命名
   if (rename($file, $newfile)) {
     echo "文件重命名成功！<br />";
   } else {
     echo "文件重命名失败！<br />";
   }
?>
```

运行结果如图 15-7 所示。此时文件的名称已经修改成功。

图 15-7　重命名文件

2. 复制文件

使用 copy()函数可以复制文件。语法格式如下：

```
copy(source,destination)
```

其中，source 为必需参数，指定需要复制的文件；destination 为必需参数，指定复制文件的目的地。

实例 7　复制文件(案例文件：ch15\15.7.php)

```
<?php
$file = ' newfile.txt';
$newfile = 'newfile2.txt';

if (copy($file, $newfile)) {
    echo "文件成功复制为".$newfile;
} else {
    echo "文件复制失败！";
}
?>
```

运行结果如图 15-8 所示。

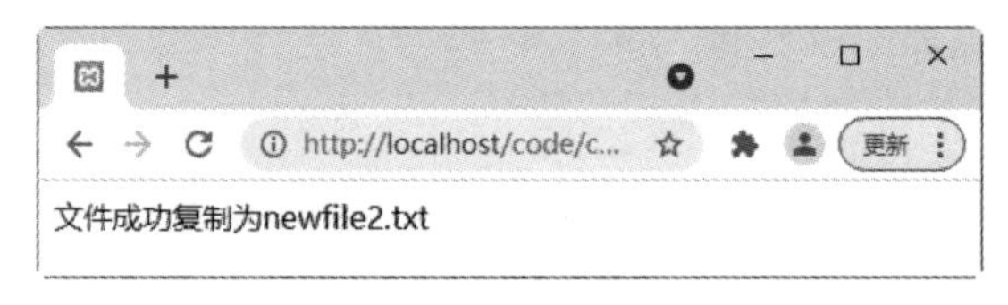

图 15-8　复制文件

3. 删除文件

使用 unlink ()函数可以删除文件。语法格式如下：

```
unlink(filename,context)
```

其中，filename 为必需参数，指定需要删除的文件。如果成功返回 true，失败则返回 false。

实例 8　删除文件(案例文件：ch15\15.8.php)

```
<?php
    $file = "newfile2.txt";
    if(unlink($file)) {
        echo "文件".$file."删除成功！";
    } else {
```

```
        echo "文件".$file."删除失败！";
}
?>
```

运行结果如图 15-9 所示。

图 15-9　删除文件

4. 查看文件的类型

使用 filetype()函数可以获取文件的类型。可能的返回值有 fifo、char、dir、block、link、file 和 unknown。语法格式如下：

```
filetype($filename)
```

其中，$filename 为必需参数，指定要检查的文件路径。如果查看失败，则返回 false。

实例 9　查看文件的类型(案例文件：ch15\15.9.php)

```
<?php
    $path = "C:\\xampp\\htdocs\\code\\ch15";
    echo filetype($path)."<br /> ";                //显示文件的类型为 dir
    $path1 = "15.1.php";
    echo filetype($path1);                         //显示文件的类型为 file
?>
```

运行结果如图 15-10 所示。

图 15-10　查看文件的类型

5. 查看文件的访问和修改时间

使用 fileatime()函数可以获取文件上次的访问时间。语法格式如下：

```
fileatime($filename)
```

其中，$filename 为必需参数，指定要检查的文件名称。如果查看失败，则返回 false。

实例 10　查看文件的访问时间(案例文件：ch15\15.10.php)

```
<?php
    $path = "15.1.php";
    echo fileatime($path)."<br/> ";                    //显示文件上次的访问时间
    echo date("Y-m-d H:i:s ",fileatime($path));        //设置时间的显示格式
?>
```

运行结果如图 15-11 所示。从结果可以看出，默认情况下返回的时间为 Unix 时间戳的形式。

图 15-11 查看文件的访问时间

使用 filemtime()函数可以获取文件上次被修改的时间。语法格式如下：

```
filemtime($filename)
```

其中，$filename 为必需参数，指定要检查的文件名称。如果查看失败，则返回 false。

实例 11 查看文件上次被修改的时间(案例文件：ch15\15.11.php)

```
<?php
    $path = "15.2.php";
    echo filemtime($path)."<br /> ";                    //显示文件上次的修改时间
    echo date("Y-m-d H:i:s ",fileatime($path));       //设置时间的显示格式
?>
```

运行结果如图 15-12 所示。

图 15-12 查看文件的修改时间

15.2 处 理 目 录

处理目录包括打开目录、浏览目录和关闭目录。

15.2.1 打开和关闭目录

打开和关闭目录与操作文件类似，不过如果目录不存在，将会报错，而打开的文件如果不存在，则会自动创建一个新文件。

1. 打开目录

使用 opendir()函数可以打开目录，其语法格式如下：

```
resource opendir(string path)
```

该函数返回一个目录指针。其中 path 为要打开的目录路径。如果 path 不是一个合法的目录或者因为权限限制或文件系统错误而不能打开目录，返回 false 并产生一个 E_WARNING 级别的 PHP 错误信息。如果不想输出错误，可以在 opendir()的前面加上@符号。

2. 关闭目录

使用 closedir()函数可以关闭目录，其语法格式如下：

```
void closedir(resource dir_handle)
```

参数 dir_handle 为一个目录指针。

实例 12　打开和关闭目录(案例文件：ch15\15.12.php)

```
<?php
   $path = "C:\\xampp\\htdocs\\code\\ch15";
   if (is_dir($path)){                          //判断是否是一个目录
      if($dire = opendir($path)){               //判断打开目录是否成功
      echo $dire;                               //输出目录指针
      }
   }else{
      echo " 目录错误，请仔细检查！";
      exit;
   }
   closedir($dire);                             //关闭目录
?>
```

运行结果如图 15-13 所示。

图 15-13　打开和关闭目录

15.2.2　浏览目录

通过 scandir()函数可以浏览目录中的文件，其语法格式如下：

```
array scandir(string directory [,int sorting_order])
```

该函数返回一个数组，包括目录 directory 下的所有文件和子目录。默认情况下，返回值是按照字母顺序升序排列的。如果使用了可选参数 sorting_order(设为 1)，则按字母顺序降序排列。如果 directory 不是一个目录，则返回布尔值 false，并产生一条 E_WARNING 级别的错误。

实例 13　浏览目录(案例文件：ch15\15.13.php)

```
<?php
   $dir = "C:\\xampp\\htdocs\\code\\ch15";      //定义指定的目录
   $files1 = scandir($dir);                     //列出指定目录中的文件和目录
   $files2 = scandir($dir, 1);
   print_r($files1);                            //输出指定目录中的文件和目录
   echo "<br />";
   print_r($files2);
?>
```

运行结果如图 15-14 所示。

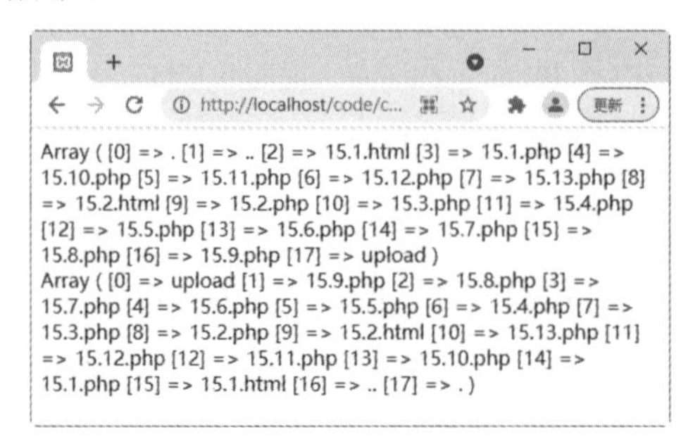

图 15-14　浏览目录

15.2.3　目录的其他操作函数

PHP 提供了大量的目录操作函数，不仅可以对目录进行打开和关闭操作，还可以查看目录名称、查看文件真实目录等。

1. 查看目录名称

使用 dirname()函数可以查看目录的名称，该函数返回文件目录中去掉文件名后的目录名称，语法格式如下：

```
dirname($path)
```

其中，$path 为必需参数，指定要检查的路径。

实例 14　查看目录名称(案例文件：ch15\15.14.php)

```
<?php
    $path = "C:/xampp/htdocs/code/ch15/15.1.php";
    //显示路径的名称
    echo dirname($path);
?>
```

运行结果如图 15-15 所示。

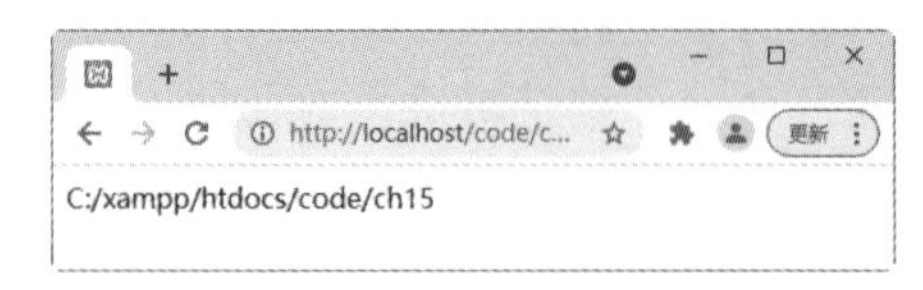

图 15-15　查看目录的名称

dirname()函数只能查看$path 变量中的目录名称，并不核实该目录是否真实存在。

2. 查看文件的真实目录

使用 realpath()可以查看文件的真实目录，该函数返回绝对路径。它会删除所有符号连接(比如 '/./'、'/../' 以及多余的 '/')，返回绝对路径名称。语法格式如下：

```
realpath($path)
```

其中，$path 为必需参数，指定要检查的路径。如果文件不存在，则返回 false。

实例 15　查看文件的真实目录(案例文件：ch15\15.15.php)

```
<?php
   $path = "15.1.php";
   //显示绝对路径
   echo realpath($path);
?>
```

运行结果如图 15-16 所示。

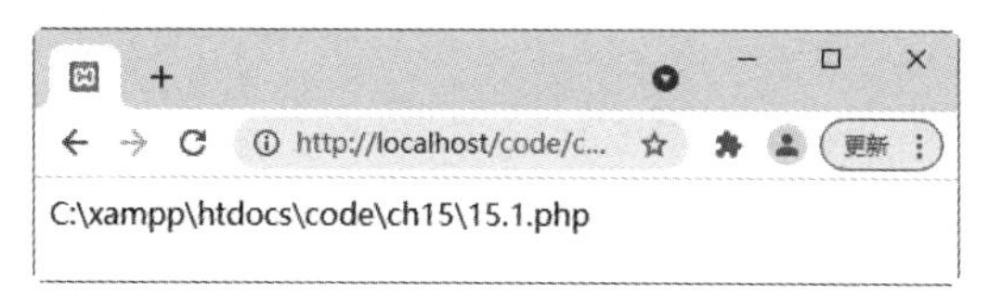

图 15-16　查看文件的真实目录

3. 获取当前的工作目录

使用 getcwd()函数可以获取当前的工作目录，返回的是字符串。

实例 16　获取当前的工作目录(案例文件：ch15\15.16.php)

```
<?php
   $dl = getcwd();          //获取当前路径
   echo getcwd();           //输出当前目录
?>
```

运行结果如图 15-17 所示。

图 15-17　获取当前的工作目录

15.3　上 传 文 件

文件上传可以通过 HTTP 协议来实现。要实现文件上传的功能，首先需要在 php.ini 文件中进行设置，然后通过预定义变量$_FILES 对上传文件进行限制和判断，最后通过 move_uploaded_file()函数实现上传的功能。

15.3.1　配置 php.ini 文件

要实现文件上传的功能，首先需要根据实际开发的需要，在 php.ini 文件中开启文件上传功能，并对一些参数做相关设置。

(1) file_uploads：开启文件上传功能，需要设置该值为 on。

(2) upload_tmp_dir：上传文件临时目录。文件被成功上传之前，文件首先存放在服务器端的临时目录，该目录可以根据实际需要进行设置。

(3) upload_max_filesize：服务器运行上传文件的最大值，单位为兆字节。系统默认为 2 兆字节。

(4) max_execution_time：一个指令所能执行的最大时间，单位为秒。

(5) memory_limit：一个指令所分配的内存空间，单位为兆字节。

15.3.2 预定义变量$_FILES

通过使用 PHP 的全局变量 $_FILES，用户可以从客户端计算机向远程服务器上传文件。全局变量 $_FILES 是一个二维数组，用于接收上传文件的信息，它会保存表单中 type 值为 file 的提交信息，有 5 个主要列，具体含义如下。

(1) $_FILES["file"]["name"]：存放上传文件的名称。

(2) $_FILES["file"]["type"]：存放上传文件的类型。

(3) $_FILES["file"]["size"]：存放上传文件的大小，以字节为单位。

(4) $_FILES["file"]["tmp_name"] ：存放存储在服务器的文件的临时全路径。

(5) $_FILES["file"]["error"]：存放文件上传导致的错误代码。

在$_FILES["file"]["tmp_name"]中，/tmp 目录是默认的上传临时文件的存放地点，此时用户必须将文件从临时目录中删除或移到其他位置，如果没有，则上传的文件会被自动删除。可见，无论上传是否成功，程序最后都会自动删除临时目录中的文件，所以在删除前，需要将上传的文件复制到其他位置，这样才算真正完成了上传文件的过程。

另外，$_FILES["file"]["error"]中返回的错误代码的常量对应的数值的含义如下：

(1) UPLOAD_ERR_OK=0：表示没有发生任何错误。

(2) UPLOAD_ERR_INI_SIZE=1：表示上传文件的大小超过了约定值。

(3) UPLOAD_ERR_FORM_SIZE=2：表示上传文件的大小超过了 HTML 表单隐藏域属性的 MAX_FILE_SIZE 元素所规定的最大值。

(4) UPLOAD_ERR_PARTIAL =3：表示文件只被部分上传。

(5) UPLOAD_ERR_NO_FILE =4：表示没有上传任何文件。

15.3.3 上传文件的函数

在 PHP 中，使用 move_uploaded_file()函数可以将上传的文件移动到新位置。语法格式如下：

```
move_uploaded_file(file,newloc)
```

其中，file 为需要移动的文件；newloc 参数为文件的新位置。如果 file 指定的上传文件是合法的，则文件被移动到 newloc 指定的位置；如果 file 指定的上传文件不合法，则不会出现任何操作，move_uploaded_file()函数将返回 false；如果 file 指定的上传文件是合法的，但由于某些原因无法移动，不会出现任何操作，move_uploaded_file()函数将返回

false，此外还会发出一条警告。

注意　move_uploaded_file()函数只能用于通过 HTTP POST 上传的文件。如果目标文件已经存在，将会被覆盖。

实例 17　实现上传图片文件的功能(案例文件：ch15\15.17.php 和 15.1.html)

15.1.html 文件为获取上传文件的页面，代码如下：

```
<!DOCTYPE html>
<html>
<head>
   <title>上传图片文件</title>
</head>
<body>
<form action="15.17.php" method="post" enctype="multipart/form-data">
   <label for="file">文件名：</label>
   <input type="file" name="file" id="file"><br/>
   <input type="submit" name="submit" value="上传">
</form>
</body>
</html>
```

其中，<form action="15.17.php" method="post" enctype="multipart/form-data">语句中的 method 属性表示提交信息的方式是 post，即采用数据块，action 属性表示处理信息的页面为 15.17.php，enctype="multipart/form-data"表示以二进制的方式传递提交的数据。

为了设置和保存上传文件的路径，用户需要在创建文件的目录下新建一个名称为“upload”的文件夹。15.17.php 文件的主要功能是实现文件的上传，代码如下：

```
<?php
   //允许上传的图片后缀
   $allowedExts = array("gif", "jpeg", "jpg", "png");
   $temp = explode(".", $_FILES["file"]["name"]);
   echo $_FILES["file"]["size"];
   $extension = end($temp);     //获取文件后缀名
   if ((($_FILES["file"]["type"] == "image/gif")
         || ($_FILES["file"]["type"] == "image/jpeg")
         || ($_FILES["file"]["type"] == "image/jpg")
         || ($_FILES["file"]["type"] == "image/pjpeg")
         || ($_FILES["file"]["type"] == "image/x-png")
         || ($_FILES["file"]["type"] == "image/png"))
      && ($_FILES["file"]["size"] < 204800)   //小于 200 KB
      && in_array($extension, $allowedExts))
   {
      if ($_FILES["file"]["error"] > 0)
      {
         echo "错误：: " . $_FILES["file"]["error"] . "<br/>";
      }
      else
      {
         echo "上传文件名：" . $_FILES["file"]["name"] . "<br/>";
         echo "文件类型：" . $_FILES["file"]["type"] . "<br/>";
```

```
            echo "文件大小: " . ($_FILES["file"]["size"] / 1024) . " kB<br/>";
            echo "文件临时存储的位置: " . $_FILES["file"]["tmp_name"] . "<br/>";

            //判断当前目录下的 upload 目录是否存在该文件
            //如果没有 upload 目录，你需要创建它，upload 目录权限为 777
            if (file_exists("upload/" . $_FILES["file"]["name"]))
            {
                echo $_FILES["file"]["name"] . " 文件已经存在。 ";
            }
            else
            {
                //如果 upload 目录不存在该文件，则将文件上传到 upload 目录下
                move_uploaded_file($_FILES["file"]["tmp_name"], "upload/" .
$_FILES["file"]["name"]);
                echo "文件存储在: " . "upload/" . $_FILES["file"]["name"];
            }
        }
    }
    else{
        echo "非法的文件格式";
    }
?>
```

运行 15.1.html 网页，结果如图 15-18 所示。单击“选择文件”按钮，即可选择需要上传的文件，最后单击“上传”按钮，即可跳转到 15.17.php 文件，如图 15-19 所示，实现了文件的上传操作。

图 15-18　上传文件

图 15-19　上传文件的信息

15.3.4　多文件上传

上一节讲述了如何上传单个文件，那么如何上传多个文件呢？只需要在表单中使用和复选框相同的数组式提交语法即可。

实例 18　实现多文件上传的功能(案例文件：ch15\15.18.php)

本实例有 3 个文件上传域，文件域的名称为 file[]，提交后上传的文件信息被保存在 $_FILES[file]中，生成了多维数组，最后读取数组信息，上传文件即可。代码如下：

```
<!DOCTYPE html>
<html>
<head>
    <meta charset="UTF-8">
    <title>多文件上传</title>
</head>
```

```
<body>
请选择要上传的文件
<form action="" method="post" enctype="multipart/form-data">
   <table border="1" cellpadding="1" cellspacing="1" bordercolor=
"#FFFFFF" bgcolor="#CCCCCC" id="up_table" >
      <tbody id="auto">
      <tr id="show" >
         <td bgcolor="#FFFFFF">上传文件 </td>
         <td bgcolor="#FFFFFF"><input name="file[]" type="file"></td>
      </tr>
      <tr>
         <td bgcolor="#FFFFFF">上传文件 </td>
         <td bgcolor="#FFFFFF"><input name="file[]" type="file"></td>
      </tr>
      <tr>
         <td bgcolor="#FFFFFF">上传文件 </td>
         <td bgcolor="#FFFFFF"><input name="file[]" type="file"></td>
      </tr>
      </tbody>
      <tr>
         <td colspan="4" bgcolor="#FFFFFF"><input type="submit" value="
上传" /></td>
      </tr>
   </table>
</form>
<?php
if(!empty($_FILES['file']['name'])){
   $file_name = $_FILES['file']['name'];
   $file_tmp_name = $_FILES['file']['tmp_name'];
   for($i = 0; $i < count($file_name); $i++){
      if($file_name[$i] != ''){
         move_uploaded_file($file_tmp_name[$i],"upload/" . $i.$file_name[$i]);
         echo '文件'.$file_name[$i].'上传成功。更名为'.$i.$file_name[$i].'<br>';
      }
   }
}
?>
</body>
</html>
```

运行结果如图 15-20 所示。单击“选择文件”按钮，即可选择需要上传的文件，选择 3 个文件以后单击“上传”按钮，即可实现文件的上传操作，如图 15-21 所示。

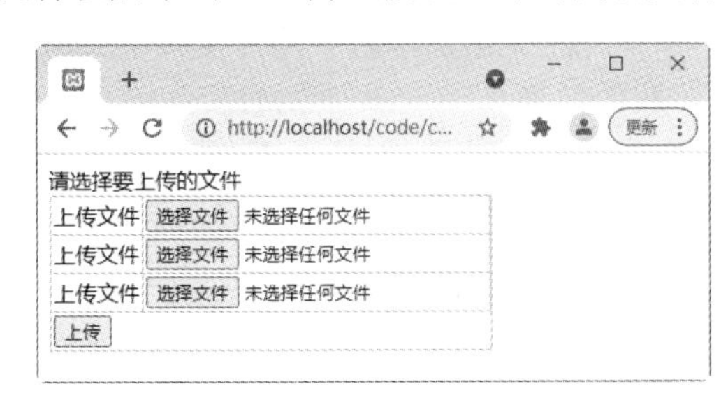

图 15-20　多文件上传

图 15-21　多文件上传的信息

15.4 下载文件

在添加文件的链接时，如果浏览器可以解析，会显示解析后的内容，例如图片的链接：

```
<a href="pic/m1.jpg ">图片文件下载</a>
```

此时单击链接，浏览器会直接显示图片效果，而不会下载文件。这就需要使用 header()函数来实现文件下载，代码如下：

```
header('content-disposition:attachment;filename=somefile');
```

在添加文件的链接时，如果浏览器不能解析，会直接显示下载效果，例如压缩文件的链接：

```
<a href="pic/m1.zip ">压缩文件下载</a>
```

实例 19　下载文件(案例文件：ch15\15.19.php 和 15.2.html)

15.2.html 为显示文件下载的页面，代码如下：

```
<!DOCTYPE html>
<html>
<head>
   <meta charset="UTF-8">
   <title>下载文件</title>
</head>
<body>
<a href="15.19.php?filename=upload/m1.jpg ">图片文件下载</a>
<a href="upload/m1.zip ">压缩文件下载</a>
</body>
</html>
```

15.19.php 可实现图片文件下载的功能，代码如下：

```
<?php
   $filename = $_GET['filename'];
   header('content-disposition:attachment;filename=somefile');
   header('content-length:'.filesize($filename));
   readfile($filename)
?>
```

运行 15.2.html 文件，结果如图 15-22 所示。此时无论是单击“图片文件下载”链接，还是单击“压缩文件下载”链接，都会实现下载的效果。

图 15-22　实现下载文件的功能

15.5　就业面试问题解答

问题 1：如何返回文件中的指针位置？

在 PHP 程序中，函数 ftell()的主要功能是返回当前文件指针在文件中的位置，不起其他作用，也可以称为文件流中的偏移量，出错则返回 false。使用函数 ftell()的语法格式如下：

```
int ftell(resource handle);
```

函数 ftell()只有一个参数 handle，是指向将被操作的文件指针。

问题 2：如何遍历目录？

目录中可以包含子目录或者文件，在 PHP 程序中可以使用 readdir()函数遍历目录，读取指定目录下面的子目录与文件。使用 readdir()函数的语法格式如下：

```
string readdir(resource dir_handle)
```

参数 dir_handle 指向 readdir()函数打开文件路径返回的目录指针，执行 readdir()函数后，会返回目录中下一个文件的文件名，文件名以在文件系统中的排序返回，读取结束时返回 false。

15.6　上机练练手

上机练习 1：读取图片文件。

本实例将读取图片文件，然后显示出来。程序运行结果如图 15-23 所示。

图 15-23　读取图片文件

上机练习 2：编写访客计数器。

本实例利用相关函数编写一个简单的文本类型的访客计数器。程序第一次运行时，结果如图 15-24 所示。多次刷新页面后，即可看到数字发生了变化，如图 15-25 所示。

图 15-24 程序第一次运行的效果

图 15-25 多次刷新页面后的效果

第 16 章

错误处理和异常处理

当 PHP 代码运行时，会产生各种错误：可能是语法错误(通常是程序员造成的编码错误)；可能是缺少功能(由于浏览器差异)；可能是由于来自服务器或用户的错误操作而导致的错误；当然，也可能是由于许多其他不可预知的因素导致的错误。本章主要讲述错误处理和异常处理。

16.1 常见的错误和异常

错误和异常是编程中经常出现的问题。本节将主要介绍常见的错误和异常。

1. 拼写错误

拼写代码时要求程序员应非常仔细，并且对编写完成的代码还需要认真地检查，否则会出现不少编写上的错误。

另外，PHP 中的常量和变量都是区分大小写的，例如，把变量名 abc 写成 ABC，就会出现语法错误。PHP 中的函数名、方法名、类名不区分大小写，但建议使用与定义时相同的名字。魔术常量不区分大小写，但是建议全部大写，包括__LINE__、__FILE__、__DIR__、__FUNCTION__、__CLASS__、__METHOD__、__NAMESPACE__。知道了这些规则，就可以避免大小写的错误。

另外，编写代码有时需要输入中文字符，编程人员容易在输入完中文字符后忘记切换输入法，从而导致输入的小括号、分号或者引号等出现错误，当然，这种错误输入在大多数编程软件中显示的颜色会跟正确的输入显示的颜色不一样，比较容易发现，但还是应该细心谨慎，以减少错误的出现。

2. 单引号和双引号的混乱

单引号、双引号在 PHP 中没有特殊的区别，都可以用来创建字符串。但是必须使用同一种单引号或双引号来定义字符串，例如，'Hello"和"Hello'为非法的字符串定义。单引号串和双引号串在 PHP 中的处理是不同的。双引号串中的内容可以被解释而且替换，而单引号串中的内容总被认为是普通字符。

另外，缺少单引号或者双引号也是经常出现的问题。例如：

```
echo "错误处理的方法;
```

其中缺少了一个双引号，运行时会出现如下错误提示信息：

```
Parse error: syntax error, unexpected end of file, expecting variable or
"${" or "{$"
```

3. 括号使用混乱

首先需要说明的是，在 PHP 中，括号包含两种语义，可以是分隔符，也可以是表达式。例如：

(1) 作为分隔符比较常用，比如(1+4)*4 等于 20。

(2) 在(function(){})();中，最后面的括号表示立即执行这个方法。

由于括号的使用层次比较多，所以可能会导致括号不匹配的错误。

例如以下代码：

```
if((($a==$b)and($b==$c))and($c==$d){          //此处缺少一个括号
    echo "不正确的括号使用方法! "
}
```

4. 等号与赋值混淆

等号与赋值符号混淆的错误一般较常出现在 if 语句中，而且这种错误在 PHP 中不会产生错误信息，所以在查找错误时往往不容易被发现。例如：

```
if(s=1)
   echo("没有找到相关信息");
```

上面的代码在逻辑上是没有问题的，它的运行结果是将 1 赋值给了 s，成功后则弹出对话框，而不是对 s 和 1 进行比较，这不符合开发者的本意。正确写法是 s= =1，而不是 s=1。

5. 缺少美元符号

在 PHP 中，设置变量时需要使用美元符号“$”，如果不添加美元符号，就会引起解析错误。

例如以下代码：

```
for($s=1; $s<=10; s++){                       //缺少一个美元符号
   echo ("缺少美元符号！");
}
```

需要修改 s++为$s++。如果$s<=10;缺少美元符号，则会进入无限循环状态。

6. 调用不存在的常量和变量

如果调用没有声明的常量或者变量，将会触发 NOTICE 错误。例如下面的代码中，输出时错误书写了变量的名称：

```
<?php
   $a = "错误处理的方法";
   echo $b;                                   //调用了不存在的变量
?>
```

如果运行程序，会提示如下所示的错误。

```
Warning: Undefined variable $b
```

7. 调用不存在的文件

如果调用不存在的文件，程序将会停止运行。例如下面的代码：

```
<?php
   include("mybook.txt");                     //调用了一个不存在的文件
?>
```

如果运行程序，会提示如下所示的错误。

```
Warning: include(mybook.txt): Failed to open stream: No such file or directory
```

8. 环境配置的错误

如果环境配置不当，也会给运行带来错误，例如操作系统、PHP 配置文件和 PHP 的版本等，这些如果配置不正确，将会提示文件无法打开、操作权限不具备和服务器无法连接等错误信息。

首先，不同的操作系统采用不同的路径格式，这些都会导致程序运行错误。此外，PHP 在不同的操作系统上的功能也会有差异，数据库的运行也会在不同的操作系统中有问题出现等。另外，PHP 的配置也很重要，由于各个计算机的配置方法不尽相同，当程序的运行环境发生变化时，也会出现这样或者那样的问题。最后，是 PHP 的版本问题，PHP 的高版本在一定程度上可以兼容低版本，但是针对高版本编写的程序拿到低版本中运行时，会出现意想不到的问题，这些都是有关环境配置的不同而引起的错误。

9. 数据库服务器连接错误

由于 PHP 应用于动态网站的开发，所以经常会对数据库进行基本的操作，在操作数据库之前，需要连接数据库服务，如果用户名或者密码设置不正确，或者数据库不存在，或者数据库的属性不允许访问等，都会在程序运行中出现错误。

例如以下的代码，在连接数据库的过程中，密码编写是错误的：

```
<?php
   $conn = mysqli_connect("localhost","root","root");  //连接 MySQL 服务器
?>
```

如果运行程序，会提示如下所示的错误。

```
Warning: mysqli_connect(): (HY000/2002): 由于目标计算机拒绝，无法连接。
```

16.2 错 误 处 理

常见的错误处理方法包括使用错误处理机制，使用 DIE 语句调试，自定义错误和错误触发器等。本节将讲述如何处理程序中的错误。

16.2.1 php.ini 中的错误处理机制

在前面的例子中，错误提示会显示错误的信息、错误文件的行号信息等，这是 PHP 最基本的错误报告机制。此外，php.ini 文件规定了错误的显示方式，包括配置选项的名称、默认值和表述的含义等。常见的错误配置选项的内容如表 16-1 所示。

表 16-1 php.ini 文件中常见的控制错误显示的配置选项

名 称	默 认 值	含 义
display_errors	On	设置错误作为 PHP 的一部分输出。开发的过程中可以采用默认的设置，但是为了安全考虑，在生产环境中还是设置为 Off 比较好
error_reporting	E_all	这个设置会显示所有的出错信息。这种设置会让一些无害的提示显示出来，所以可以设置 error_reporting 的默认值：error_reporting = E_ALL & ～E_NOTICE，这样只会显示错误和不良编码
error_log	null	设置记录错误日志的文件。默认情况下将错误发送到 Web 服务器日志，用户也可以指定写入的文件

续表

名　称	默 认 值	含　义
html_errors	On	控制是否在错误信息中采用 HTML 格式
log_errors	Off	控制是否应该将错误发送到主机服务器的日志文件
display_startup_errors	Off	控制是否显示 PHP 启动时的错误
track_errors	Off	设置是否保存最近一个警告或错误信息

16.2.2　应用 DIE 语句来调试

使用 DIE 语句进行调试的优势是，不仅可以显示错误的位置，还可以输出错误信息。一旦出现错误，程序将会终止运行，并在浏览器上显示出错之前的信息和错误信息。

前面曾经讲述过，调用不存在的文件会提示错误信息，如果运用 DIE 来调试，将会输出自定义的错误信息。

实例 1　应用 DIE 语句调试错误(案例文件：ch16\16.1.php)

```
<?php
   if(!file_exists("m1.txt")){
      die("文件不存在！");
   }else{
      $file = fopen("m1.txt","r");
   }
?>
```

程序运行后，结果如图 16-1 所示。

图 16-1　应用 DIE 语句调试错误

与基本的错误报告机制相比，使用 DIE 语句调试显得更有效，这是由于它采用了一个简单的错误处理机制，在错误之后终止了脚本。

16.2.3　自定义错误和错误触发器

简单地终止脚本并不总是恰当的方式。本小节将讲述如何自定义错误和错误触发器。创建一个自定义的错误处理器非常简单，用户可以创建一个专用函数，然后在 PHP 程序发生错误时调用该函数。

自定义错误函数的语法格式如下：

```
error_function(error_level,error_message,error_file,error_line,error_context)
```

该函数必须至少包含 error_level 和 error_message 参数，另外 3 个参数 error_file、error_line 和 error_context 是可选的。各参数的具体含义如表 16-2 所示。

表 16-2　错误函数参数的含义

参　数	含　义
error_level	必需参数。为用户定义的错误规定错误报告级别。必须是一个值
error_message	必需参数。为用户定义的错误规定错误消息
error_file	可选参数。规定错误发生的文件名
error_line	可选参数。规定错误发生的行号
error_context	可选参数。规定一个数组，包含当错误发生时使用的每个变量以及它们的值

参数 error_level 定义错误的报告级别，这些错误报告级别是错误处理程序将要处理的错误的类型。具体的级别值和含义如表 16-3 所示。

表 16-3　错误的级别值和含义

数　值	常　量	含　义
2	E_WARNING	非致命的 run-time 错误。不暂停脚本执行
8	E_NOTICE	Run-time 通知。脚本中可能有错误，但也可能是在脚本正常运行时发生错误
256	E_USER_ERROR	致命的用户生成的错误。类似于程序员用 PHP 函数 trigger_error()设置的 E_ERROR
512	E_USER_WARNING	非致命的用户生成的警告。类似于程序员使用 PHP 函数 trigger_error()设置的 E_WARNING
1024	E_USER_NOTICE	用户生成的通知。类似于程序员使用 PHP 函数 trigger_error()设置的 E_NOTICE
4096	E_RECOVERABLE_ERROR	可捕获的致命错误。类似于 E_ERROR，但可被用户定义的处理程序捕获
8191	E_ALL	所有错误和警告

下面通过例子来讲解如何自定义错误和错误触发器。

首先创建一个处理错误的函数：

```
function customError($errno, $errstr){
   echo "<b>错误:</b> [$errno] $errstr<br />";
   echo "终止程序";
   die();
}
```

上面的代码是一个简单的错误处理函数。当它被触发时，会取得错误级别和错误消息，然后会输出错误级别和消息，并终止程序。

创建了一个错误处理函数后，下面需要确定在何时触发该函数。在 PHP 中，使用 set_error_handler()函数来设置用户自定义的错误处理函数。该函数用于创建运行期间用户自己的错误处理方法。该函数会返回旧的错误处理程序，若失败，则返回 null。具体的语法格式如下：

```
set_error_handler(error_function, error_types)
```

其中，error_function 为必需参数，规定发生错误时运行的函数；error_types 是可选参数，如果不选择此参数，则表示默认值为 E_ALL。

在本例中，针对所有错误来使用自定义错误处理程序，具体的代码如下：

```
set_error_handler("customError");
```

实例 2　自定义错误处理程序(案例文件：ch16\16.2.php)

```
<?php
    //定义错误函数
    function customError($errno, $errstr){
        echo "<b>错误:</b> [$errno] $errstr";
    }
    //设置错误函数的处理
    set_error_handler("customError");
    //触发自定义错误函数
    echo($myerror);
?>
```

运行程序，结果如图 16-2 所示。

图 16-2　自定义错误

trigger_error()用于在用户指定的条件下触发一个错误消息。它与内建的错误处理器一同使用，也可以与由 set_error_handler()函数创建的用户自定义函数一起使用。如果指定了一个不合法的错误类型，该函数返回 false，否则返回 true。

trigger_error()函数的具体语法格式如下：

```
trigger_error(error_message, error_types)
```

其中，error_message 为必需参数，规定错误消息，长度限制为 1024 个字符；error_types 为可选参数，规定错误消息的错误类型，可能的值为 E_USER_ERROR、E_USER_WARNING 或者 E_USER_NOTICE。

实例 3　使用 trigger_error()函数(案例文件：ch16\16.3.php)

```
<?php
    $n = 1000;
    if ($n > 999){
       trigger_error("数值不能超过 999");
    }
?>
```

程序运行后，结果如图 16-3 所示。由于 n 数值为 1000，发生了 E_USER_WARNING 错误。

图 16-3 使用 trigger_error()函数

下面通过示例来讲述 trigger_error()函数和自定义函数一起使用的处理方法。

实例 4 使用 trigger_error()函数和自定义函数(案例文件：ch16\16.4.php)

```
<?php
   //定义错误函数
   function customError($errno, $errstr){
      echo "<b>错误:</b> [$errno] $errstr";
   }
   //设置错误函数的处理
   set_error_handler("customError");
   //触发自定义错误函数
   echo($myerror);
?>
```

程序运行结果如图 16-4 所示。

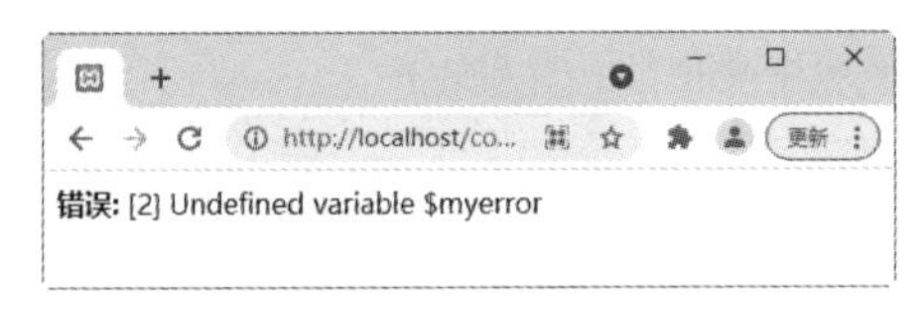

图 16-4 使用 trigger_error()函数和自定义函数

16.2.4 错误记录

默认情况下，根据在 php.ini 中配置的 error_log，PHP 向服务器的错误记录系统或文件发送错误记录。通过使用 error_log()函数，用户可以向指定的文件或远程目的地发送错误记录。

通过电子邮件向用户自己发送错误消息，是一种获得指定错误的通知的好办法。下面通过示例来讲解。

实例 5 通过 E-mail 发送错误信息(案例文件：ch16\16.5.php)

```
<?php
   //定义错误函数
   function customError($errno, $errstr){
      echo "<b>错误:</b> [$errno] $errstr <br/>";
      echo "错误记录已经发送完毕";
      error_log("错误: [$errno] $errstr",1, "357975357@qq.com",
         "From: webmastere@example.com");
   }
   //设置错误函数的处理
   set_error_handler("customError", E_USER_WARNING);
```

```
    //trigger_error 函数
    $x = 999;
    if ($x > 888){
        trigger_error("数值不能超过 888", E_USER_WARNING);
    }
?>
```

程序运行结果如图 16-5 所示。在指定的 357975357@qq.com 邮箱中将收到错误信息。

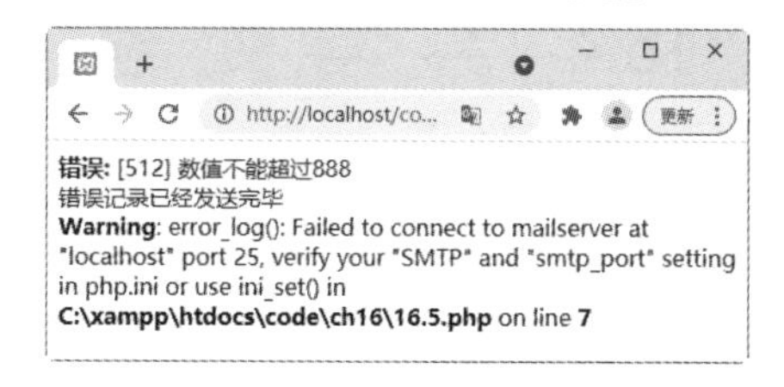

图 16-5　通过 E-mail 发送错误信息

16.3　错误的报告方式

不同于传统错误报告机制，PHP 将大多数错误当做 Error 异常抛出。

这种 Error 异常可以像普通异常一样被 tιy/catch 块所捕获。如果没有匹配的 try/catch 块，则调用异常处理函数(set_exception_handler())进行处理。如果尚未注册异常处理函数，则按照传统方式处理：被报告为一个致命错误(Fatal Error)。

Error 类并不是从 Exception 类扩展出来的，所以用 catch (Exception $e) { ... } 这样的代码是捕获不到 Error 的。用户可以用 catch (Error $e) { ... } 这样的代码，或者通过注册异常处理函数(set_exception_handler())来捕获 Error。

实例 6　错误的报告方式(案例文件：ch16\16.6.php)

```
<?php
   class Mathtions              //定义一个类 Mathtions
   {
     protected $n = 100;        //定义变量
     //求余数运算，除数为 0，抛出异常
     public function dotion(): string
     {
        try {
           $value = $this->n % 0;
           return $value;
        } catch (DivisionByZeroError $e) {
           return $e->getMessage();
        }
     }
   }

   $aa = new Mathtions();
   print($aa->dotion());
?>
```

程序运行结果如图 16-6 所示。

图 16-6　程序运行结果

16.4　异 常 处 理

异常(Exception)用于在指定的错误发生时改变脚本的正常执行流程。PHP 提供了一种新的面向对象的异常处理方法。本节主要讲述异常处理的方法和技巧。

16.4.1　异常的基本处理方法

异常处理用于在指定的错误(异常)情况发生时改变脚本的正常执行流程。当异常被触发时，通常会发生以下动作。

(1) 当前代码状态被保存。

(2) 代码执行被切换到预定义的异常处理器函数。

(3) 根据情况，处理器也许会从保存的代码状态重新开始执行代码，终止脚本执行，或从代码中另外的位置继续执行脚本。

当异常被抛出时，其后的代码不会继续执行，PHP 会尝试查找匹配的 catch 代码块。如果异常没有被捕获，而且又没有使用 set_exception_handler()做相应处理，那么将产生一个严重的错误，并且输出 Uncaught Exception(未捕获异常)的错误消息。

下面的示例中抛出一个异常，但不去捕获它。

实例 7　抛出异常而不捕获(案例文件：ch16\16.7.php)

```
<?php
   //创建带有异常的函数
   function checkNum($number){
      if($number>100){
         throw new Exception("数值必须小于或等于 100");
      }
      return true;
   }
   //抛出异常
   checkNum(200);
?>
```

程序运行结果如图 16-7 所示。由于没有捕获异常，出现了错误提示消息。

图 16-7　没有捕获异常

如果想避免上面例子出现的错误，需要创建适当的代码来处理异常。处理异常的程序应当包括下列代码块。

(1) try 代码块：使用异常的函数应该位于 try 代码块内。如果没有触发异常，则代码将继续执行。但是如果异常被触发，会抛出一个异常。

(2) throw 代码块：这里规定如何触发异常。每一个 throw 必须至少对应一个 catch。

(3) catch 代码块：catch 代码块会捕获异常，并创建一个包含异常信息的对象。

实例 8　抛出异常后捕获异常(案例文件：ch16\16.8.php)

本实例创建 checkNum()函数，用于检测数字是否大于 100。如果是，则抛出一个异常，然后捕获这个异常。

```
<?php
   //创建可抛出一个异常的函数
   function checkNum($number){
      if($number>100){
         throw new Exception("数值必须小于或等于 100");
      }
      return true;
   }
   //在 try 代码块中触发异常
   try{
      checkNum(200);
   //如果没有异常，则会显示以下信息
      echo '没有任何异常';
   }
   //捕获异常
   catch(Exception $e){
      echo '异常信息: ' .$e->getMessage();
   }
?>
```

程序运行结果如图 16-8 所示。由于抛出异常后捕获了异常，所以出现了提示消息。

图 16-8　捕获异常

16.4.2　自定义的异常处理器

创建自定义的异常处理程序非常简单，只需要创建一个专门的类，当 PHP 程序中发生异常时，调用该类的函数即可。当然，该类必须是 exception 类的一个扩展。

这个自定义的 exception 类继承了 PHP 中的 exception 类的所有属性，然后用户可向其添加自定义的函数。

实例 9　创建自定义的异常处理器(案例文件：ch16\16.9.php)

```
<?php
   class customException extends Exception{
```

```
        public function errorMessage(){

    //错误消息
            $errorMsg = '异常发生的行： '.$this->getLine().' in '.$this->getFile()
                .': <b>'.$this->getMessage().'</b>不是一个有效的邮箱地址';

            return $errorMsg;
        }
    }
    $email = "someone@example.321com";
    try
    {
    //检查是否符合条件
        if(filter_var($email, FILTER_VALIDATE_EMAIL) === FALSE)  {
    //如果邮件地址无效，则抛出异常
            throw new customException($email);
        }
    } catch (customException $e){
    //显示自定义的消息
        echo $e->errorMessage();
    }
?>
```

程序运行结果如图 16-9 所示。

图 16-9　自定义异常处理器

16.4.3　处理多个异常

在上面的案例中，只是检查了邮箱地址是否有效。如果用户想检查邮箱是否为雅虎邮箱，或想检查邮箱是否有效等，这就出现了多个可能发生异常的情况。用户可以使用多个 if...else 代码块，或一个 switch 代码块，或者嵌套多个异常。这些异常能够使用不同的 exception 类，并返回不同的错误消息。

实例 10　处理多个异常(案例文件：ch16\16.10.php)

```
<?php
    class customException extends Exception{
        public function errorMessage(){
        //定义错误信息
        $errorMsg = '错误消息的行： '.$this->getLine().' in '.$this->getFile()
.': <b>'.$this->getMessage().'</b> 不是一个有效的邮箱地址';
        return $errorMsg;
        }
    }
    $email = "someone@yahoo.com";
```

```
    try{
    //检查是否符合条件
    if(filter_var($email, FILTER_VALIDATE_EMAIL) === FALSE)
    {
      //如果邮箱地址无效，则抛出异常
      throw new customException($email);
    }
    //检查邮箱是否是雅虎邮箱
    if(strpos($email, "yahoo") !== FALSE){
      throw new Exception("$email 是一个雅虎邮箱");
    }
    } catch (customException $e) {
      echo $e->errorMessage();
    } catch(Exception $e) {
      echo $e->getMessage();
    }
?>
```

程序运行结果如图 16-10 所示。上面的代码测试了两种条件，如果任何条件都不成立，则抛出一个异常。

图 16-10　处理多个异常

16.4.4　设置顶层异常处理器

所有未捕获的异常，都可以通过顶层异常处理器来处理。顶层异常处理器可以使用 set_ exception_handler()函数来实现。

set_exception_handler()函数用于创建运行期间用户自己的异常处理方法。该函数会返回旧的异常处理程序，若失败，则返回 null。具体的语法格式如下：

```
set_exception_handler(exception_function)
```

其中，exception_function 参数为必需的参数，规定未捕获的异常发生时调用的函数，该函数必须在调用 set_exception_handler()函数之前定义。这个异常处理函数需要一个参数，即抛出的 exception 对象。

实例 11　设置顶层异常处理器(案例文件：ch16\16.11.php)

```
<?php
   function myException($exception){
     echo "<b>异常是:</b> " , $exception->getMessage();
   }
   set_exception_handler('myException');
   throw new Exception('正在处理未被捕获的异常');
?>
```

程序运行结果如图 16-11 所示。上面的代码不存在 catch 代码块，而是触发顶层的异常处理程序。用户应该使用此函数来捕获所有未被捕获的异常。

图 16-11　使用顶层异常处理器

16.5　就业面试问题解答

问题 1：如何用 PHP 实现一个自定义异常处理器？

和处理 PHP 错误类似，可以使用 set_exception_handler 函数自定义异常处理器自动处理异常。如果希望程序为没有捕获的异常采取特殊的处理操作，也可以通过异常处理器来实现。例如，可以将异常信息重定向到一个错误页面，记录或通过电子邮件发送异常，从而使开发人员可以改正问题。

问题 2：如何隐藏错误信息？

PHP 提供了 3 种隐藏错误的方法。下面分别进行介绍。

(1) 在错误语句之前加上@符号，便可屏蔽错误信息。这种隐藏信息的方法对于查找错误的位置是很有帮助的。

(2) 打开 php.ini 文件，查找 display_errors = on，将 on 改为 off。

(3) 在 PHP 代码前加 error_reporting(0)，屏蔽所有错误提示。

16.6　上机练练手

上机练习 1：处理找不到文件时的异常或错误。

错误处理也叫异常处理。使用 try…throw…catch 结构和一个内置函数 Exception()来“抛出”和“处理”错误或异常。本实例为处理路径有误或者找不到文件时的异常或错误。运行结果如图 16-12 所示。

图 16-12　处理异常或错误

上机练习 2：自定义错误触发器。

自定义错误和错误触发器，当传入的参数为字符串时，运行结果如图 16-13 所示。

图 16-13　错误触发器

第17章

PHP加密技术

从互联网诞生起，网站的安全问题就成为一个困扰网站开发者的问题，尤其是网站数据的安全性显得尤为重要。为此，PHP提供了一些加密技术，实质上是一些比较复杂的加密算法。加密函数主要是对原来为明文的文件或数据按某种加密算法进行处理，使其成为一段不可读的代码，通过这样的途径来达到保护数据不被非法窃取、阅读的目的。常见的加密算法有MD5和SHA等，开发者可以通过这些加密算法创建自己的加密函数。本章主要介绍PHP加密技术中各个函数的使用方法和技巧。

17.1 使用 PHP 加密函数

在 PHP 中，常用的加密函数包括 md5()函数、sha1()函数和 crypt()函数。本节将主要介绍这些加密函数的使用方法和技巧。

17.1.1 使用 md5()函数进行加密

md5 是 Message-Digest Algorithm 5(信息—摘要算法)的缩写，它的作用是把任意长度的信息作为输入值，并将其换算成一个 128 位长度的“指纹信息”或“报文摘要”值来代表这个输入值，并以换算后的值作为结果。

md5()函数就是使用的 MD5 算法，其语法格式如下：

```
string md5(string str[,bool raw_output]);
```

上述代码中的参数 str 为需要加密的字符串；参数 raw_output 是可选的，默认值为 false，如果设置为 true，则该函数将返回一个二进制形式的密文。

实例 1 使用 md5()函数进行加密(案例文件：ch17\17.1.php)

```
<?php
    echo '使用 md5()函数加密字符串 mypassword：';
    echo md5('mypassword');
?>
```

程序运行结果如图 17-1 所示。

图 17-1 程序运行结果

目前，很多网站注册用户的密码都是首先使用 MD5 进行加密，然后将密码保存到数据库中。当用户登录时，程序把用户输入的密码计算成 MD5 值，然后和数据库中保存的 MD5 值进行对比，这种方法可以保护用户的个人隐私，提高安全性。

17.1.2 使用 crypt()函数进行加密

crypt()函数主要完成单向加密功能，其语法格式如下：

```
string crypt()(string str[,string salt]);
```

其中，参数 str 为需要加密的字符串；参数 salt 是可选的，表示加密时使用的干扰串，如果不设置该参数，则会随机生成一个干扰串。crypt()函数支持的 4 种算法和长度如表 17-1

所示。

表 17-1　crypt()函数支持的 4 种算法和 salt 参数的长度

算　法	salt 参数的长度
CRYPT_STD_DES	2 字符(默认)
CRYPT_EXT_DES	9 字符
CRYPT_MD5	12 字符(以1开头)
CRYPT_BLOWFISH	16 字符(以2开头)

实例 2　使用 crypt()函数进行加密(案例文件：ch17\17.2.php)

```
<?php
    $password = 'mypassword';                          //声明字符串变量$str
    echo '加密前的值为：'.$password;
    $hash = crypt($password,'mimi');                   //对变量$password 加密
    echo '<p>加密后的值为：'.$hash;
?>
```

程序运行结果如图 17-2 所示。

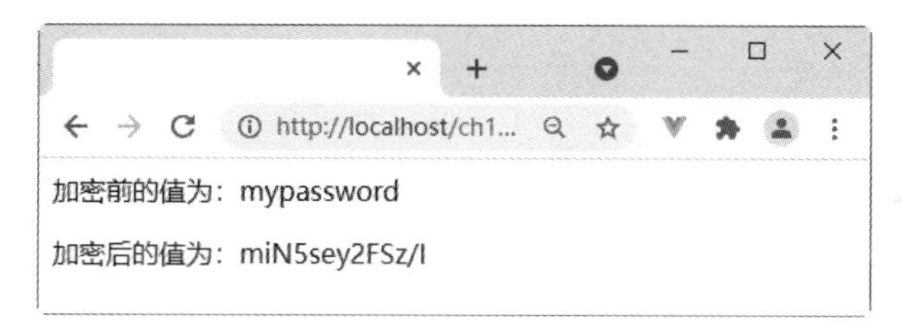

图 17-2　使用 crypt()函数进行加密

17.1.3　使用 sha1()函数进行加密

sha1()函数使用的是 SHA 算法，SHA 是 Secure Hash Algorithm(安全哈希算法)的缩写，该算法和 MD5 算法类似。sha1()函数的语法格式如下：

```
string sha1()(string str[,bool raw_output]);
```

其中，参数 str 为需要加密的字符串；参数 raw_output 是可选的，默认值为 false，此时该函数返回一个 40 位的十六进制数，如果 raw_output 为 true，则返回一个 20 位的二进制数。

实例 3　使用 sha1()函数进行加密(案例文件：ch17\17.3.php)

```
<?php
    $password = 'mypassword';                     //声明字符串变量$str
    echo '加密前的值为：'.$password;
    $hash = sha1($password);                      //对变量$password 加密
    echo '<p>加密后的值为：'.$hash;
?>
```

程序运行结果如图 17-3 所示。

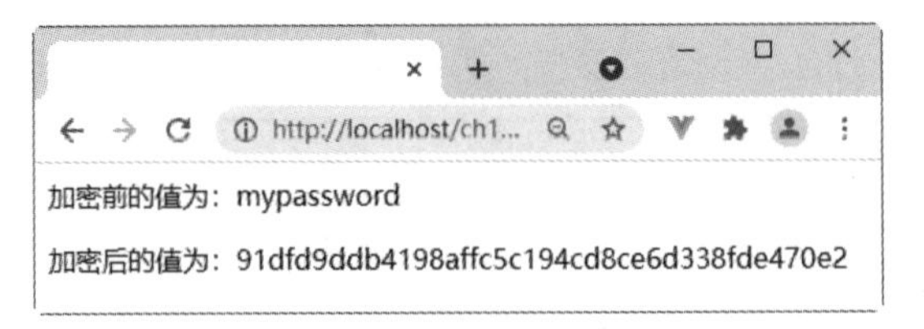

图 17-3　使用 sha1()函数进行加密

17.2　使用 Mhash 扩展库

Mhash 库支持 MD5、SHA 和 CRC32 等多种散列算法，可以使用函数 mhash_count()和 mhash_get_hash_name()来显示。

实例 4　查看 Mhash 库支持的算法(案例文件：ch17\17.4.php)

```
<?php
   $num = mhash_count();                              //函数返回最大的 hash id
   echo "Mhash 库支持的算法有: ";
   for($i = 0; $i <= $num; $i++){
      echo $i."=>".mhash_get_hash_name($i)."  ";  //输出每一个 hash id 的名称
   }
?>
```

程序运行结果如图 17-4 所示。

图 17-4　Mhash 库支持的算法

Mhash 加密库中的常用函数及其含义如下。

(1) mhash_get_block_size()函数，该函数主要用来获取参数 hash 的区块大小，语法规则如下：

```
int mhash_get_block_size(int hash)
```

(2) mhash()函数，该函数返回一个哈希值，语法规则如下：

```
string mhash(int hash,string data[,string key])
```

其中，参数 hash 为要使用的算法，参数 data 为要加密的数据，参数 key 是加密时需要的密钥。

(3) mhash_keygen_s2k()函数，该函数将根据用户提供的密码生成密钥，语法格式如下：

```
mhash_keygen_s2k(int$hash,string$password,string$salt,int$bytes):string
```

其中，参数 hash 为要使用的算法；参数 password 为用户提供的密码；参数 salt 为一个 8 个字节的数据，如果用户给出的数值小于 8 字节，将用 0 补齐；参数 bytes 为密钥的长度。

实例 5　使用 Mhash 扩展库生成验证码(案例文件：ch17\17.5.php)

```
<?php
    $str = '十日春风隔翠岑';
    $hash = 3;
    $password = '121';
    $salt = '1234';
    $key = mhash_keygen_s2k(1,$password,$salt,10);
    $str_mhash = bin2hex(mhash($hash,$str,$key));
    echo "十日春风隔翠岑的验证码是：".$str_mhash;
?>
```

程序运行结果如图 17-5 所示。该实例使用 mhash_keygen_s2k()函数生成一个验证码，然后使用 bin2hex()函数将二进制结果转换为十六进制格式。

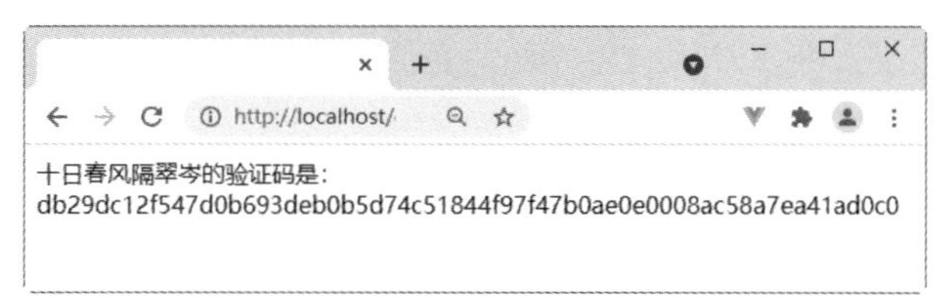

图 17-5　使用 Mhash 扩展库生成验证码

17.3　就业面试问题解答

问题 1：对称加密和非对称加密的区别是什么？

对称加密技术的特点如下。

(1) 加密方和解密方使用同一个密钥。

(2) 加密和解密的速度比较快，适合数据比较长时使用。

(3) 密钥传输的过程不安全，且容易被破解，密钥管理也比较麻烦。

非对称加密技术的特点如下。

(1) 每个用户拥有一对密钥加密：公钥和私钥。

(2) 公钥加密，私钥解密；私钥加密，公钥解密。

(3) 公钥传输的过程不安全，易被窃取和替换。

(4) 由于公钥使用的密钥长度非常长，所以公钥加密速度非常慢，一般不使用其加密。

(5) 某一个用户用其私钥加密，其他用户用其公钥解密，实现数字签名的作用。

由于非对称加密算法的运行速度比对称加密算法的速度慢很多，当需要加密大量的数据时，建议采用对称加密算法，提高加解密速度。对称加密算法不能实现签名，因此签名只能使用非对称算法。

由于对称加密算法的密钥管理是一个复杂的过程，密钥的管理直接决定着它的安全性，因此当数据量很小时，可以考虑采用非对称加密算法。

问题 2：crypt()函数中的干扰串长度如何规定？

默认情况下，crypt()函数中使用两个字符的 DES 干扰串，如果系统使用的是 MD5，则会使用一个 12 个字符的干扰串。读者可以通过 CRYPT_SALT_LENGTH 变量来查看当前的干扰串的长度。

17.4 上机练练手

上机练习 1：对文件中的内容做加密

新建一个记事本文件，输入内容：“风住尘香花已尽，日晚倦梳头。”，使用 md5()函数对其内容加密后输出，运行结果如图 17-6 所示。

图 17-6 对文件中的内容做加密

上机练习 2：将字符串加密并分别以二进制和十六进制格式输出

使用 sha1()函数对字符串“春花秋月何时了”进行加密，然后分别以二进制和十六进制格式输出，运行结果如图 17-7 所示。

图 17-7 将字符串加密并分别以二进制和十六进制格式输出

第 18 章

开发网上订餐系统

PHP 在互联网行业应用非常广泛。互联网的发展让各个产业突破了传统的发展领域，产业功能不断进化，实现了同一内容的多领域共生，前所未有地扩大了传统产业链。本章以一个网上订餐系统为例来介绍 PHP 在互联网行业开发中的应用。

18.1　系统功能描述

该案例介绍一个基于 PHP+MySQL 的网上订餐系统。该系统主要包括用户登录及验证、菜品管理、删除菜品、订单管理、修改订单状态等功能。

整个项目以登录界面为起始，在用户输入用户名和密码后，系统通过查询数据库验证该用户是否存在，如图 18-1 所示。

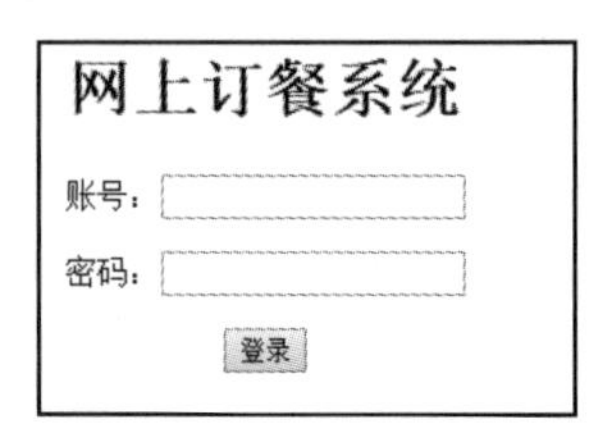

图 18-1　登录界面

若验证成功，则进入系统主菜单，用户可以在网上订餐系统进行相应的功能操作，如图 18-2 所示。

图 18-2　网上订餐系统主界面

18.2　系统功能分析和设计数据库

一个简单的网上订餐系统包括用户登录及验证、菜品管理、删除菜品、订单管理、修改订单状态等功能。本节就来学习网上订餐系统的功能及其实现方法。

18.2.1　系统功能分析

整个系统的功能结构如图 18-3 所示。

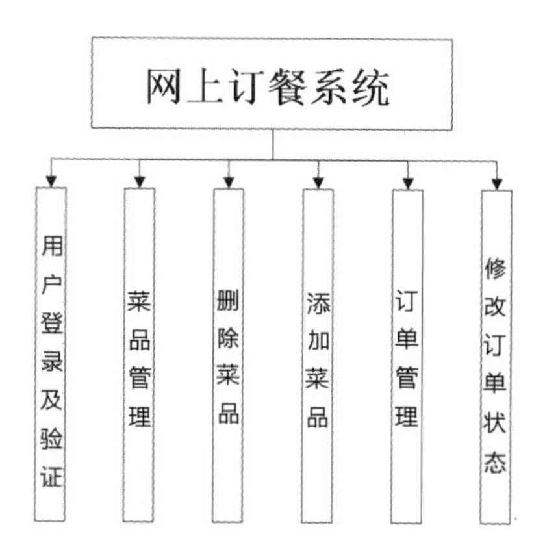

图 18-3　系统的功能结构

整个项目包含以下 6 个功能。

(1) 用户登录及验证：在登录界面，用户输入用户名和密码后，系统通过查询数据库验证是否存在该用户，若验证成功，则显示菜品管理界面，否则提示“无效的用户名和密码”，并返回登录界面。

(2) 菜品管理：用户登录系统后，进入菜品管理界面，用户可以查看所有菜品，系统会查询数据库显示菜品记录。

(3) 删除菜品：在菜品管理界面，用户选择“删除菜品”后，系统会从数据库删除此条菜品记录，并提示删除成功，返回到菜品管理界面。

(4) 添加菜品：用户登录系统后，可以选择“添加菜品”，进入添加菜品界面，用户可以输入菜品的基本信息，上传菜品图片，之后系统会向数据库新增一条菜品记录。

(5) 订单管理：用户登录系统后，可以选择“订单管理”，进入订单管理界面，用户可以查看所有订单，系统会查询数据库显示订单记录。

(6) 修改订单状态：在订单管理界面，用户选择“修改状态”后，进入订单状态修改界面，用户选择订单状态，进行提交，系统会更新数据库中该条记录的订单状态。

18.2.2　数据流程和数据库

整个系统的数据流程如图 18-4 所示。

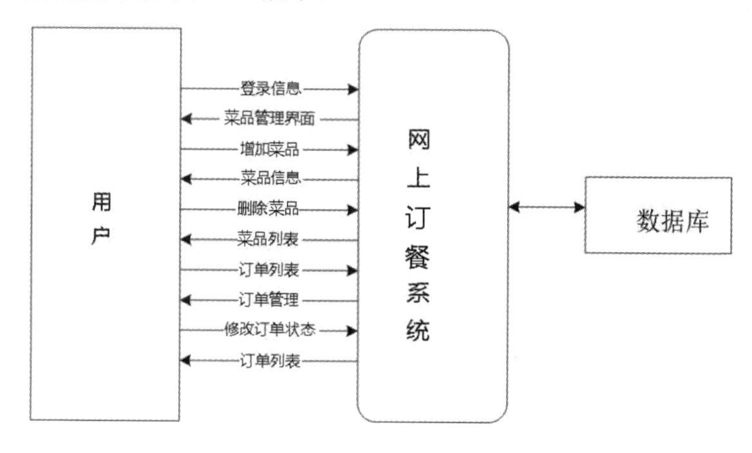

图 18-4　系统的数据流程

根据系统功能和数据库设计原则，设计数据库 goods。SQL 语法如下：

```
CREATE DATABASE IF NOT EXISTS goods;
```

根据系统功能和数据库设计原则，共设计 3 张表，分别是：管理员表 admin、菜品表 product、订单表 form。各表的结构如表 18-1～表 18-3 所示。

表 18-1　管理员表 admin

字 段 名	数据类型	字段说明
id	int(3)	管理员编码，主键
user	varchar(30)	用户名
pwd	varchar(64)	密码

表 18-2　菜品表 product

字 段 名	数据类型	字段说明
cid	int(255)	菜品编码，自增
cname	varchar(100)	菜品名称
cprice	int(3)	价格
cspic	varchar(255)	图片
cpicpath	varchar(255)	图片路径

表 18-3　订单表 form

字 段 名	数据类型	字段说明
oid	int(255)	订单编码，自增
user	varchar(30)	用户昵称
leibie	varchar(10)	种类
name	varchar(255)	菜品名称
price	int(3)	价钱
num	int(3)	数量
call	varchar(15)	电话
address	text	地址
ip	varchar(15)	IP 地址
btime	datetime	下单时间
addons	text	备注
state	tinyint(1)	订单状态

创建管理员表 admin，SQL 语句如下：

```
CREATE TABLE IF NOT EXISTS admin (
   id int(3) unsigned NOT NULL,
```

```
    user varchar(30) NOT NULL,
    pwd varchar(64) NOT NULL,
    PRIMARY KEY (id)
);
```

插入演示数据，SQL 语句如下：

```
INSERT INTO admin (id, user, pwd) VALUES
    (1, 'admin', '123456');
```

创建菜品表 product，SQL 语句如下：

```
CREATE TABLE IF NOT EXISTS product (
    cid int(255) unsigned NOT NULL AUTO_INCREMENT,
    cname varchar(100) NOT NULL,
    cprice int(3) unsigned NOT NULL,
    cspic varchar(255) NOT NULL,
    cpicpath varchar(255) NOT NULL,
    PRIMARY KEY (cid)
);
```

插入演示数据，SQL 语句如下：

```
INSERT INTO product (cid, cname, cprice, cspic, cpicpath) VALUES
    (1, '八宝豆腐', 12, '', '101.png'),
    (2, '北京烤鸭', 89, '', '102.png'),
    (3, '炒木须肉',32, '', '103.png'),
    (4, '蛋花汤',8, '', '104.png');
```

创建订单表 form，SQL 语句如下：

```
CREATE TABLE IF NOT EXISTS form (
    oid int(255) unsigned NOT NULL AUTO_INCREMENT,
    user varchar(30) NOT NULL,
    leibie varchar(10) unsigned NOT NULL,
    name varchar(255) NOT NULL,
    price int(3) unsigned NOT NULL,
    num int(3) unsigned NOT NULL,
    call varchar(15) NOT NULL,
    address text NOT NULL,
    ip varchar(15) NOT NULL,
    btime datetime NOT NULL,
    addons text NOT NULL,
    state tinyint(1) NOT NULL,
    PRIMARY KEY (oid)
) ;
```

插入演示数据，SQL 语句如下：

```
INSERT INTO form (oid, user, leibie, name, price, num, call, address, ip,
btime, addons, state) VALUES
    (1, '张峰', '晚餐', '北京烤鸭',89,1,'1234567', '海淀区创智大厦 1221',
'128.10.1.1', '2018-10-18 12:07:39', '尽快发货', 0),
    (2, '刘天一', '午餐', '炒木须肉',32,2,'1231238', 'CBD 明日大厦 1261',
'128.10.2.4', '2018-10-18 12:23:45', '无', 0);
```

18.3 代码的具体实现

该案例的代码清单包含 9 个 PHP 文件和两个文件夹，实现了网上订餐系统的用户登录及验证、菜品管理、订单管理、修改订单状态等主要功能。

网上订餐系统中各文件的含义和代码如下。

1. index.php

该文件是案例的 Web 访问入口，是用户的登录界面。具体代码如下：

```
<!DOCTYPE html>
<html>
<head>
   <meta charset="UTF-8">
   <title>登录
</title>
</head>

<body>
<h1 align="center">网上订餐系统</h1>
<table width="100%" style="text-align:center">
<tr>
<form action="log.php" method="post">
<td width="60%" class="sub1">
<p class="sub">账号: <input type="text" name="userid" align="center"
class="txttop"></p>
<p class="sub">密码: <input type="password" name="pssw" align="center"
class="txtbot"></p>
<button name="button" class="button" type="submit">登录</button>
</form>
</td>
</tr>
</table>
</body>
</html>
```

2. conn.php

该文件为数据库连接页面，代码如下：

```
<?php
//创建数据库连接
   $con = mysqli_connect("localhost:3308", "root", "a123456")or die("无法
连接到数据库");
   mysqli_select_db($con,"goods") or die(mysqli_error($con));
   mysqli_query($con,'set NAMES utf8');
?>
```

3. log.php

该文件是对用户登录进行验证，代码如下：

```
<!DOCTYPE html>
<html>
<head>
    <meta charset="UTF-8">
    <title></title>
<link rel="stylesheet" type="text/css" href="css/main.css">
<head>
<title>
</title>
<link rel="stylesheet" type="text/css" href="css/main.css">
</head>
<body><h1 align="center">网上订餐系统</h1></body>
<p align="center">
<?php
//连接数据库
require_once("conn.php");
//账号
$userid=$_POST['userid'];
//密码
$pssw=$_POST['pssw'];
//查询数据库
$qry=mysqli_query($con,"SELECT * FROM admin WHERE user='$userid'");
$row=mysqli_fetch_array($qry,MYSQLI_ASSOC);
//验证用户
if($userid==$row['user'] &&
$pssw==$row['pwd']&&$userid!=null&&$pssw!=null)
    {
        session_start();
        $_SESSION["login"] =$userid;
       header("Location: menu.php");
    }
else{
        echo "无效的账号或密码!";
        header('refresh:1; url= index.php');
     }
}
?>
</p>
</body>
</html>
```

4. menu.php

该文件为系统的主界面，具体代码如下：

```
<?php
//打开 session
session_start();
include("conn.php");
?>
<!DOCTYPE html>
<html>
<head>
<meta http-equiv="Content-Type" content="text/html; charset=utf-8" />
```

```
<link type="text/css" rel="stylesheet" href="css/main.css"
media="screen" />
<title>网上订餐系统</title>
</head>
<h1 align="center">网上订餐系统</h1>
<div style="margin-left:30%;margin-top:20px;">
<ul style="float:left;margin-left:30px;font-size:20px;">
<li ><a href="#">主页</a></li>
</ul>
<ul style="float:left;margin-left:30px;font-size:20px;">
<li ><a href="add.php">添加菜品</a></li>
</ul>
<ul style="float:left;margin-left:30px;font-size:20px;">
<li ><a href="search.php">订单管理</a></li>
</ul>
</div>
</div>
<div id="contain">
<div id="contain-left">
<?php
$result=mysqli_query($con," SELECT * FROM 'product' " );
while($row=mysqli_fetch_row($result))
  {
?>

<table class="intable" width="543" border="0">
  <tr>
    <td class="td1" >
     <?php
      if(true)
      {
         echo 【'<a href="del.php?id='.$row[0].'" onclick=return(confirm("
你确定要删除此条商品吗？"))><font color=#FF00FF>删除菜品</font></a>'】;
      }
     ?>
    商品名称：<?=$row[1]?></td>
    <td class="showimg" width="173" rowspan="2"><img
src='upload/<?=$row[4]?>' width="120" height="90" border="0"
/><span><img src="upload/<?=$row[4]?>" alt="big" /></span></td>
  </tr>
  <tr>
    <td class="td2">价格： ￥<font
color="#FF0000" ><?=$row[2]?></font></td>
  </tr>
</table>
<TD bgColor=#ffffff><br>
</TD>
<?php
  }
mysqli_free_result($result);
?>

</div>
</div>
<body>
```

```
</body>
</html>
```

5. add.php

该文件为添加菜品页面，具体代码如下：

```
<?php

  session_start();
  //设置中国时区
 date_default_timezone_set("PRC");
@$cname = $_POST["cname"];
@$cprice = $_POST["cprice"];
if (is_uploaded_file(@$_FILES['upfile']['tmp_name']))
 {
$upfile=$_FILES["upfile"];
}
@$type = $upfile["type"];
@$size = $upfile["size"];
@$tmp_name = $upfile["tmp_name"];
switch ($type) {
    case 'image/jpg' :$tp='.jpg';
        break;
    case 'image/jpeg' :$tp='.jpeg';
        break;
    case 'image/gif' :$tp='.gif';
        break;
    case 'image/png' :$tp='.png';
        break;
}

@$path=md5(date("Ymdhms").$name).$tp;
@$res = move_uploaded_file($tmp_name,'upload/'.$path);
include("conn.php");
if($res){
  $sql = "INSERT INTO 'caidan' ('cid' ,'cname' ,'cprice' ,'cspic' ,'cpicpath' )
VALUES (NULL , '$cname', '$cprice', '', '$path')";
$result = mysqli_query($con,$sql);
$id = mysqli_insert_id($con);
echo "<script >location.href='menu.php'</script>";
}

?>
<!DOCTYPE html>
<html>
<head>
<meta http-equiv="Content-Type" content="text/html; charset=utf-8" />
<link type="text/css" rel="stylesheet" href="css/main.css"
media="screen" />
<title>网上订餐系统</title>
</head>
<h1 align="center">网上订餐系统</h1>
<div style="margin-left:35%;margin-top:20px;">
<ul style="float:left;margin-left:30px;font-size:20px;">
```

```
<li ><a href="menu.php">主页</a></li>
</ul>
<ul style="float:left;margin-left:30px;font-size:20px;">
<li ><a href="add.php">添加菜品</a></li>
</ul>
<ul style="float:left;margin-left:30px;font-size:20px;">
<li ><a href="search.php">订单管理</a></li>
</ul>
</div>
<div style="margin-top:100px;margin-left:35%;">
<div>
<form action="add.php" method="post" enctype="multipart/form-data"
name="add">
菜品名称：<input name="cname" type="text" size="40"/><br /><br />
价格：<input name="cprice" type="text" size="10"/>元<br/><br />
缩略图上传：<input name="upfile" type="file" /><br /><br />
<input type="submit" value="添加菜品" style="margin-left:10%;font-
size:16px"/>
</form>
</div>
</div>
<body>
</body>
</html>
```

6. del.php

该文件为删除订单页面，代码如下：

```
<?php
    session_start();
    include("conn.php");
    $cid=$_GET['id'];
    $sql = "DELETE FROM 'caidan' WHERE cid = '$cid'";
    $result = mysqli_query($con,$sql);
    $rows = mysqli_affected_rows($con);
    if($rows >=1){
        alert("删除成功");
    }else{
        alert("删除失败");
    }
    //跳转到主页
    href("menu.php");
    function alert($title){
        echo "<script type='text/javascript'>alert('$title');</script>";
    }
    function href($url){
        echo "<script type='text/javascript'>window.location.href='$url'</script>";
    }
?>
<!DOCTYPE html>
<html>
<head>
<meta http-equiv="Content-Type" content="text/html; charset=utf-8" />
<link type="text/css" rel="stylesheet" href="include/main.css"
```

```
media="screen" />
<title>网上订餐系统</title>
</head>
<h1 align="center">网上订餐系统</h1>
<div id="contain">
    <div align="center">
    </div>
<body>
</body>
</html>
```

7. editDo.php

该文件为修改订单页面，具体代码如下：

```
<?php
//打开 session
session_start();
include("conn.php");
$state=$_POST['state'];
?>
<html>
<head>
<meta http-equiv="Content-Type" content="text/html; charset=utf-8" />
<style type="text/css">
table.gridtable {
    font-family: verdana,arial,sans-serif;
    font-size:11px;
    color:#333333;
    border-width: 1px;
    border-color: #666666;
    border-collapse: collapse;
}
table.gridtable th {
    border-width: 1px;
    padding: 8px;
    border-style: solid;
    border-color: #666666;
    background-color: #dedede;
}
table.gridtable td {
    border-width: 1px;
    padding: 8px;
    border-style: solid;
    border-color: #666666;
    background-color: #ffffff;
}
</style>
<link type="text/css" rel="stylesheet" href="css/main.css" media="screen" />
<title>网上订餐系统</title>
</head>
<h1 align="center">网上订餐系统</h1>
<div style="margin-left:30%;margin-top:20px;">
<ul style="float:left;margin-left:30px;font-size:20px;">
<li ><a href="menu.php">主页</a></li>
```

```
</ul>
<ul style="float:left;margin-left:30px;font-size:20px;">
<li ><a href="add.php">添加菜品</a></li>
</ul>
<ul style="float:left;margin-left:30px;font-size:20px;">
<li ><a href="search.php">订单查询</a></li>
</ul>
</div>
<div id="contain">
    <div id="contain-left">
    <?php
    if(''==$state or null==$state)
    {
            echo "请选择订单状态!";
            header('refresh:1; url= edit.php');
    }else
    {
            $oid=$_GET['id'];
            $sql = "UPDATE `form` SET state='$state' WHERE oid = '$oid'";
            $result = mysqli_query($con,$sql);
            echo "订单状态修改成功。";
            header('refresh:1; url= search.php');
    }
    ?>
    </div>
</div>
<body>
</body>
</html>
```

8. edit.php

该文件为订单状态修改页面，具体代码如下：

```
<?
//打开 session
session_start();
include("conn.php");
$id=$_GET['id'];
?>
<html>
<head>
<meta http-equiv="Content-Type" content="text/html; charset=utf-8" />
<style type="text/css">
table.gridtable {
    font-family: verdana,arial,sans-serif;
    font-size:11px;
    color:#333333;
    border-width: 1px;
    border-color: #666666;
    border-collapse: collapse;
}
table.gridtable th {
    border-width: 1px;
    padding: 8px;
```

```
    border-style: solid;
    border-color: #666666;
    background-color: #dedede;
}
table.gridtable td {
    border-width: 1px;
    padding: 8px;
    border-style: solid;
    border-color: #666666;
    background-color: #ffffff;
}
</style>
<link type="text/css" rel="stylesheet" href="css/main.css" media="screen" />
<title>网上订餐系统</title>
</head>
<h1 align="center">网上订餐系统</h1>
<div style="margin-left:30%;margin-top:20px;">
<ul style="float:left;margin-left:30px;font-size:20px;">
<li ><a href="menu.php">主页</a></li>
</ul>
<ul style="float:left;margin-left:30px;font-size:20px;">
<li ><a href="add.php">添加菜品</a></li>
</ul>
<ul style="float:left;margin-left:30px;font-size:20px;">
<li ><a href="search.php">订单管理</a></li>
</ul>
</div>
<div id="contain">
<div id="contain-left">
<form name="input" method="post"
action="editDo.php?id=<?=$_GET['id']?>">
  <p>修改状态：<br/>
    <input name="state" type="radio" value="0" />
    已经提交！<br/>
    <input name="state" type="radio" value="1" />
    已经接纳！<br/>
    <input name="state" type="radio" value="2" />
    正在派送！<br/>
    <input name="state" type="radio" value="3" />
    已经签收！<br/>
    <input name="state" type="radio" value="4" />
  意外，不能供应！</p>
    </p>
    <button name="button" class="button" type="submit">提交</button>
</form>
  </div>
</div>
<body>
</body>
</html>
```

9. search.php

该文件为订单搜索页面，代码如下：

```
<?php
//打开 session
session_start();
include("conn.php");
?>
<html>
<head>
<meta http-equiv="Content-Type" content="text/html; charset=utf-8" />
<style type="text/css">
table.gridtable {
    font-family: verdana,arial,sans-serif;
    font-size:11px;
    color:#333333;
    border-width: 1px;
    border-color: #666666;
    border-collapse: collapse;
}
table.gridtable th {
    border-width: 1px;
    padding: 8px;
    border-style: solid;
    border-color: #666666;
    background-color: #dedede;
}
table.gridtable td {
    border-width: 1px;
    padding: 8px;
    border-style: solid;
    border-color: #666666;
    background-color: #ffffff;
}
</style>
<link type="text/css" rel="stylesheet" href="css/main.css" media="screen" />
<title>网上订餐系统</title>
</head>
<h1 align="center">网上订餐系统</h1>
<div style="margin-left:30%;margin-top:20px;">
<ul style="float:left;margin-left:30px;font-size:20px;">
<li ><a href="menu.php">主页</a></li>
</ul>
<ul style="float:left;margin-left:30px;font-size:20px;">
<li ><a href="add.php">添加菜品</a></li>
</ul>
<ul style="float:left;margin-left:30px;font-size:20px;">
<li ><a href="search.php">订单管理</a></li>
</ul>
</div>
<div id="contain">
  <div id="contain-left">
    <?php
    $result=mysqli_query($con," SELECT * FROM 'form' ORDER BY 'oid' DESC " );
     while($row=mysqli_fetch_row($result))
   {
      $x = $row[0];
   ?>
```

```
  <table width="640" border="1" cellspacing="0" cellpadding="3" class=
"gridtable">
 <tr>
   <td width="116">
   编号:<?=$row[0]?></td>
   <td width="82">昵称:<?=$row[1]?></td>

   <td width="135">菜品种类:    <?=$row[2]?></td>
   <td width="160">下单时间:<?=$row[9]?></td>
 </tr>
 <tr>
   <td colspan="2">菜品名称:<?=$row[3]?></td>
   <td>价格:<?=$row[4]?>元</td>
   <td>数量:<?=$row[5]?></td>
 </tr>
 <tr>
     <td >总价:<?=$row[4]*$row[5]?></td>
   <td >联系电话:<?=$row[6]?></td>
     <td colspan="3" bgcolor="#EEEEEE">下单 ip:<?=$row[8]?></td>
    </tr>
 <tr>
   <td colspan="4" bgcolor="#EEEEEE">附加说明:<?=$row[10]?></td>
 </tr>
 <tr>
   <td colspan="4" bgcolor="#EEEEEE">地址:<?=$row[7]?></td>
 </tr>
 <tr>

   <td bgcolor="#EEEEEE">下单状态: 已经下单<?
       switch ($row[11]) {
    case '0' :echo '已经下单';
        break;
    case '1' :echo '已经接纳';
        break;
    case '2' :echo '正在派送';
        break;
    case '3' :echo '已经签收';
        break;
    case '4' :echo '意外，不能供应！';
       break;
    }?>
</td>
<td><?PHP echo "<a href=edit.php?id=".$x.">修改状态</a>";?></td>
</tr>
</table>
<hr />
  <?PHP
   }
  mysqli_free_result($result);
   ?>
 </div>

</div>
```

```
<body>
</body>
</html>
```

另外，upload 文件夹用来存放上传的菜品图片。css 文件夹是整个系统通用的样式设置。

18.4 程 序 运 行

用户登录及验证：在数据库中，默认初始化了一个账号为 admin、密码为 123456 的账户，如图 18-5 所示。

图 18-5　输入账号和密码

菜品管理界面：用户登录成功后，进入菜品管理页面，显示菜品列表。将鼠标放在菜品的缩略图上，右侧会显示菜品的大图，如图 18-6 所示。

图 18-6　菜品管理页面

添加菜品功能：用户登录系统后，可以单击“添加菜品”链接，进入添加菜品页面，如图 18-7 所示。

删除菜品功能：在菜品管理页面，用户单击“删除菜品”链接后，系统会提示确认删除信息，单击“确定”按钮，即可从数据库删除此条菜品记录，如图 18-8 所示。

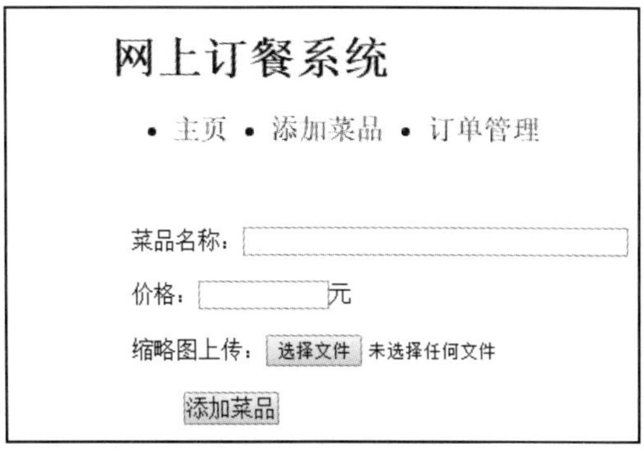

网上订餐系统

• 主页 • 添加菜品 • 订单管理

菜品名称：

价格：　　元

缩略图上传：选择文件 未选择任何文件

添加菜品

图 18-7　添加菜品页面

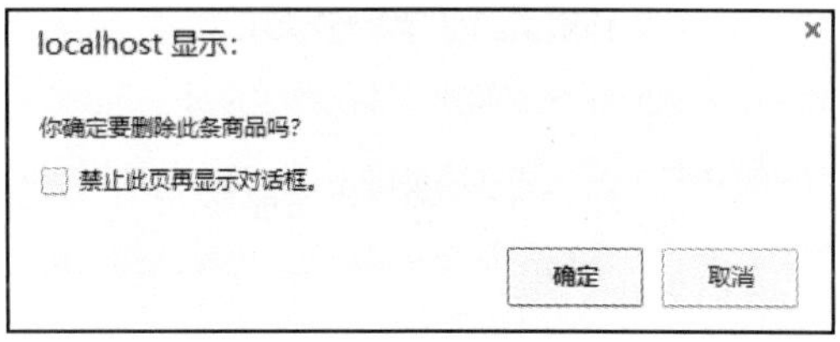

localhost 显示：

你确定要删除此条商品吗？

禁止此页再显示对话框。

确定　取消

图 18-8　删除菜品

订单管理功能：用户登录系统后，可以单击“订单管理”链接，即可查看系统中的订单，如图 18-9 所示。

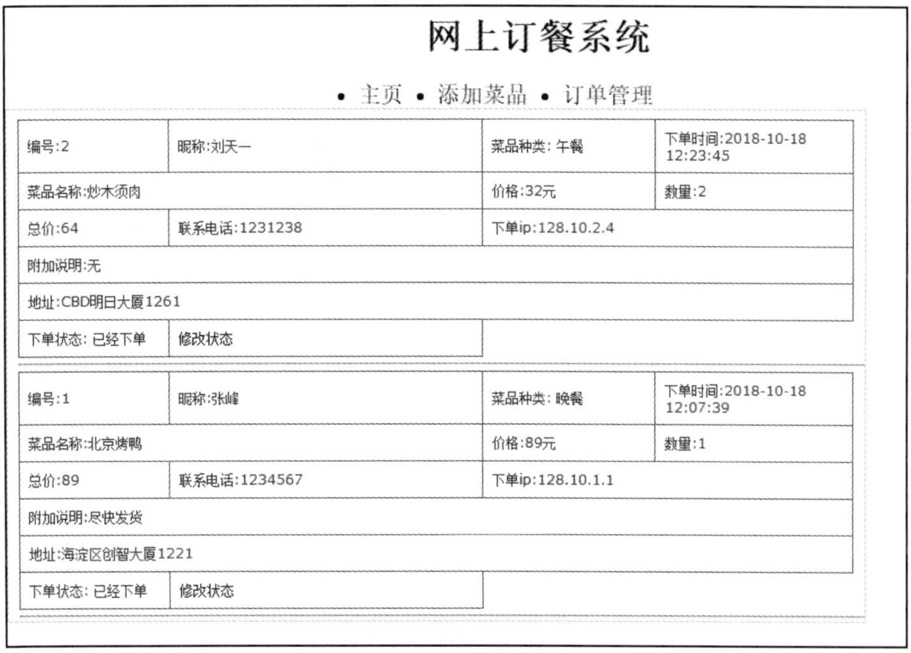

网上订餐系统

• 主页 • 添加菜品 • 订单管理

编号:2	昵称:刘天一	菜品种类: 午餐	下单时间:2018-10-18 12:23:45
菜品名称:炒木须肉		价格:32元	数量:2
总价:64	联系电话:1231238	下单ip:128.10.2.4	
附加说明:无			
地址:CBD明日大厦1261			
下单状态: 已经下单	修改状态		

编号:1	昵称:张峰	菜品种类: 晚餐	下单时间:2018-10-18 12:07:39
菜品名称:北京烤鸭		价格:89元	数量:1
总价:89	联系电话:1234567	下单ip:128.10.1.1	
附加说明:尽快发货			
地址:海淀区创智大厦1221			
下单状态: 已经下单	修改状态		

图 18-9　订单管理页面

修改订单状态：在订单管理页面，用户选择“修改状态”后，进入订单状态修改页面，如图 18-10 所示。

网上订餐系统

• 主页 • 添加菜品 • 订单管理

修改状态：
已经提交！
已经接纳！
正在派送！
已经签收！
意外，不能供应！
提交

图 18-10　订单状态修改页面

登录错误提示：输入非法字符时的错误提示如图 18-11 所示。

网上订餐系统

无效的账号或密码!

图 18-11　登录错误提示